马铃薯淀粉加工工艺与检测技术

巩发永　李凤林　彭　徐　编著

U0301182

西南交通大学出版社
·成都·

图书在版编目（ＣＩＰ）数据

马铃薯淀粉加工工艺与检测技术 / 巩发永，李凤林，彭徐编著. —成都：西南交通大学出版社，2017.9
ISBN 978-7-5643-5723-8

Ⅰ. ①马… Ⅱ. ①巩… ②李… ③彭… Ⅲ. ①马铃薯–薯类淀粉–食品加工②马铃薯–薯类淀粉–质量检验
Ⅳ. ①TS235.2

中国版本图书馆 CIP 数据核字（2017）第 219522 号

马铃薯淀粉加工工艺与检测技术

巩发永　李凤林　彭 徐　编著

责任编辑	牛　君
特邀编辑	宋嘉慧
封面设计	严春艳

出版发行	西南交通大学出版社 （四川省成都市二环路北一段 111 号 西南交通大学创新大厦 21 楼）
邮政编码	610031
发行部电话	028-87600564　　87600533
官网	http://www.xnjdcbs.com
印刷	四川煤田地质制图印刷厂

成品尺寸	185 mm×260 mm
印张	13.75
字数	342 千
版次	2017 年 9 月第 1 版
印次	2017 年 9 月第 1 次
定价	50.00 元
书号	ISBN 978-7-5643-5723-8

前言 *Preface*

　　我国是马铃薯生产大国，种植面积和总产量均居世界第一位。马铃薯块茎中含有大量淀粉，是淀粉工业的主要原料之一。与其他淀粉相比，马铃薯淀粉品质优良，具有很多独特性能，如糊黏度高、弹性好、透明度高、糊丝长，不易凝胶、不易老化，糊化温度低，容易膨胀，糊化时吸水、保水力大，蛋白质含量低，口味温和等，因此在工业中应用非常广泛。马铃薯淀粉工业在我国具有广阔的发展前景。

　　本书根据国内外马铃薯淀粉生产技术及应用现状，结合目前生产实际编写而成。全书共分七章，第一章是马铃薯概述，第二章主要介绍淀粉的结构与理化性质，第三章主要介绍马铃薯淀粉加工工艺，第四章主要介绍马铃薯淀粉加工废水、废渣处理与综合利用，第五章主要介绍马铃薯变性淀粉加工工艺，第六章主要介绍马铃薯淀粉检测技术，第七章主要介绍现代分析技术在马铃薯淀粉研究中的应用。

　　本书由巩发永（西昌学院）、李凤林（吉林农业科技学院）、彭徐（西昌学院）任主编，李静（西昌学院）、曾英男（吉林农业科技学院）、李小芳（西昌学院）、吴云辉（厦门海洋职业技术学院）任副主编。具体编写分工如下：第一章由彭徐编写，第二章由曾英男编写，第三章由吴云辉编写，第四章、第五章由李小芳编写，第六章由李静、巩发永编写，第七章由李凤林编写。全书由巩发永、李凤林统稿。

　　本书科学性、实用性、可读性强，适合马铃薯淀粉生产企业、食品科研机构有关人员参考，亦可作为各大专院校相关专业的参考书。在编写过程中，本书参考了国内外许多作者的著作和文章，在此表示衷心的感谢。

　　由于编写人员的水平和经验有限，书中难免有种种缺陷甚至错误，恳请同行、专家和广大读者指正。

编　者

2017 年 2 月

目录 *Contents*

第一章　马铃薯概述

第一节　马铃薯资源与消费概况

一、马铃薯的种植面积与产量

马铃薯（*Solanum tuberosum*），又称土豆、山药蛋、洋芋、地蛋等，是茄科茄属一年生草本植物，薯芋类蔬菜，可食器官为地下块茎。马铃薯是世界上仅次于小麦、水稻和玉米的第四种主要作物。马铃薯是在 14 000 年以前由南美洲的原始人发现的，后经当地居民印第安人驯化，其栽培历史有 8 000 余年，当时印第安人称其为"巴巴司"。马铃薯从原产地南美洲传播到世界各地经历了一个漫长的过程，先到西班牙、俄罗斯等地，后经欧洲殖民者开辟的海上航路，传播到世界各国。我国的马铃薯是由明代丝绸之路传播进来的，当时，郑和七次下西洋，开辟了"海上丝绸之路"，不少士卒沿途定居下来，后人因逃避国内战争和饥荒，使海上丝绸之路成为华侨往来东南亚的通道，从而顺便引进了"荷半截薯""爪哇薯"（当时马铃薯的称呼）。从此，马铃薯在中国进入了一个崭新的广阔天地。

马铃薯适应性广，从水平高度至海拔 4 000 m、从赤道到南北纬 40°地区均有分布，集中分布在印度东北部、中国中西部和东北部、东欧、美国西北部、欧洲西北部和南美安第斯山区等地。近 10 年来，世界马铃薯种植面积维持在 1 800 万公顷以上，产量维持在 30 000 万吨以上。自 2006 年以来，种植面积和总产量呈递增趋势。联合国粮农组织（FAO）数据显示，2013 年全世界有统计的种植马铃薯的国家和地区有 159 个，种植面积为 1 946.3 万公顷，总产量达 36 809.6 万吨。但各国在种植面积、总产量和单产上存在较大差异。种植面积方面，中国、俄罗斯、印度、乌克兰四国种植面积均超过 100 万公顷，占世界总种植面积的 57.8%；其他 6 个国家，除美国外，均为发展中国家。总产量方面，排名前十的国家中，中国、印度、俄罗斯、乌克兰、美国产量均超过了 1 000 万吨，占世界总产量的 56.1%；其他 5 个国家产量在 600 万吨~1 000 万吨，其中德国、法国、荷兰种植面积并未出现在前 10 位名单中。单产前 10 位名单中，除了来自中美洲的萨尔多瓦，其余均被发达国家包揽；前 10 位国家单产均超过了 38 吨/公顷，世界平均单产为 18.9 吨/公顷。

我国是世界马铃薯生产大国。自 1995 年以来，我国马铃薯种植面积和总产量均居世界第 1 位。2013 年，我国马铃薯种植面积为 577.2 万公顷，总产量为 8 892.5 万吨，占世界马铃薯种植面积和总产量的比例分别为 29.7% 和 24.2%，占我国粮食总种植面积和总产量的比例分别为 5.2% 和 14.8%。自 2006 年以来，马铃薯种植面积和总产量呈逐年递增趋势。我国虽然是马铃薯生产大国，却不是生产强国，我国以单产 15.4 吨/公顷位列第 95 位，不及排名第 1 位的新西兰的 1/3。2015 年 1 月，农业部将马铃薯与水稻、小麦、玉米并列为中国四大主粮。马铃薯产业开发将以北京、河北、内蒙古、黑龙江、上海、浙江、江西、湖北、广东、四川、贵州、陕西、甘肃、宁夏14个省（区、市）为重点。下一步，我国将利用南方冬闲田、西北干旱半干旱地区和华北地下水超采区，因地制宜扩大马铃薯生产。全国目前微型薯年生产能力10亿粒左右，脱毒种薯应用率25%左右，已育成拥有自主知识产权的新品种320多个，其中大面积推广的品种有90多个。预计到2020年，马铃薯种植面积将扩大到1亿亩（1亩=666.7 m²）以上，平均亩产提高到1 300千克，总产达到1.3亿吨左右；优质脱毒种薯普及率达到45%，适宜主食加工的品种种植比例达到30%，主食消费占马铃薯总消费量的30%。

马铃薯在我国的分布极广，根据自然条件、耕作制度、栽培特点和品种类型的不同，可分为北方一作区，中原二作区，南方二作区，西南单、双季混作区。全国各省区几乎都有马铃薯种植，但分布不均匀，主要产区仍为北方一作区和西南单、双季混作区，这两个种植地区种植面积占全国总种植面积的90%以上，而其他两个作区总种植面积不足全国的10%。各省区间的分布也不一样，东北、西北、西南省市是我国马铃薯主产区，包括甘肃、四川、内蒙古、贵州、云南、山东、黑龙江、重庆和陕西，占全国总产量的75%以上。单产排名靠前的省（区）有吉林、山东、西藏、江西、河南和黑龙江等。其中吉林和山东单产已达发达国家水平。

1. 北方一作区

本区包括东北地区的黑龙江、吉林两省和辽宁省除辽东半岛以外的大部，华北地区河北北部、山西北部、内蒙古及西北地区的宁夏、甘肃、陕西北部，青海东部和新疆天山以北地区。本地区气候凉爽，日照充足，昼夜温差大，适于马铃薯生长发育，因而栽培面积较大，占全国马铃薯总栽培面积的50%以上，是我国马铃薯主要产区，如黑龙江、内蒙古等因所产块茎的种性好，成为我国重要的种薯生产基地。本地区种植马铃薯一般是一年只栽培一季，为春播秋收的夏作类型。每年的4~5月份播种，9~10月份收获。

2. 中原二作区

本区位于北方一作区南界以南，大巴山、苗岭以东、南岭、武夷山以北各省，包括辽宁、河北、山西、陕西四省的南部，湖北、湖南两省的东部，河南、山东、江苏、浙江、安徽、江西等省。本地区因夏季持续时间长，温度高，不利于马铃薯生长，为了躲过夏季的高温，故实行春秋两季栽培，春季生产于2月份下旬至3月上旬播种，扣地膜或棚栽播种期可适当提前，5月至6月中上旬收获；秋季生产则于8月份播种，到11月份收获。春季多为商品薯生产，秋季主要是生产种薯，多与其他作物间套作。本地区马铃薯栽培面积不足全国总栽培面积的5%，但近些年来，随着种植马铃薯效益及栽培技术的提高，种植面积有逐年扩大的趋势。

3. 南方二作区

本区位于南岭、武夷山以南的各省（区），包括广东、广西、海南、福建和台湾等地。本地区属于海洋性气候，夏长冬暖，四季不分明，日照短。本区的粮食生产以水稻栽培为主，主要在水稻收获后，利用冬闲地栽培马铃薯。因其栽培季节多在秋冬或冬春二季，与中原地区春、秋二季作不同，故称南方二作区。本区大多实行秋播或冬播，秋季于10月下旬播种，12月末至1月初收获；冬种于1月中旬播种，4月中上旬收获。本区是目前我国重要的商品薯出口基地，也是目前马铃薯发展最为迅速的地区。

4. 西南单、双季混作区

本区包括云南、贵州、四川、西藏等省（自治区）及湖南、湖北的西部山区。本区多为山地和高原，区域广阔，地势复杂，海拔变化很大。马铃薯在本区有一季作和二季作栽培类型。在高寒山区，气温低，无霜期短，四季分明，夏季凉爽，云雾较多，雨量充沛，多为春种秋收一年一季作栽培；在低山、河谷或盆地，气温高，无霜期长，春早，夏长，冬暖，雨量多，湿度大，多实行二季栽培。

二、马铃薯产品消费现状

1. 国际马铃薯消费现状

由于历史和传统习惯不同，各国对马铃薯的加工利用不同，人均消费量也不尽相同。根据 1999—2001 年的统计数据，各国消费差异的主要表现有三：

一是从马铃薯的利用来看，大部分是作为人类的食物或动物的饲料。世界人均马铃薯占有量为 51.8 kg，其中用于食用的为 32.1 kg，占 62%，其次用于饲料占 14%，用于种薯的占 11%，其余的 13%为加工及其他用途还有损耗。

二是从全世界的平均水平来看，发展中国家与发达国家的差异较大。1999 到 2001 年，发达国家人均年消费量达 73.9 kg，发展中国家人均消费量只有 20.4 kg。但是，与 20 世纪 60 年代初的 9 kg 相比，发展中国家人均消费量已增长了两倍多，消费潜力巨大。从各洲看，欧洲人均消费量最高，为 93.6 kg，其余依次是大洋洲 47.3 kg、北美洲 45.1 kg、南美洲 31 kg、亚洲 22.4 kg、非洲 12.3 kg。

三是不同国家之间的差异也十分明显。人均马铃薯消费量最大的国家集中在中亚及东欧地区，年人均消费量超过 100 kg，属于中亚地区的吉尔吉斯斯坦年人均消费量为 148.8 kg，为世界之最。西欧国家，北美的美国、加拿大，南美的阿根廷、秘鲁、智利、玻利维亚等国家人均消费量也较大，年人均消费量在 50.0 kg 以上。非洲的马拉维年人均消费量达 112.7 kg，是非洲平均水平的 10 倍，在非洲众国家中鹤立鸡群；其次为卢达旺，消费量也有 50.7 kg。亚洲国家年人均消费量超过 50 kg 的有土耳其、黎巴嫩，伊朗、以色列、朝鲜等超过 40.0 kg。中国人均消费量为 31.3 kg，与世界平均水平基本持平，但是，与 1994—1996 年的 14.0 kg 相比，短短几年时间，人均消费量增加了一倍多，增长速度很快。

2. 我国马铃薯消费现状

中国是世界上最大的马铃薯消费国，主要用作蔬菜、粮食和加工原料。目前，国内马铃薯按消费形式大致可分三种。一是通过市场，在超级商场、蔬菜店出售，以"活薯"的形式作为蔬菜食用。二是用于制作薯片、油炸马铃薯及沙拉的土豆泥等快餐点心，在加工厂大量烹调加工，以"制品"的形式作为加工产品。三是在工厂进行块茎处理生产出马铃薯淀粉，作为食品工业和其他工业原料，以"袋装粉"的形式作为淀粉原料。且"制品"和"袋装粉"所占比例逐步增加。据 2009—2011 年的平均数据估计，全国马铃薯总产量的 61%用于蔬菜、粮食，少部分用于饲料，总量约为 4 860 万吨；16%左右用于淀粉（包括粉皮、粉丝、粉条）、全粉、薯片和薯条等加工，总量约为 1 280 万吨；12%左右用于种薯，总量约为 990 万吨；贮藏、浪费等损失大概 10%以上；出口占 0.4%。

三、马铃薯加工消费现状

（一）国际马铃薯加工利用情况

世界有 50%～70% 的马铃薯被加工增值，发达国家加工比例达 80%，加工产品种类多，技术装备水平先进，体现出四个特点。一是品种专用化。马铃薯分为食品专用型、淀粉专用型、油炸专用型、全粉专用型等，如荷兰有 200 余种，美国的大西洋、考外特、斯诺顿和加拿大的夏波蒂等品种，均为世界著名的油炸型马铃薯专用品种。二是生产规模化。如荷兰 5 家大型企业生产能力占全国 20 多家加工企业总产量的 50% 以上，也占据了全球马铃薯淀粉市场的主要份额。三是技术高新化。高新技术的广泛采用，使马铃薯加工业向节水、节能、高效率、高质量、高利用率、高提取率等方面发展。四是质量控制全程化。采用全程质量控制体系，以确保产品质量和食物安全，当前普遍采用的是 GMP（良好的操作规范）、HACCP（危害分析及关键控制点）和 SSOP（卫生标准操作程序）等。

美国马铃薯加工制品的产量和消费量约占总产量的 76%，马铃薯食品多达 90 余种。在超级市场，马铃薯食品随处可见。美国有 300 多个企业生产油炸马铃薯片，每人每年平均消费马铃薯食品 30.0 kg。加上用来加工成淀粉、饲料和酒精等的量，马铃薯的加工量已占到马铃薯产量的 85% 左右。目前，美国以马铃薯为原料的加工产品品种已超过 100 种。日本马铃薯年总产量 351.2 万吨，仅北海道每年加工用的鲜薯约 259 万吨，占其总产量的 86%。其中用于加工食品和淀粉的马铃薯约为 205 万吨，占总产量的 72.4%。加工产品主要有冷冻马铃薯产品、马铃薯条（片）、马铃薯泥、薯泥复合制品、淀粉以及马铃薯全粉等深加工制品，还有全价饲料等。德国每年进口 200 多万吨马铃薯食品，主要产品有干马铃薯块、丝和膨化薯块等，每人每年平均消费马铃薯食品 19 kg；英国每年人均消费马铃薯近 100 kg，全国每年用于食品生产的马铃薯 450 万吨，其中冷冻马铃薯制品最多；瑞典的阿尔法拉瓦-福特卡联合公司，是生产马铃薯食品的著名企业，年加工马铃薯 1 万多吨，占瑞典全国每年生产马铃薯食品 5 万吨的 1/4；法国是快餐马铃薯泥的主要生产国，早在 20 世纪 70 年代初就达 2 万多吨，全国有 12 个大企业生产马铃薯食品，人均消费马铃薯制品 39.0 kg。

在发达国家，马铃薯相关产品已经成为人们日常生活中不可或缺的食品。国外快餐业的销售总额中，马铃薯制品占 18% 以上。以马铃薯为原料的油炸马铃薯片、马铃薯脆片和马铃薯脯等休闲食品几乎保持了新鲜马铃薯的全部营养成分，具有味美、卫生和食用方便等特点，受到消费者的喜爱，产销非常旺盛。目前，全球马铃薯制品占整个休闲食品的 45%～70%，马铃薯产业化发展规模和速度都达到非常高的水平，可见世界马铃薯加工产业的发展正进入兴旺发达阶段

（二）我国马铃薯加工利用情况

目前我国主要马铃薯加工产品为淀粉（包括粉皮、粉丝和粉条）、薯片、薯条和全粉（也称脱水马铃薯）等，并拥有相当规模的各种加工生产线。

1. 马铃薯淀粉

马铃薯块茎中含有大量淀粉，是淀粉工业的主要原料之一。同其他淀粉相比，马铃薯淀粉品质优良，具有很多独特性能，如糊黏度高、弹性好、透明度高、糊丝长，不易凝胶、不

易老化，糊化温度低、容易膨胀，糊化时吸水、保水力大（含有天然磷酸基团），蛋白质含量低，口味温和等，因此在工业中应用非常广泛，仅次于玉米淀粉。

2. 马铃薯片

马铃薯薯片分为天然薯片和复合薯片两种。天然薯片是炸片专用品种的块茎直接切片油炸得到的产品；复合薯片则是由马铃薯全粉、淀粉和其他原料混合后，再用模具压成一致的形状后，进行炸制得到的产品。在我国，生产天然薯片的企业有百事、上好佳、亲亲、百事宜等 10 余家，年产能 16 万吨左右，它们主要都是外资企业。全国有各类规范的薯片生产线50 多条，每条线生产能力以 100～300 kg/h 居多，只有少数生产线的生产能力达 1 000 kg/h。目前全国主要的天然薯片加工企中，百事和上好佳两家大型外资企业的生产量占全国的一半以上。生产复合型马铃薯片的企业更少，目前只有百事、达利、海德等企业，年产能约 2 万吨。目前全国复合薯片加工企业中，外资企业百事公司占全国产量的一半多。

3. 马铃薯薯条

马铃薯薯条严格来说应该是马铃薯速冻薯条，是指新鲜马铃薯经去皮、切条、漂烫、油炸后迅速冷冻而制成的一种马铃薯加工产品，因它是一种半成品，需要在冷冻条件下保存，可从冰箱里拿出来直接油炸食用，所以称为冷冻薯条。我国马铃薯薯条的食用是由西式快餐带起来的。我国第一家冷冻薯条加工厂——北京辛普劳公司——于 1993 年开始在中国生产冷冻薯条。由于冷冻薯条的供应链和消费链由国外企业控制，一般中国企业的产品难以进行到现有的供应和消费链中。据不完全统计，2009 年北京辛普劳公司生产冷冻薯条 3 万吨，哈尔滨麦肯公司生产 2.5 万吨，山西蓝威旭美公司生产 1 万吨，甘肃金大地 0.3 万吨，内蒙古总量近 0.3 万吨。进口薯条约 4 万吨。截至 2009 年，全国薯条生产能力应当在 20 万吨左右。2011年，我国马铃薯薯条产量 16.7 万吨，比 2010 年增加 5.4 万吨。

4. 马铃薯全粉

马铃薯全粉有雪花粉和颗粒粉两种。具有食用方便、保存期长、营养丰富、消化吸收率高等特点。以全粉开发的马铃薯食品有马铃薯泥（土豆泥）、马铃薯条、复合薯片等；焙烘食用马铃薯全粉也起步于 20 世纪 90 年代初，但前期发展缓慢。2000 年以后，随着原料专用品种引进、开发及市场逐步开发，马铃薯全粉出现了快速发展。在内蒙古、黑龙江、甘肃、山西等主产省区，已有 10 余家企业投产，并有 10 余家企业新建，工艺设备以欧洲引进为主。至 2008 年年底，全国约有 12 家企业生产马铃薯全粉，总产能 10 万吨左右。2008 年还有 10余家企业计划在黑龙江、内蒙古、甘肃、青海等地新建马铃薯全粉加工厂。

我国马铃薯加工历史悠久，但发展缓慢，深加工产品较少，在马铃薯的生产中存在规模小、技术落后、产量低、经济效益不高等问题。到目前为止，我国马铃薯的年加工消化率仅在 20%左右，大部分的马铃薯以鲜食为主，用于加工薯条、薯片、精制淀粉的附加产品很少，基本以加工粉丝、粉条等中低端产品为主。这样就造成了马铃薯加工产品销售困难，所带来的经济效益也微乎其微。据统计，2006 年，我国马铃薯用来加工成全粉、精淀粉的量仅占马铃薯总产量的 10%，而欧美发达国家均达到了 50%以上。在新产品的开发上，发达国家中投入生产并且形成规模的产品达到了 2 000 种，我国开发的马铃薯衍生物仅有十余种。由此可见，在深加工方面我国还处于初级萌芽阶段，还有很长的一段路要走。

第二节　马铃薯的工艺特性

一、马铃薯块茎形态

马铃薯的商品部分是它的块茎。块茎形态随其品种的不同而异，主要有卵形、圆形、长筒形、椭圆形及其他不规则形状。一般每个重[①]50～200 g，大的可达 250 g 以上。块茎表面有芽眼和皮孔，越接近尖端，芽眼越密，在芽眼里贮存着休眠的幼芽。块茎的形状以及芽眼的深浅与多少，是品种的重要标志。

二、马铃薯块茎色泽

1. 皮　色

马铃薯块茎的皮色有白色、黄色、粉红色、红色以及紫色。块茎经日光照射时间过久时，皮色变绿，绿色的和生芽的块茎中含有较多的龙葵素（又称茄碱苷）。龙葵素是一种麻痹动物运动、呼吸系统、中枢神经的有毒物质，含量超过 20 mg/100 g，食后就会引起人、畜中毒，严重时会造成死亡。因此，在收获贮存过程中，要尽量减少漏光的机会，以免龙葵素含量增加。

2. 肉　色

薯肉颜色有白色和黄色，有的有红色或紫色晕斑。黄色薯肉内含有较多的胡萝卜素。块茎的皮色和肉色都是鉴别品种性状的重要依据。

三、马铃薯块茎结构

马铃薯是块茎类作物，通常呈圆形、椭圆形、长椭圆形、扁圆形及柱形等形状，其表皮上有若干小芽眼。马铃薯块茎的构造见图 1-1，由周皮、外皮层、内皮层、维管束环、外髓、内髓等组成。按球基体积比计算，外皮层约占 8.5%，内皮层和维管束环占 38.29%，外髓约占 37.26%，内髓约占 15.95%。

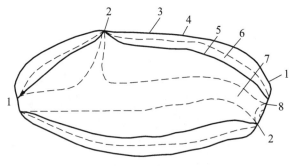

图 1-1　马铃薯块茎结构

1—茎端；2—侧芽；3—表皮；4—皮质；5—脉管环；6—脉管贮存薄壁组织；7—髓；8—顶端芽

---

① 注：实为质量，包括后文的称重、恒重、比重等。但现阶段在农林畜牧等行业的生产实际和科研中一直沿用，为使读者了解、熟悉本行业的实际情况，本书予以保留。——编者注

四、马铃薯块茎化学成分

马铃薯块茎的化学成分随品种、土壤-气候条件、耕种技术、贮存条件及贮存时间等原因而有不同的变化。马铃薯块茎中主要物质含量的波动范围如表 1-1 所示。

表 1-1　马铃薯块茎的成分

物质	最小量/%	最大量/%
水分	63.2	86.9
干物质	13.91	36.8
其中：淀粉	8.0	29.4
纤维素	0.2	3.5
糖	0.1	8.0
含氮物质（粗蛋白）	0.7	4.6
脂肪	0.04	1.0
矿物质（灰分）	0.4	1.9
有机酸	0.1	1.0

1. 碳水化合物

淀粉约占马铃薯块茎干物质重量的 80%。淀粉是马铃薯基本的和重要的碳水化合物。它的含量取决于马铃薯的品种，并随土壤-气候条件而波动。早熟马铃薯品种中所含淀粉比晚熟的品种多。在干旱期间生长的马铃薯中积累的淀粉量比在多雨及寒冷期生长的马铃薯积累的淀粉多，但是，在温暖天气里降雨量的增加则会促进淀粉含量的提高。同一种品种的马铃薯各块茎的淀粉含量也有不同，一般来讲，在中等个头的马铃薯块茎中含有的淀粉较多。

除淀粉外，在马铃薯中还含有纤维素、单糖、双糖和果胶物质等其他碳水化合物。

纤维素是构成块茎细胞壁的主要物质，大部分含于皮层里。在淀粉生产中，纤维素几乎全部随着渣滓从生产过程中排出。马铃薯中的纤维素含量太高会导致产生的渣滓增多，从而使淀粉的损失增大。

马铃薯中的单糖、双糖是块茎汁的组成部分，主要是蔗糖、葡萄糖和果糖。新收获的马铃薯中有一半以上的糖是葡萄糖，三分之一是蔗糖，只有 5% 左右是果糖。在淀粉生产中，这些糖随着马铃薯汁（细胞液）一起排出，尚有部分糖残留于末被弄破的块茎的细胞中，最后与渣滓一起排出。

马铃薯的果胶物质主要是原果胶，它是不溶于水的化合物。在块茎中，原果胶是与组织细胞相缔结的，大量的果胶物质含在皮层内。果胶的平均含量为马铃薯重量的 0.7% 左右。在淀粉生产中，这些物质能积蓄在淀粉生产的下脚料（渣滓）中。

2. 含氮物质

马铃薯中的含氮物质主要是蛋白质及游离氨基酸，两者之比为 2∶1~1∶1。它们主要分布于马铃薯的皮层、与皮层相联结的层次及块茎的果肉中。马铃薯蛋白质的食用和饲用的意义在于这些蛋白质中含有人及动物的机体所不能合成的必需氨基酸。

淀粉含量低的块茎含氮物质多，不成熟的块茎含氮物质尤多。用这样的马铃薯加工淀粉，常常会形成黏液，蛋白质在溶液中形成絮状物，促使大量泡沫生成，增加废水中淀粉的含量，很难保证淀粉质量。对于这种情况要进行化学处理，以减少淀粉乳的腐败发酵。蛋白质在马铃薯淀粉生产中应作为杂质除去。

3. 矿物质

马铃薯的矿物质（灰分）含量平均为原料重量的 1%。矿物质包含在全部细胞及组织的结构元素成分中。占全部矿物质一半以上的是氧化钾，其次是含磷、钠、氯的化合物。除此之外，在块茎中还含有硫、镁、钙、铁及其他元素。磷含量与淀粉黏度有关，含磷越多，黏度越大。

占马铃薯总灰分 70% 以上的是可溶性物质，这些物质在淀粉生产过程中被洗涤，并与马铃薯汁及废水一起排出。不溶解的灰分一部分残留在渣滓中，一部分残留淀粉中。

4. 有机酸

马铃薯细胞液的酸度取决于块茎中有机酸的存在。块茎中的有机酸含量为 0.1%～1.0%，有柠檬酸、草酸、乳酸、苹果酸等，主要是柠檬酸。腐烂的马铃薯酸价升高，并使生产淀粉过程中的杂质很难分离和沉淀。

5. 脂　肪

马铃薯块茎中脂肪为 0.04%～1.0%，平均为 0.2%，主要由甘油三酸酯、棕榈酸、豆蔻酸及少量亚油酸和亚麻酸组成。马铃薯淀粉中脂类化合物含量低，对保证淀粉的质量有很大好处。

在马铃薯块茎中还含有维生素（C、B_1、B_2、B_6、PP 及其他维生素）及糖苷（配糖体）物质。在这些物质里，葡萄糖（或者其他单糖）是与醇、醛或酚相结合的。许多糖苷具有苦味。马铃薯中发现的糖苷属于龙葵苷，其含量在马铃薯贮存期间受到阳光照射和发芽而急剧增加。块茎外表层中有许多糖苷，特别是在皮层内含量更多。龙葵苷是有毒的物质，能形成稳定的泡沫，这种情况会妨碍淀粉生产中许多过程的顺利进行。

五、马铃薯的营养价值

马铃薯块茎中含有丰富的淀粉和对人体极为重要的营养物质，如蛋白质、糖类、矿物质、无机盐和多种维生素等。马铃薯中除脂肪含量较少外，其他物质如蛋白质、碳水化合物、铁和维生素的含量均显著高于小麦、水稻和玉米。每 100 g 新鲜马铃薯块茎能产生 356 J 的热量，如以 2.5 kg 马铃薯块茎折合 500 g 粮食计算，它的发热量高于所有的禾谷类作物。马铃薯的蛋白质是完全蛋白质，含有人体必需的 8 种氨基酸，其中赖氨酸的含量较高，每 100 g 马铃薯中含量达 93 mg，色氨酸也达 32 mg。这两种氨基酸是其他粮食作物所缺乏的。马铃薯淀粉易为人体所吸收，其维生素的含量与蔬菜相当，胡萝卜素和抗坏血酸的含量丰富，在每 100 g 马铃薯中含量分别为 40 mg 和 20 mg。美国农业部研究中心的研究报告指出："作为食品，牛奶和马铃薯两样便可提供人体所需要的营养物质"。而德国专家指出："马铃薯为低热量，高蛋白，多种维生素和矿物质元素食品，每天食进 150 g 马铃薯，可摄入人体所需的 20% 的维生素 C、25% 的钾、15% 的镁，而不必担心人的体重会增加。"

马铃薯不但营养价值高，而且还有较为广泛的药用价值。我国传统医学认为，马铃薯有和胃、健脾、益气的功效，可以预防和治疗胃溃疡、十二指肠溃疡、慢性胃炎、习惯性便秘和皮肤湿疹等疾病，还有解毒、消炎之功效。

第二章　淀粉的结构与理化性质

第一节　淀粉的结构

淀粉是高度紧凑的半结晶体，能量密度大而空间小。淀粉的组成单位虽然只有葡萄糖，但其空间结构层级复杂。淀粉复杂的空间结构，可以分解为分子、小体、壳层和颗粒结构四个层次（图 2-1）。这种复杂的构造在天然糖类中是独一无二的，它对淀粉的性质和应用有着重要的影响

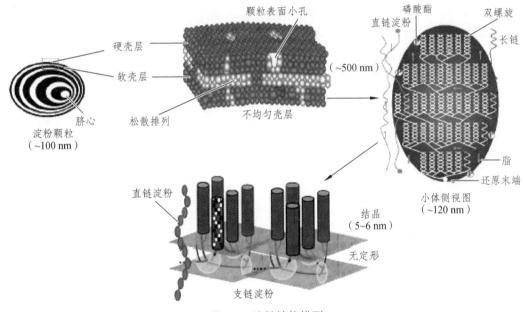

图 2-1　淀粉结构模型

一、淀粉的分子结构

（一）淀粉的基本构成单位

淀粉是由单一类型的糖单元组成的多糖，而与淀粉的来源无关，其证据最初是在 1811 年由德国化学家 Krichoff 发现的，他在寻找阿拉伯树胶的代用品时，企图用小麦和马铃薯淀粉的部分酸解来得到一种取代物，结果出乎意料地得到有甜味的澄清液体。1815 年，法国化学家 Saussur 证明，此液体中成分为葡萄糖，且与葡萄糖汁中的葡萄糖相同；1884—1894 年才确定葡萄糖是 D-型；1935 年才知道是 α-六元环；1935 年，确定此组成单位是 α-D-吡喃葡萄糖，也即淀粉的基本组成单位是 α-D-吡喃葡萄糖。

$$淀粉 \xrightarrow[H^+]{彻底水解} D\text{-型葡萄糖}$$

$$100\ 份 \qquad\qquad 111\ 份$$

淀粉的分子式为$(C_6H_{10}O_5)_n$，严格地讲为$C_6H_{12}O_6(C_6H_{10}O_5)_n$，$n$ 为不定数，称 n 为聚合度（DP），一般为 800～3 000。$C_6H_{10}O_5$ 为脱水葡萄糖单位（AGU）。尾端的一个葡萄糖未脱去水，由于 n 很大，这个误差很小，为简便起见，仍以$(C_6H_{10}O_5)_n$ 表示淀粉分子。

（二）淀粉的分子结构组成

虽然已经证实了淀粉主要是或者完全是由 D-葡糖基单元组成，但其分子结构方面的信息却很缺乏。直到 1940 年，瑞士的 K. H. Meyer 和 T. Schoch 才大致弄清淀粉的非均质性，对溶胀的淀粉颗粒进行水液浸提能使淀粉很好地分成两个级分，把能溶于水的级分叫直链淀粉，而不溶于水的叫支链淀粉。K. H. Meyer 和他的同事们利用甲基化分析企图推定直链淀粉级分和支链淀粉级分的结构，他们从支链淀粉级分获得 3.7%的 2, 3, 4, 6-四氧甲基-D-吡喃葡萄糖，从直链淀粉级分只获得 0.32%。四甲基糖只能来自非还原性尾端，因而它的产率表明直链淀粉是由很长的线型链构成，而支链淀粉因为它的高黏度显示出它应具有的分子量，就必然具有大量的支链，也就具有大量的非还原性尾端。他们计算出马铃薯的支链淀粉分子内具有平均长度的支链约含 25 个 D-葡萄糖单元，而直链淀粉中每链约含有 350 个 D-葡萄糖单元。进一步的研究表明，直链淀粉是 $α$-D-吡喃葡萄糖基单元通过 1→4 糖苷键连接的线型聚合物（结构如下），而支链淀粉是 $α$-D-吡喃葡萄糖基单元通过 1→4 或 1→6 糖苷键连接的高支化聚合物（结构如下）。

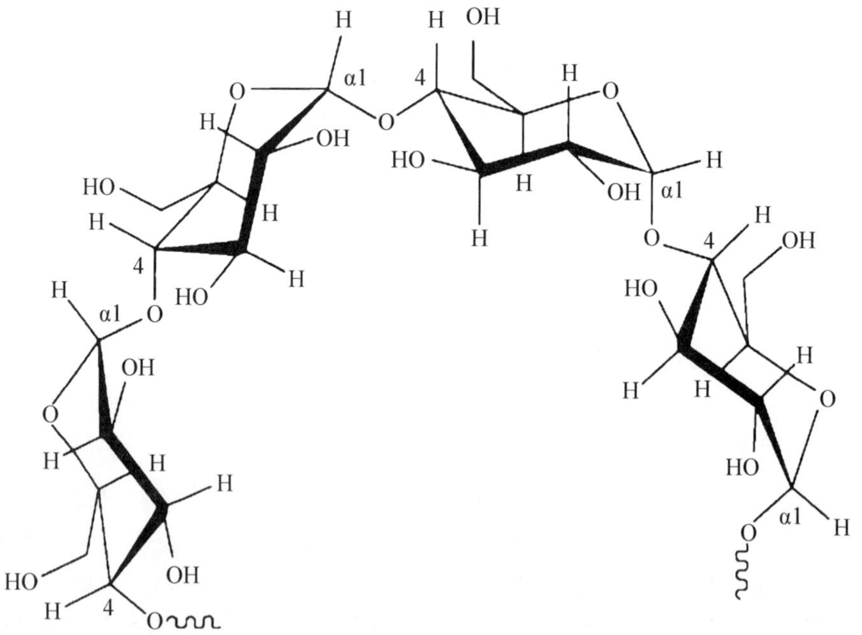

直链淀粉分子

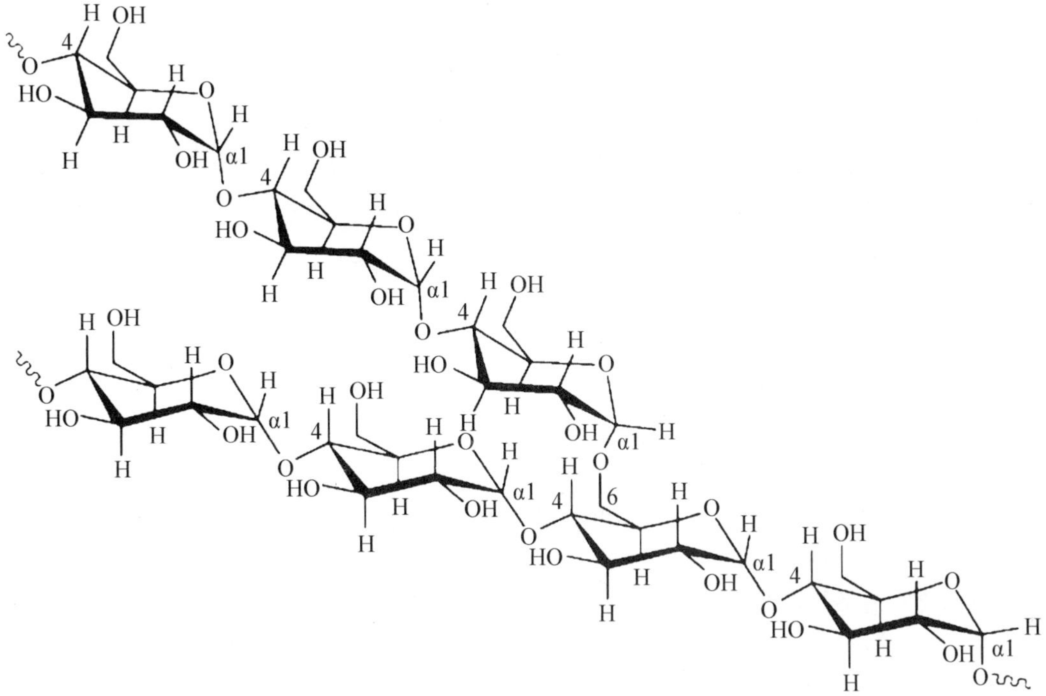

支链淀粉分子

一般直链淀粉的分子量为 5 万～20 万，相当于 300～1200 个葡萄糖残基聚合。直链分子的大小也随淀粉的来源和籽粒的成熟度不同而相差很大。玉米、小麦等禾谷类直链淀粉的分子较小，其聚合度（DP）一般不超过 1000，马铃薯、木薯等薯类直链淀粉的分子则较大。此外，同一种天然淀粉所含直链淀粉的 DP 并不是均一的，而是由一系列 DP 不等的分子混在一起，所以实际测出来的聚合度只是一个平均值。几种天然淀粉的直链淀粉聚合度如表 2-1 所示。此外，聚合度和分子量也随测定方法的不同而出现差异，尤其是分离方法，影响特大，因此文献上报道的直链淀粉和支链淀粉的聚合度及分子量很不一致，甚至相差很远。

表 2-1　天然淀粉的直链淀粉聚合度（DP）

淀粉种类	平均 DP	表观 DP 分布	平均重量分子量
玉米淀粉	930	400～15 000	2400
马铃薯淀粉	4900	840～22 000	6400
小麦淀粉	1300	250～13 000	
木薯淀粉	2600	580～22 000	6700

支链淀粉分子量要比直链淀粉大得多，为 20 万～600 万，相当于 1200～36 000 个葡萄糖聚合而成，一般聚合度在为 4000～40 000，大部分在 5000～13 000，糯米的聚合度为 18500，西米的聚合度 40 000，都是分子比较大的支链淀粉。小麦淀粉中的支链淀粉却比较小，聚合度只有 4800。

20 世纪 50 年代以前，人们认为淀粉是直链和支链淀粉这两种聚合物的混合物。后来，随着分离分级技术和纯化方法的改进，发现在许多淀粉粒中还存在第三种成分，即中间级分，这个级分是支化较少的支链淀粉或轻度支化的直链淀粉。

1. 直链淀粉

（1）直链淀粉分子的分枝构造

β-淀粉酶能够从直链淀粉的非还原性尾端开始水解相隔的 α-1,4 键，生成 β-麦芽糖，由于直链淀粉中各葡萄糖单位均是由 α-1,4 键连接起来的，所以其水解产物理应 100%为麦芽糖。早期实验结果确实如此。后来用精制的各淀粉酶水解直链淀粉却出现意外，其实际水解率只有 73%～95%，这表明在直链淀粉中还可能有微量的 α-1,4 键以外的其他键存在。

进一步研究发现，早期用的 β-淀粉酶为粗酶，其中含有一种与 α-淀粉酶相似的 z-酶，它能使 β-淀粉酶越过淀粉分子中的非 α-1,4 键，继续水解完全。

为了探明这些非 α-1,4 键的性质，在用 β-淀粉酶水解直链淀粉时，同时加入异淀粉酶和支链淀粉酶，则 β-淀粉酶的分解度明显上升。异淀粉酶和支链淀粉酶主要水解淀粉分子中构成分支的 α-1,6 键，因此，推测某些直链淀粉分子具有分支结构。进一步研究表明，直链淀粉实际上是两类分子的混合物，大部分是直链线状分子，少量是带有分支结构的线状分子，后者又称为轻度分支的直链淀粉。

轻度分支直链淀粉占总直链淀粉的比例，随淀粉来源的不同，其值在 11%～70%间变化，以 25%～55%者居多。轻度分支分子的链数为 4～20，通常带分支的直链淀粉分子大小是直链线状分子的 1.5～3.0 倍。

不能把轻度分支直链淀粉分子视为混入直链淀粉中的支链淀粉分子，二者是有明显区别的。如支链淀粉的分子量要比轻度分支直链淀粉分子大得多，前者的平均链数可达数百个，后者则只有几个或十几个。轻度分支直链淀粉因分支少，侧链短，β-淀粉酶的分解极限只有 40%左右，比支链淀粉的 55%～60%低。淀粉颗粒随处理温度升高，逐渐有分子溶出，最先溶出的是线状直链分子，之后是轻度分支直链淀粉分子，支链淀粉则在最后被溶出。不过，由于带分支的直链淀粉所具有的短侧链与支链淀粉分子链长为 20 左右的短侧链相似，也有人推测带分支的直链淀粉分子可能是支链淀粉成长过程中的中间分子。

（2）直链淀粉分子的螺旋结构

天然固态直链淀粉分子不是伸开的一条链，要了解其结构，一个必须解决的关键问题是 α-D-吡喃葡萄糖基环在其聚合物中的构象。X 射线衍射和核磁共振研究表明，直链淀粉分子是卷曲盘旋呈左螺旋状态（结构如下），每一螺旋周期中包含 6 个 α-D-吡喃葡萄糖基，螺旋上重复单元之间的距离为 10.6×10^{-10}，每个 α-D-吡喃葡萄糖基环呈椅式构象（结构如下），一个 α-D-吡喃葡萄糖基单元的 C_2 上的羟基与另一毗连的 α-D-吡喃葡萄糖基单元的 C_3 上的羟基之间常形成氢键使其构象更为稳定。

（3）直链淀粉与碘的反应

淀粉遇碘产生蓝色反应，这种反应不是化学反应，而是呈螺旋状态的直链淀粉分子能够吸附碘形成螺旋包合物。每 6 个葡萄糖残基形成一个螺圈，恰好能容纳 1 个分子碘，碘分子位于螺旋中央。吸附碘的颜色反应与直链淀粉分子大小有关，聚合度 12 以下的短链遇碘不呈现颜色变化，聚合度 12～15 呈棕色，20～30 呈红色，35～40 呈紫色，45 以上呈蓝色。光谱在 650 nm 具有最高值。纯直链淀粉每克能吸附 200 mg 碘，即重量的 20%，而支链淀粉吸收碘量不到 1%。根据这种性质，用电位滴定法可测定样品中直链淀粉的含量。

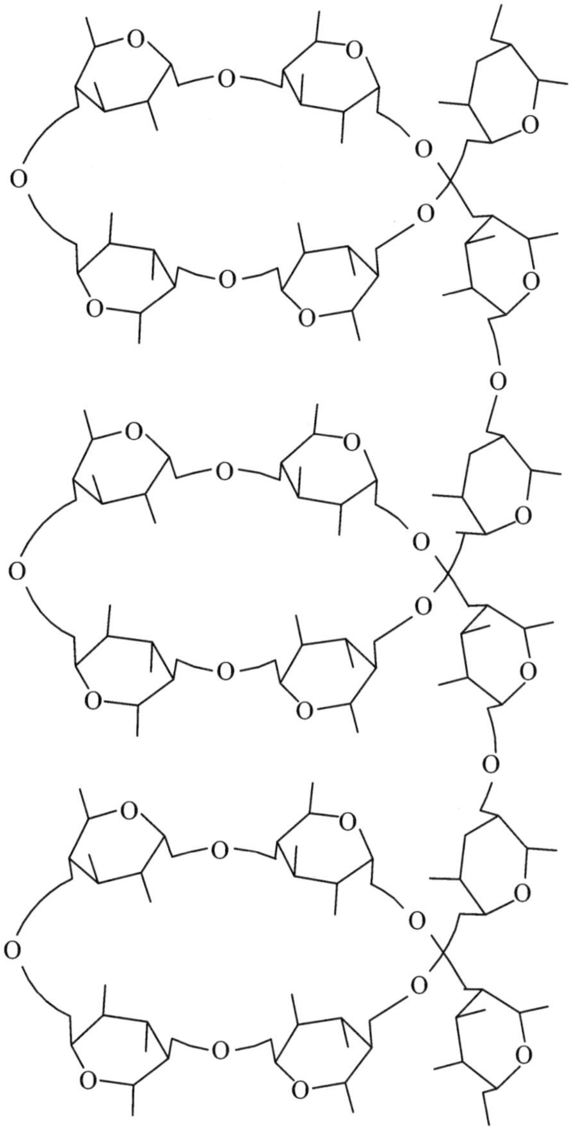

直链淀粉分子的螺旋结构

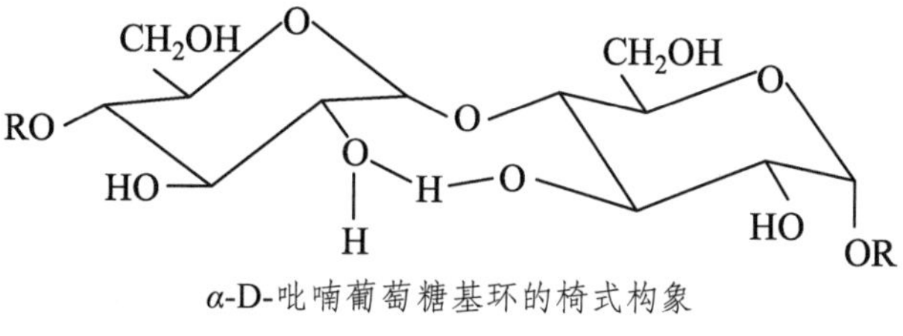

α-D-吡喃葡萄糖基环的椅式构象

（4）直链淀粉与脂肪酸的反应

　　谷类淀粉含有少量脂肪酸，玉米淀粉含 0.5%～0.7%脂肪酸，小麦淀粉约含 0.5%脂肪酸。它们可以和直链淀粉分子结合生成螺旋包合物（图 2-2），这与直链淀粉和碘所生成的复合物相似。直链淀粉脂类包合物会引起一系列不利影响，而薯类淀粉只含少量的脂类化合物（0.1%），对淀粉的品质基本没有影响。

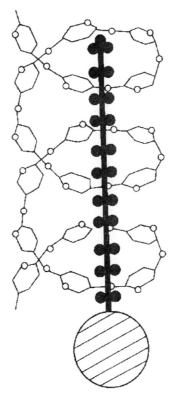

图 2-2 直链淀粉脂类包合物

2. 支链淀粉

（1）支链淀粉的分子结构模型

关于支链淀粉的结构，20 世纪 40 年代主要有 Haworth 和其同事提出的所谓层叠式结构（1937 年），Staudinger 和 Husemann（1937 年）提出的梳子模型及 Meyer 和 Bernfeld（1941 年）提出的树枝状模型。其后 Whelan（1970 年）对 Meyer 的模型进行了修正。在近期提出的众多模型中，有代表性的是 French（1972 年）、Robin（1974 年）以及 Manners 和 Matheson（1981 年）等提出的"束簇"支链淀粉模型，以及由 Hizukuri（1986 年）修正后的"束簇"模型（图 2-3）。

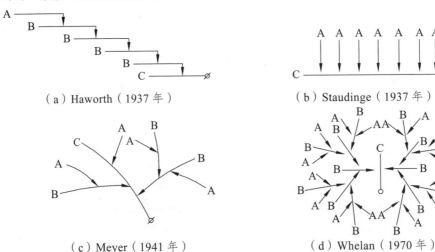

（a）Haworth（1937 年）

（b）Staudinge（1937 年）

（c）Meyer（1941 年）

（d）Whelan（1970 年）

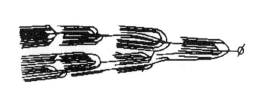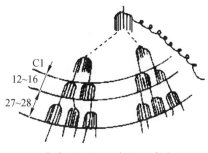

（e）French（1972 年）　　　　　　　　（f）Hizukuri（1986 年）

图 2-3　支链淀粉分子结构模型

在如此众多的模型中，用 β-淀粉酶和脱支酶对支链淀粉进行酶解，对酶解产物的分析结果表明，Manners 和 Matheson 的支链淀粉结构模型更符合实际的支链淀粉分支结构（图 2-4）。

图 2-4　支链淀粉分子"束簇"结构模型（Manners 和 Matheson）

从支链淀粉结构模型可以看出，淀粉分子由复杂的多枝的分支构成，为了对结构分析的方便，把构成淀粉分子的链分成 A、B、C 三种，并对一些专门用语做出相应的规定。

A 链：还原性尾端经由 α-1, 6 键与 B 链或 C 链相连接的链。

B 链：连有一个或多个 A 链，还原性尾端经由 α-1, 6 键与 C 链相连接的链。

C 链：含有还原性尾端的主链，支链淀粉中仅含一条 C 链，因此，C 链一端为非还原性尾端，另一端为还原性尾端。对许多研究而言，通常 C 链被当作一个 B 链。

外链（exterior 或 outer chain）：A、B、C 链的非还原尾端到最靠近外侧支叉位置的一段链。

内链（interior chain）：支叉位置和外链以外部分组成，即相邻两个以 α-1, 6 糖苷键为分支点的一段链的链长。

主链和侧链：带有还原性尾端的 C 链为主链，与主链以 α-1, 6 健相连接的其他链为侧链。

分支化度（multiple branching degree）：淀粉分子上每个 B 链所连接的链段（A 链）平均数目，其值大小由 A 链和 B 链数量的比值决定。

在支链淀粉束簇状结构模型中，A 链和 B 链结合形成许多束，束中各链相互平行靠拢，并借氢键结合成簇状结构。一般每束的大小（沿分子链方向的长度）是 27～28 个葡萄糖残基。链的紧密结合所形成的结晶部分是排列为 12～16 个葡萄精糖残基的短链。每条 B 链大多在 1～2 个束群中存在，贯穿 3 个以上束群的 B 链只占全部单位链的 1%～3%。A 链和 B 链的比值实际上反映了支链淀粉的分支化度，用酶解法分析 A 链和 B 链的结合情况是：最外层的 B 链能与 1～4 条 A 链结合，其中以 1 条 B 链结合 2 条 A 链的情况为最多，而就整个支链淀粉分子而言，A、B 链的条数之比一般为 1～4，蜡质玉米支链淀粉为 2.6，普通玉米支链淀粉为 1.7，

糯米支链淀粉为 2.2，普通稻米支链淀粉为 1.5。

（2）支链淀粉的平均链长及平均链数

平均链长（$\overline{CL}$）是指每个非还原尾端基的链所具有的葡萄糖残基数，即 $\overline{CL}$＝产物中总量（葡萄糖当量）/产物中的总还原力（葡萄糖当量），但 $\overline{CL}$ 不能表示出各个链的实际长度和平均值的差别。每个分子的平均链数（$\overline{NC}$）可由 $\overline{DP}/\overline{CL}$ 计算。以 ECL 表示外链长，ICL 表示内链长，平均链长和平均外链长及平均内链长间有如下关系

$$\overline{CL} = \overline{ECL} + \overline{ICL} + 1$$

支链淀粉的数量平均链长多在 18～26 之内，光散射法得到的重量平均链长是数量平均链长的 1.3～1.6 倍。多数支链淀粉分子的平均链数在 400～700，印度型高直链淀粉稻米的支链淀粉平均链数是 220～260，而糯米的链数却高达 1000。从链数上看支链淀粉和带分支的直链淀粉之间还是有明显区别的。支链淀粉分子的平均外链长（$\overline{ECL}$）是 12～16，平均内链长（$\overline{ICL}$）是 5～8，前者是后者的 2.0～2.8 倍。

支链淀粉在异淀粉酶和普鲁兰酶的作用下，水解成一系列长度不等的单位链，对水解后所得到的单位链进行 GPC 分析，可知各种单位链的链长分布情况，对马铃薯支链淀粉测定的结果如表 2-2 所示。链长被明显分成几个集团，依次为 A、B_1、B_2、B_3、B_4 链，其链的长度也逐渐增加，A 链最短平均长度只有 13～16，B 链中的 B_4 链因为要穿过几个束群，成为超长链，链长达 100～120。A 链在单位链中占的比例最大，随链的加长，所占比例逐渐减小，那种同时与几个束群相连的超长分子只占侧链的 0.1%～0.6%。

表 2-2　马铃薯支链淀粉的链长分布

项目	全部	A	B_1	B_2	B_3	B_4	A/B_1
CL_{max}		16	19	45	74		
$\overline{CL}$	35	16	24	48	75	104	
质量分数/%	100	27.8	34.9	26.0	9.1	2.3	
摩尔分数/%	100	44.2	38.1	14.0	3.1	0.6	0.8

（3）支链淀粉分子结合磷酸的性质

磷酸与支链淀粉分子中葡萄糖单位的 C_6 碳原子呈酯化结合存在，其中以马铃薯淀粉含磷量最高，含量为 0.07%～0.09%，约每 300 个葡萄糖残基就有这样一个磷酸酯键存在。在支链淀粉中，这种磷酸 65% 在 A 链和 B 链的外部链存在，35% 在 B 链内部链存在。这种结合酸不易除掉。在酸水解淀粉的产物中有葡萄糖-6-磷酸酯被发现，结合葡萄糖单位上的磷酸对马铃薯淀粉在水溶液中的物理性质有很大影响。

3. 淀粉的直、支链分子含量

天然淀粉粒中一般同时含有直链淀粉和支链淀粉，而且两者的比例相当稳定，多数谷类淀粉含直链淀粉 20%～30%，比根类淀粉要高，如玉米淀粉中的直链淀粉为 27%，小麦淀粉中的直链淀粉为 25%，而马铃薯淀粉中直链淀粉比例较低，且不同品种马铃薯的淀粉含量有显著差异（表 2-3）。糯玉米、糯高粱和糯米等不含直链淀粉，全部是支链淀粉，虽然有的品种也含有少量的直链淀粉，但都在 1% 以下。

表 2-3 不同品种马铃薯淀粉的直、支链淀粉含量

品种	直链淀粉含量/%	支链淀粉含量/%
大西洋	12.78	87.22
夏波蒂	18.09	81.91
斯诺登	12.91	87.09
费乌瑞特	11.46	88.54
堪内贝克	13.98	86.02
台湾红皮	15.62	84.38
甘农 1 号	10.44	89.56
陇薯 3 号	19.24	80.76
渭薯 1 号	17.54	82.46
渭薯 8 号	17.93	82.07

天然淀粉没有含直链淀粉很高的品种，只有一种皱皮豌豆的淀粉含有 66%的直链淀粉，利用 RNA 干扰技术人工培育的高直链马铃薯品种的淀粉中直链淀粉达 49.1%；人工培育的高直链玉米品种的淀粉中直链淀粉可高达 80%。相关研究表明，直链淀粉含量与淀粉类型、品种、成熟度和颗粒大小有关。直链淀粉有良好的成膜性，较支链淀粉有更强的抗拉伸性，且其含量越高越易形成凝胶，具有促进营养素吸收等功能，因而在食品加工、医药等行业应用较多。

（三）直链淀粉与支链淀粉分子量的测定

直链淀粉和支链淀粉分子量测定之前应先将两者分离，然后进行测定，目前测定的方法有甲基化法、高碘酸氧化法、β-淀粉酶水解法和物理法等方法。

1. 甲基化法

甲基化法是测定直链淀粉分子量的方法。直链淀粉经甲基化后水解，通过测定反应生成的 2, 3, 4, 6-四氧甲基葡萄糖和 2, 3, 6-三氧甲基葡萄糖的量可计算出直链淀粉的分子量。

如一个直链淀粉样品通过甲基化与水解反应生成的 2, 3, 4, 6-四氧甲基葡萄糖为它与 2, 3, 6-三氧甲基葡萄糖总和的 0.5%，则直链淀粉分子平均每 200 个葡萄糖含有 1 个非还原性尾端，即 DP = 200，MW = 200×162 = 32 400。此法不能测定支链淀粉的分子大小，因为支链淀粉有许多非还原性尾端（分支与主链没有一定的关系），数目不一定，它们与分子大小无一定数字关系。但可测支链淀粉的平均链长，即 2, 3, 4 6-四氧甲基占总的葡萄糖数（AGU）（包括 2, 3-、2, 3, 4, 6-、2, 3, 6-甲氧基）。另外，甲基化反应测出的 DP 是偏低的，这是因为在碱性条件下淀粉分子发生断裂，从而使 DP 偏低，同时氧气的作用也使 DP 偏低。

2. 高碘酸氧化法

高碘酸氧化法是指高碘酸将直链淀粉的非还原性尾端氧化产生 1 分子甲酸，还原性尾端氧化产生 2 分子甲酸，每个直链淀粉分子共产生 3 个分子甲酸。根据甲酸的产量，可算出 DP，再由 DP 算出 MW。

此方法也可用来测定支链淀粉分子量，因为支链淀粉分子有众多非还原尾端，但只有一个还原性尾端，可以认为氧化产生的甲酸全部由非还原尾端而来，故可用此法来测定支链淀粉的平均链长。

3. β-淀粉酶法

β-淀粉酶法是利用 β-淀粉酶从支链淀粉非还原性尾端每次切下一个麦芽糖单位，通过对麦芽糖含量的测定以及与甲基化法结合可计算出外链与内链的平均长度。

如甲基化法可得 4%的 2, 3, 4, 6-四氧甲基葡萄糖，则 DP=1/4%=25 个 AGU，如果用 β-淀粉酶作用于玉米支链淀粉得到 63%水解的麦芽糖，设 A、B 链数目相等，平均剩余 2.5 个 AGU 未作用，则

$$平均外链长（\overline{ECL}）=25×63/100 + 2.5=18（个 AGU）$$

$$平均内链长（\overline{ICL}）=25×18^{-1}=6（个 AGU）$$

除上述三种方法外，渗透压法、光散射法、黏度法和高速离心沉降法等物理方法也是测定直链淀粉和支链淀粉分子量的常用方法。

不同的测定方法所测得的 DP 不同（表 2-4），这是因为不同的分离方法在分离过程中又会引起淀粉分子不同程度的降解，使分子断裂而变小，因而所得 DP 和 MW 比实际数值为低。一般化学方法测定 MW（或 DP）总是偏低，因此，近代分析都用物理方法测定 MW。

表 2-4　不同方法测定的直链淀粉的聚合度（DP）

原料	聚合度		
	渗透压法	甲基化法	高碘酸氧化法
马铃薯直链淀粉 1	505	250	
马铃薯直链淀粉 2	258	190	
马铃薯直链淀粉 3	536	101	
玉米直链淀粉	800		490

二、淀粉的小体结构

淀粉小体是淀粉壳层和颗粒结构的构筑单元。根据植物来源和在颗粒中位置的不同，其直径可能在 20～500 nm。小体中包含由支链淀粉分子侧链双螺旋排列而成的结晶部分和其分支区域构成的无定形部分，两者交替排列。结晶区与无定形区是逐渐过渡，并无明显界线。在一些学者提出的淀粉结构模型中，小体排列构成壳层，构成硬壳层的小体较大，构成软壳层的小体较小。也有人认为有两种小体："正常小体"主要由支链淀粉分子构成；"缺陷小体"是由于直链淀粉分子的参与而形成，其松散结合会形成淀粉颗粒表面的小孔。研究表明，通过酸处理马铃薯淀粉，发现完整和有缺陷淀粉颗粒由小体结构单元构成，并且尺寸较小的小体紧密排列于颗粒外层，形成一层结实的外壳结构，尺寸较大的小体则松散排列于颗粒内部形成内壳层，内外壳层的缺陷小体形成空洞。

（一）淀粉的结晶形态

淀粉颗粒不是一种淀粉分子，而是由许多直链和支链淀粉分子构成的聚合体，这种聚合体不是无规律的，它由两部分组成，即有序的结晶区和无序的无定形区（非结晶区）。结晶部分的构造可以用 X 射线衍射来确定，而无定形区的构造至今还没有较好的方法确定。

1937 年，Katz 等从完整的淀粉颗粒所呈现的三种特征性 X 衍射图上分辨出三种不同的晶体结构类型，即 A 型、B 型和 C 型，其特征峰如表 2-5 所示。

表 2-5　A、B、C 三种晶型的 X 射线衍射图特征峰

A 型			B 型			C 型		
间距	衍射强度	衍射角	间距	衍射强度	衍射角	间距	衍射强度	衍射角
5.78	S	15.3	15.8	M	5.59	15.4	W	5.73
5.17	S	17.1	5.16	S	17.2	5.78	S	15.3
4.86	S-	18.2	4.00	M	22.2	5.12	S	17.3
3.78	S	23.5	3.70	M-	24.0	4.85	M	18.3
						3.78	M+	23.5

注："S"表示峰强；"M"表示中；"W"表示弱；"-"表示稍弱；"+"表示稍强

不同来源的淀粉呈现不同的 X 射线衍射图，如图 2-5 所示。

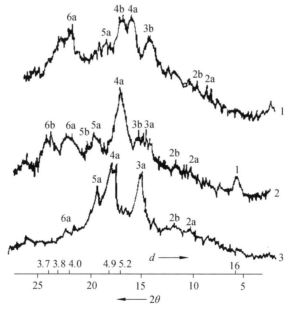

图 2-5　不同种类淀粉的 X 射线衍射图

1—玉米淀粉，A 型；2—马铃薯淀粉，B 型；3—木薯淀粉，C 型

大多数禾谷类淀粉具有 A 型图谱；马铃薯等块茎淀粉、高直链玉米和回生淀粉显示 B 型图谱；竹芋、甘薯等块根、某些豆类淀粉呈现 C 型图谱。当然也有例外，各种淀粉的可能晶型如表 2-6 所示。

表 2-6　各种淀粉的可能晶型

A 型	B 型	C 型	A 型	B 型	C 型
大米	马铃薯	甘薯	小麦	百合	葛根
糯米	皱皮豌豆	蚕豆	绿豆	山慈姑	山药
玉米	高直链玉米	豌豆	大麦	郁金香	菜豆
蜡质玉米	粟子	木薯（也有 A 型）	芋头	美人蕉	

此外，淀粉与脂质物质形成的复合物则为 E 型，直链淀粉同各种有机极性分子形成的复合物为 V 型，叠加在 A 或 B 型上。

各种不同的晶型彼此之间存在着相互转化作用，由于 A 型结构具有较高的热稳定性，这使得淀粉在颗粒不被破坏的情况下就能够从 B 型变成 A 型。如马铃薯淀粉在 110 ℃、20% 的水分下处理，则晶型从 B 型转变为 A 型。

在某些情况下，X 射线衍射法能用来测定原淀粉之间的不同，起初步鉴别作用，还可用来鉴别淀粉是否经过物理、化学变化。

淀粉颗粒中水分参与结晶结构，此点已通过 X 射线衍射图样的变化得到证实。干燥淀粉时，随水分含量的降低，X 射线衍射图样线条的明显程度降低，再将干燥淀粉于空气中吸收水分，图样线条的明显程度恢复。180 ℃ 高温干燥，图样线条不明显，这表明结晶结构基本消失，在 210～220 ℃ 干燥的淀粉的 X 射线衍射图样呈现无定形结构图样。

（二）淀粉的结晶化度

X 射线衍射图样表明，淀粉颗粒构造可以分为以格子状态紧密排列着的结晶态部分和不规则地聚集成凝胶状的非晶态部分（无定形部分），结晶态部分占整个颗粒的比例，称为结晶化度。表 2-7 列出了所测定的结晶化度，淀粉颗粒的结晶化度最高者约为 40%，多数在 15%～35%。不含直链淀粉的糯玉米淀粉与含 20% 直链淀粉的普通玉米淀粉结晶化度基本相同，而高直链淀粉品种玉米淀粉结晶化度反而较低。这说明形成淀粉结晶部分不是依靠线状的直链淀粉分子，而主要是支链淀粉分子，淀粉粒的结晶部分主要来自支链淀粉分子的非还原性尾端附近。直链淀粉在颗粒中难结晶，是因为线状过长，聚合度在 10～20 的短直链就能很好地结晶。因此可以认为，支链淀粉容易结晶是因为每个尾端基的聚合度小得适度，能够符合形成结晶所需的条件。

表 2-7　淀粉的结晶化度

淀粉种类	结晶化度/%	淀粉种类	结晶化度/%
小麦	36	高直链玉米	24
稻米	38	马铃薯	28
玉米	39	木薯	38
糯玉米	39	甘薯	37

（三）淀粉颗粒的结晶区和无定形区

淀粉颗粒由许多微晶束构成，这些微晶束如图 2-6 所示排列成放射状，看似为一个同心环状结构。微胶束的方向垂直于颗粒表面，表明构成胶束的淀粉分子轴也是以相同方向排列的。

结晶性的微胶束之间由非结晶的无定形区分隔，结晶区经过一个弱结晶区的过渡转变为非结晶区，这是个逐渐转变过程。在块茎和块根淀粉中，仅支链淀粉分子组成结晶区域。它们以葡萄糖链先端为骨架相互平行靠拢，并靠氢键彼此结合成簇状结构，而直链淀粉仅存于无定形区。无定形区除直链淀粉外，还包括那些因分子间排列杂乱，不能形成整齐聚合结构的支链淀粉分子。在谷类淀粉中，支链淀粉是结晶性结构的主要成分，但它不是结晶区的唯一成分，部分直链淀粉分子和脂质形成复合体，这些复合体形成弱结晶物质被包含在颗粒的网状结晶中。淀粉分子参加到微晶束构造中，并不是整个分子全部参加到同一个微晶束里，而是一个直链淀粉分子的不同链段或支链淀粉分子的各个分支分别参加到多个微晶束的组成之中。分子上也有某些部分并未参与微晶束的组成．这部分就是无定形状态、即非结晶部分。

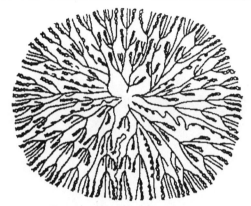

图 2-6　淀粉颗粒超大分子模型

用 X 射线小角度散射法测知湿润马铃薯淀粉的大周期是 100×10^{-10} m，玉米淀粉是 110×10^{-10} m，因此，微结晶大小为 $100 \times 10^{-10} \sim 110 \times 10^{-10}$ m。图 2-7 是把结晶区域作为胶束断面的微纤维状组织结构图，中间为结晶部分，它由聚合度为 15 左右的单位链构成，大小是 60×10^{-10} m，外围是非结晶部分。

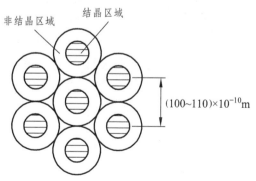

图 2-7　淀粉颗粒微晶束结构

三、淀粉的壳层结构

淀粉的壳层结构又称生长环，是围绕着颗粒脐心交替排列的同心环状空间结构，由小体结构聚集而成。壳层的厚度和硬度因淀粉植物来源不同而存在差异，同一个颗粒的不同位置，壳层的厚度和硬度也不同。一般情况下，越靠近颗粒外围的壳层厚度越薄，硬度越大，颗粒的表层为硬壳层。淀粉的壳层结构是由结晶区和无定形区交替排列形成。结晶区由支链淀粉分子以双螺旋结构有序规则排列而成，无定形区由支链淀粉分支区域和一些直链淀粉构成。由于两个区域淀粉分子链密度和折射率存在差异，因而在偏光显微镜下淀粉颗粒呈现偏光十字。

在偏光显微镜下观察，淀粉颗粒呈现黑色的十字，将淀粉颗粒分成 4 个白色的区域称为偏光十字（polarization cross）或马耳他十字。这种偏光十字的产生源于球晶结构，球晶呈现有双折射特性（birefringence），光穿过晶体时会产生偏振光。淀粉颗粒也是一种球晶，具有一定方向性，采取有秩序的排列就合出现偏光十字。现已知道，构成淀粉粒的葡萄糖链是以脐点为中心，以链的长轴垂直于粒表面呈放射状排列的，这种结构是淀粉颗粒双折射性的基础。

不同品种淀粉颗粒的偏光十字的位置和形状以及明显的程度有一定差别。例如：马铃薯淀粉的偏光十字最明显（图 2-8），玉米、高粱和木薯淀粉次之，小麦淀粉则不明显。十字交叉点玉米淀粉颗粒是在接近颗粒中心，马铃薯淀粉颗粒则接近于颗粒一端。根据这些差别，通常能用偏光显微镜鉴别淀粉的种类。当淀粉粒充分膨胀、压碎或受热干燥时，晶体结构即行消失，分子排列变成无定形，就观察不到偏光十字存在了。

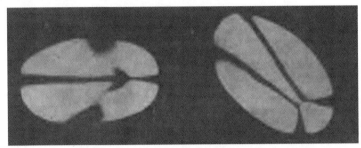

图 2-8　马铃薯淀粉的偏光十字（淀粉颗粒长径 53 μm，短径 33 μm）

Pilling 等通过转基因方法获得淀粉合成酶活性较低的马铃薯植株。然后用液氮冷冻，低温研磨使其淀粉颗粒破碎后，再用 α-淀粉酶处理，结果清晰地看到了淀粉颗粒的壳层结构（图 2-9）。

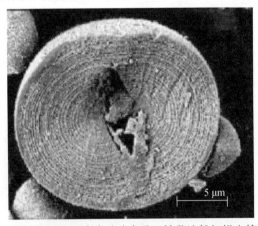

图 2-9　α-淀粉酶解冷冻破碎变种马铃薯淀粉扫描电镜照片

四、淀粉颗粒的结构

（一）淀粉颗粒的形态

淀粉在胚乳细胞中以颗粒状存在，故可称为淀粉颗粒。对于淀粉颗粒的形成，目前主要有两种假设：一种为附加生长假说，认为淀粉颗粒形成以小核为种，不断积聚淀粉分子而形成，这种假设已被很多研究证实；另外一种假设为摄取生长假设，认为淀粉颗粒由遗传基因决定，颗粒形成起始于颗粒表面，向内集结淀粉分子，进而形成淀粉颗粒。后一观点虽未被研究证实，但颗粒长轴方向存在的管道无法用附加生长来解释，符合第二种假说，因此关于淀粉颗粒的形成还有待于进一步研究。显微镜观察表明，不同来源的淀粉颗粒，其形状、大小和构造各不相同，因此可以借显微镜来观察鉴别淀粉的来源和种类，并可检查粉状粮食中是否混杂有其他种类的粮食产品。

1. 淀粉颗粒的形状

不同种类的淀粉颗粒具有各自特殊的形状，一般淀粉颗粒的形状为圆形（或球形）、卵形（或椭圆形）和多角形（或不规则形），具体取决于淀粉的来源。如小麦、黑麦、粉质玉米淀粉颗粒为圆形（或球形），马铃薯和木薯为卵形（或椭圆形），大米和燕麦为多角形（或不规则形）（图 2-10）。

同一种来源淀粉粒也有差异，如马铃薯淀粉颗粒大的为卵形，小的为圆形；小麦淀粉颗粒大的为圆形，小的为卵形；大米淀粉颗粒多为多角形；玉米淀粉颗粒有的是圆形有的是多角形。

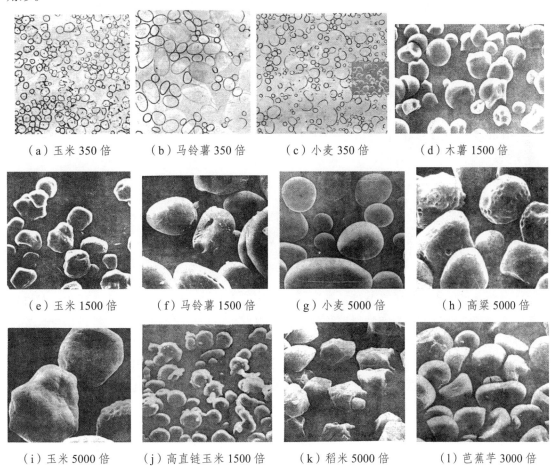

（a）玉米 350 倍　　（b）马铃薯 350 倍　　（c）小麦 350 倍　　（d）木薯 1500 倍

（e）玉米 1500 倍　　（f）马铃薯 1500 倍　　（g）小麦 5000 倍　　（h）高粱 5000 倍

（i）玉米 5000 倍　　（j）高直链玉米 1500 倍　　（k）稻米 5000 倍　　（l）芭蕉芋 3000 倍

图 2-10　不同种类淀粉颗粒的形状

2. 淀粉颗粒的大小

不同来源的淀粉颗粒大小相差很大,一般以颗粒长轴的长度表示淀粉颗粒的大小,介于 2~120 μm。商业淀粉中一般以马铃薯淀粉颗粒为最大(15~120 μm),大米淀粉颗粒最小(2~10 μm)。非粮食类来源的淀粉中,美人蕉淀粉最大,芋头最小(平均为 2.6 μm)。另外,同一种淀粉,其大小也不相同,如玉米淀粉颗粒小的为 2~5 μm,最大的为 30 μm,平均为 10~15 μm;小麦淀粉颗粒小的为 2~10 μm,大的为 15~35 μm(表 2-8)。

表 2-8 淀粉的颗粒性质

主要性质	玉米淀粉	马铃薯淀粉	小麦淀粉	木薯淀粉	蜡质玉米淀粉
颗粒形状	圆形、多角形	卵形、圆形	圆形、卵形	圆形、截头圆形	圆形、多角形
直径范围/μm	2~30	15~120	2~35	4~35	3~26
直径平均值/μm	15	33	15	20	15
比表面积/$m^2 \cdot kg^{-1}$	300	110	500	200	300
密度/$g \cdot m^{-2}$	1.5	1.5	1.5	1.5	1.5

淀粉颗粒的形状、大小常常受种子生长条件、成熟度、直链淀粉含量及胚乳结构等因素的影响。如马铃薯在温暖多雨条件下生长,其淀粉颗粒小于在干燥条件下生长淀粉颗粒。玉米的胚芽两侧角质部分的淀粉颗粒大多为多角形,而中间粉质部分的淀粉颗粒多为圆形,这是因为前者被蛋白质包裹得紧,生长时遭受的压力大,而未成熟的或粉质的生长期遭受的压力较小。玉米的直链淀粉含量从 27%增加至 50%时,普通玉米淀粉的角质颗粒减少,而更近于圆形的颗粒增多。当直链淀粉含量高达 70%时,就会有奇怪的腊肠形颗粒出现。

小麦淀粉呈双峰的颗粒尺寸分布,即有大小颗粒之分,大的淀粉颗粒称为 A 淀粉,尺寸为 5~30 μm,占颗粒总数的 65%;小的淀粉颗粒称为 B 淀粉,尺寸在 5 μm 以下,占颗粒总数的 35%。

(二)淀粉颗粒的轮纹结构

在显微镜下细心观察,可以看到有些淀粉颗粒呈若干细纹,称轮纹结构。轮纹样式与树木年轮相似,马铃薯淀粉的轮纹最明显,呈螺壳形;木薯淀粉轮纹也较清楚;玉米、小麦和高粱等淀粉的轮纹则不易见到。

关于轮纹的形成还没有一个比较完善的理论,最初关于淀粉颗粒轮纹的形成有两种观点:一是淀粉轮纹的形成受其生长条件控制,一般认为白天淀粉生物合成速率大于夜晚,所以形成不同的堆积密度而出现交替的片层结构;另一观点是淀粉轮纹的形成是一种内部生长规律所形成的,即生物内部生长机理控制着层状结构的形成。Buttrosemj 研究了环境对生长环形成的影响,结果表明不同种类的淀粉其生长环的形成方式不同,小麦淀粉颗粒生长环的形成受外部环境条件的控制,而马铃薯淀粉颗粒生长环的形成则受其内部生长规律的控制。此外,Pimng 研究了马铃薯块茎中淀粉颗粒生长环的形成,结果表明轮纹的形成不受外部条件(如光照、温度、湿度等)的控制。关于为何部分淀粉颗粒的生长环的形成不受环境的影响,还处于研究之中。

各轮纹层围绕的一点叫做"粒心",又叫做"脐"(hilum)。禾谷类淀粉的粒心常在中央,称为"中心轮纹",马铃薯淀粉的粒心常偏于一侧,称"偏心轮纹"。粒心的大小和显著程度随植物而有所不同。不同淀粉粒根据粒心及轮纹情况可分为"单粒"、"复粒"及"半复粒"。单粒只有一个粒心，马铃薯淀粉颗粒主要是单粒。在一个淀粉质体内包含有同时发育生成的多个淀粉颗粒称为复粒。稻米的淀粉颗粒以复粒为主。由两个或更多个原本独立的团粒融合在一起，各有各的粒心和环层，但最外围的几个环轮是共同的，是半复粒。有些淀粉粒，开始生长时是单个粒子，在发育中产生几个大裂缝，但仍然维持其整体性，这种团粒称为假复粒，豌豆淀粉就属于这种类型。在同一个细胞中，所有的淀粉粒，可以全为单粒，也可以同时存在几种不同的类型（图2-11）。如燕麦淀粉颗粒大部分为复粒，也夹有单粒存在；小麦淀粉颗粒大多数为单粒，也夹有复粒存在；马铃薯淀粉颗粒以单粒为主。偶有复粒和半复粒形成。

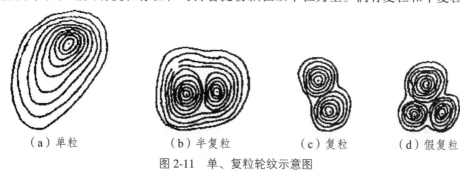

（a）单粒　　　　　（b）半复粒　　　　　（c）复粒　　　　　（d）假复粒

图2-11　单、复粒轮纹示意图

第二节　淀粉组分的分离

为了研究直链淀粉和支链淀粉的微观结构，必须从植物材料中提取没有遭受任何变性的纯净淀粉，然后再用非降解法分离出淀粉的两种组成成分。可以根据两种组分在某些物理、化学性质上的不同把它们分离出来。分离的原则一是不能使淀粉的性质发生变化（如仍保持螺旋结构）；二是淀粉不能发生降解。

常用的分离方法有选择沥滤法（又叫温水浸出法）、完全分散法和分级沉淀法等，下面分别介绍各种分离方法。

一、温水浸出法

温水浸出法又称丁醇沉淀法或选择沥滤法，分离过程中淀粉仍保持颗粒状。它将充分脱脂的淀粉的水悬浮液（玉米淀粉为2%）保持在糊化温度或稍高于糊化温度的情况下，这时由于天然淀粉颗粒中的直链淀粉易溶于热水，并形成黏度很低的溶液，而支链淀粉只能在加热加压的情况下才溶解于水，同时形成非常黏稠的胶体溶液。根据这一特性，可以用热水（60 ~ 80 ℃）处理，将淀粉颗粒中低分子量的直链淀粉溶解出来，残留的粒状物可用离心分离除去，上层清液中的直链淀粉再用正丁醇使它沉淀析出。这时正丁醇可与直链淀粉生成结晶性复合物，而支链淀粉也可与正丁醇生成复合物，但不结晶。此复合物沉淀后再用大量乙醇洗去正丁醇，最后得直链淀粉。

温度影响淀粉的抽提效率。一般使抽提温度稍高于淀粉的糊化温度，若太高，则直链淀粉的抽提效率高，但支链淀粉也被抽提出来，纯度低；若太低，则抽提效率低，直链淀粉得率也低。

二、完全分散法

分离过程中淀粉颗粒完全破坏。完全分散法是先将淀粉粒分散成为溶液，然后添加适当的有机化合物，使直链淀粉成为一种不溶性的复合物而沉淀。常用的有机化合物有正丁醇、百里香酚及异戊醇等。

为了破坏淀粉内部的结构，使淀粉分散，须先进行预处理，有以下几种预处理方法。

1. 高压加热法

基本操作为：将从新鲜马铃薯中分离出来的淀粉配置成 1.33%（m/V）的水溶液，经高压灭菌锅 121 ℃ 蒸煮 180 min 后，采用正丁醇螯合直链淀粉。将样品置于泡沫箱中过夜缓慢冷却后，再通过离心（8700g，30 min）实现直链淀粉与支链淀粉的分离。过量的甲醇（两倍于支链淀粉溶液体积）添加到浓缩的支链淀粉溶液中将支链淀粉沉淀，随后通过离心获得支链淀粉。采用该方法分离的马铃薯直链淀粉和马铃薯支链淀粉光学显微观察见图 2-12。

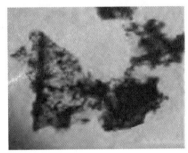 

（a）直链淀粉　　　　　　　　　（b）支链淀粉

图 2-12　马铃薯直链淀粉和马铃薯支链淀粉光学显微图

2. 碱液增溶法

为了避免高压处理和在升高温度时淀粉发生降解，采用了各种预处理方法以降低淀粉的糊化温度。碱液增溶法即为用碱性物质处理淀粉，使其在温水中完全分散。常用的碱性物质有氢氧化钠和液氨等。

基本操作为：称取 10 g 马铃薯干淀粉分散于 100 mL 水中，然后慢慢地倒入 1.3 L 0.15 mol/L NaOH 溶液中，并轻轻搅拌均匀，静置 5 min 后加 360 mL 5% NaCl 溶液，用 HCl 中和至 pH 为 6.5 ~ 7.5。在室温下放置 15 ~ 20 h 后，体系分为两层，将上清液吸出，经两次过滤，即为直链淀粉粗提液，下层胶体为支链淀粉粗提液。取直链淀粉粗提液，按 10：1 体积比加入重蒸的正丁醇，在常温下搅拌 1 h，静置 3 h 后，将部分沉淀物离心（20 min，3500 r/min），沉淀物再用正丁醇搅拌饱和 1 h、静置、离心，重复四次，将沉淀物转至无水乙醇中浸泡 24 h，再用乙醇洗涤几次，在室温下真空干燥，即为直链淀粉。取支链淀粉粗提液经离心后（30 min，20 ℃，7000 r/min），弃去上清液，沉淀物加入适量的 1% NaCl 溶液并轻轻搅动，放置 15 h 左右。待其分层后，弃去上清液，部分沉淀物离心，弃去上清液，沉淀物再加入适量的 1% NaCl 溶液并轻轻搅动，静置、离心。重复四次后，将沉淀物转至无水乙醇中放置过夜，再用无水乙醇洗涤 3 ~ 5 次，室温下真空干燥，即为支链淀粉纯品。

3. 二甲基亚砜法

二甲基亚砜（DMSO）不仅能破坏颗粒结构，而且还有完全排除脂类物质污染的优点（因为脂类物质会在升高温度时水解），此法特别适用于直链淀粉含量特别高的淀粉。

基本操作为：30 g 淀粉溶于 500 mL 二甲基亚砜中，搅拌 24 h，离心分离 15 min，除去不溶性物质，然后注入 2 倍体积的正丁醇中使直链淀粉沉淀，用丁醇反复洗涤以除去残留的二甲基亚砜。将沉淀在隔氧条件下加入 3 L 沸水中，煮沸 1 h，使之完全溶解，待分散液冷却至 60 °C，加入粉状百里香酚（1 g/L），室温下静置 3 天，离心得直链淀粉-百里香酚复合物。将复合物分散于无氧气的沸水中，煮沸 45 min，冷却，加入正丁醇，静置过夜，离心，用乙醇洗涤干燥，即得直链淀粉。残留液用乙醚将百里酚抽出后，加酒精沉淀得支链淀粉。

三、分级沉淀法

分级沉淀法为工业提取直链淀粉的方法，它是利用直链淀粉和支链淀粉在同一盐浓度下盐析所需温度不同而将其分离。常用的无机盐有硫酸镁、硫酸铵和硫酸钠等。如将马铃薯中直链淀粉在室温下用 1.0%硫酸镁溶液沉淀出来。

直链淀粉和支链淀粉在室温下都能从 13%硫酸镁溶液中沉淀，但在 80 °C 只有直链淀粉能沉淀。利用这种性质，工业上分离直链淀粉与支链淀粉的方法为：10%马铃薯淀粉悬浮液用 SO_2 和 MgO 调 pH 至 6.5 ~ 7.0，防止淀粉降解，加入 13%硫酸镁，160 °C 加压加热，使淀粉溶解。冷却至 80 °C，高速离心，直链淀粉沉淀。母液继续冷却至 20 °C，离心分离，沉淀为支链淀粉沉淀。

由于 80 °C 分离操作困难，故可用如下改进方法：冷却至 90 °C，喷水使盐浓度降至 10%，冷至 20 °C，离心，沉淀为直链淀粉。母液中加入硫酸镁至浓度为 13%，离心得支链淀粉。此法分离效率达 90%，纯度为 90%，所得直链淀粉，碘吸附量为 19%，母液中的硫酸镁能回收利用。此法也可用于分离不同分子量的直链淀粉。

Cantor and Wimmer 等将淀粉分散于 $CaCl_2$ 溶液中，用 $Ca(OH)_2$ 沉淀，加入水会使直链淀粉-复合物溶解，因此逐步加入水可达到分离效果。此法可避免使用较为昂贵的硫酸镁。

四、凝沉分离法

直链淀粉具有很强的凝沉性质，易于结合成结晶状沉淀出来，利用这种性质分离直链淀粉，不需用任何配合剂。玉米直链淀粉的聚合度 700，凝沉性强，最适用于此法。此法又称回生与控制结晶分离法。

基本操作为：10%玉米淀粉乳调 pH 至 6.5，引入喷射器中，同时喷入高压蒸汽，加热到 150 °C，进入糊化桶糊化 10 min，引入结晶器中，降压至常压，温度在 4 h 内降至 30 °C，直链淀粉结晶沉淀，15 000 r/min 高速离心，湿直链淀粉与 2 倍水混匀，离心，即得直链淀粉产品。产率为淀粉质量的 17%，纯度为 90%。母液中支链淀粉用喷雾干燥或滚筒干燥，得粉末产品。

此法优点是产品纯度高，支链淀粉不被化学试剂污染，但能耗高。

五、电泳法

马铃薯中支链淀粉含有少量磷酸，具有负电荷，可利用电泳将直链淀粉和支链淀粉分离。

将马铃薯淀粉溶液置于电场中，支链淀粉移向阳极，沉积下来，直链淀粉仍留在溶液中。玉米淀粉不含磷酸酯，但直链淀粉吸附有脂肪酸，具有负电荷，置于电场中，直链淀粉向阳极移动沉淀下来，而支链淀粉留在溶液中。

六、纤维素吸附法

利用直链淀粉能被纤维素吸附而支链淀粉不被吸附的性质可将它们分离。

将冷淀粉溶液通过脱脂棉花柱中，直链淀粉被吸附在棉花上，支链淀粉流过，直链淀粉再用热水洗涤出来。此法可得高纯度的支链淀粉。

沉淀法所得的支链淀粉常混有少量直链淀粉，可用此法纯化。

七、色谱分析法

色谱分析法的依据是直链淀粉和支链淀粉具有不同的分子量和分子结构。其操作为：将淀粉溶液注入层析柱，比凝胶孔大的支链淀粉分子可以直接经过凝胶孔空隙，随洗脱液一起流出柱外，而比凝胶孔小的直链淀粉分子，能够进入凝胶相内，不能伴随洗脱液一起向前移动，移动的速度必然要比支链淀粉分子慢，从而可以达到分离直链淀粉和支链淀粉的目的。然而此方法所用的样品量少，因此它多限于对已分离的直链淀粉和支链淀粉的纯度进行检验。

第三节　淀粉的物理性质

一、淀粉的润胀与糊化

（一）淀粉的润胀

淀粉颗粒不溶于冷水，但将干燥的天然淀粉置于冷水中，它们会吸水，并经历一个有限的可逆的润胀。这时候水分子只是简单地进入淀粉颗粒的非结晶部分，与游离的亲水基相结合，淀粉颗粒慢慢地吸收少量的水分，产生极限的膨胀，淀粉颗粒保持原有的特征和晶体的双折射。若在冷水中不加以搅拌，淀粉颗粒因其比重大而沉淀，将其分离干燥仍可恢复成原来的淀粉颗粒。天然淀粉颗粒的润胀，只有体积上的增大。润胀是从团粒中组织性最差的微晶之间无定形区开始的。有研究表明，将完全干燥的椭球形的马铃薯淀粉颗粒浸于冷水中时，它们各向呈不均衡的润胀，在长向增长 47%，而在径向只增长 29%；而小麦淀粉的盘状团粒在润胀中发生明显的形变成为马鞍状，其厚度几乎没有变化；豌豆淀粉的椭球形团粒的润胀最为极端，长度收缩 2%，而径向膨胀 35%。马铃薯淀粉分子中含有磷酸基，磷酸基的亲水性大于分子中的羟基，使马铃薯淀粉易于吸水润胀。

受损坏的淀粉颗粒和某些经过改性的淀粉粒可溶于冷水，并经历一个不可逆的润胀。

（二）淀粉的糊化

若把淀粉的悬浮液加热，到达一定温度时（一般在 55 ℃ 以上），淀粉颗粒突然膨胀，因膨胀后的体积达到原来体积的数百倍之大，所以悬浮液就变成黏稠的胶体溶液，这种现象称为淀粉的糊化（gelatinization）。淀粉颗粒突然膨胀的温度称为糊化温度，又称糊化开始温度。因各淀粉颗粒的大小不一样，待所有淀粉颗粒全部膨胀又有另一个糊化过程温度，所以糊化温度有一个范围，见表2-9。

表2-9　几种淀粉颗粒的糊化温度

淀粉种类	糊化温度范围/℃	糊化开始温度/℃
大米	58~61	58
小麦	65~67.5	65
玉米	64~72	64
高粱	69~75	69
马铃薯	56~67	56

1. 淀粉颗粒的糊化过程

淀粉颗粒的糊化过程可分为三个阶段（图2-13）。

第一阶段：当淀粉颗粒在水中加热逐渐升温，水分子由淀粉的孔隙进入淀粉颗粒内，颗粒吸收少量水分，淀粉通过氢键作用结合部分水分子而分散，体积膨胀很小，淀粉乳强度只有缓慢增加，淀粉颗粒发生可逆润胀，其性质与原来本质上无区别，淀粉颗粒内部晶体结构也没有发生改变。

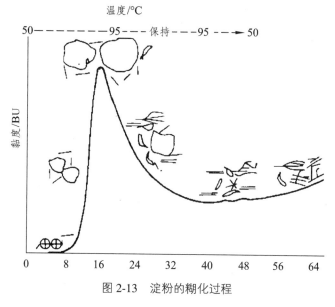

图2-13　淀粉的糊化过程

第二阶段：水温继续上升，达到开始糊化温度时，淀粉颗粒的周边迅速伸长，大量吸水，偏光十字开始在脐点处变暗，淀粉分子间的氢键破坏，从无定形区扩展到有秩序的辐射状胶束组织区，结晶区氢键开始裂解，分子结构开始发生伸展，其后颗粒继续扩展至巨大的膨胀性网状结构，偏光十字彻底消失，这一过程属不可逆润胀。这时由于胶束没有断裂，所以颗粒仍然聚集在一起，但已有部分直链淀粉分子从颗粒中被沥滤出来成为水溶性物质，当颗粒膨胀体积至最大时，淀粉分子之间的缔合状态已被拆散．淀粉分子或其聚集体经高度水化形成胶体体系，黏度也增至最大。可以说糊化本质是高能量的热和水破坏了淀粉分子内部彼此间氢键结合，使分子混乱度增大，糊化后的淀粉-水体系的行为直接表现为黏度增加。

29

第三阶段：淀粉糊化后，继续加热膨胀到极限的淀粉颗粒开始破碎支解，最终生成胶状分散物，糊黏度也升至最高值。因此，可以认为糊化过程是淀粉颗粒晶体区熔化，分子水解，颗粒不可逆润胀的过程。

2. 淀粉糊化温度的测定方法

（1）Kofler加热台（偏光显微镜法）

淀粉糊化后的显著特征是失去双折射性，因此，利用颗粒的偏光十字消失能测定糊化温度。另外，淀粉颗粒大小不一，糊化有一个范围，一般用平均糊化温度表示，即在此温度下有50%的颗粒已失去双折射性（2%为起始点，98%为终止点）。

偏光显微镜法测定糊化温度，简单迅速，需样品少，准确度高，对样品量少者适用，但主观性较大，不能排除误差。具体的测定方法为：将0.1%～0.2%淀粉悬浮液滴于载玻片上，含100～200个淀粉颗粒，四周放上高黏度矿物油，放上盖玻片，置于电热台。加热台以2 ℃/min速度升温，观察2%、50%和98%的淀粉颗粒偏光十字消失，记录相应的温度，即可得出糊化温度范围。

另外，也可利用淀粉颗粒偏光十字消失，会引起偏振光强度的变化这一原理来测定淀粉的糊化温度。具体的测定方法为：将样品的悬浮液放在显微镜中的样品台上，以7 ℃/min的速度升温，当温度达到35 ℃时，开启记录仪。记录仪记下在光学元件上的光通量的强度变化并绘成曲线，同时升温，温度上升引起淀粉颗粒的糊化和双折射现象的消失。因此，照在光学元件上的光强度下降，这一现象被记录下来并绘成向横坐标轴弯曲成一角度的曲线，进一步的糊化和双折射消失，导致图中光强度下降，直至完全糊化和双折射完全消失（图2-14）。

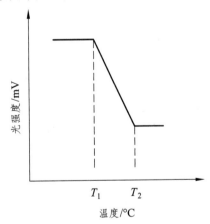

图2-14 光强度变化与温度的关系示意图

（2）分光光度法

利用分光光度计测定1%淀粉悬浮液在连续加热时，光量透过的变化，可自动记录到糊化开始点温度与双折射消失温度是一致的，各种淀粉糊液的透光率随温度变化曲线如图2-15所示。

（3）电导法

对较多样品的淀粉，可利用在糊化过程中电导的变化进行测定。当淀粉物质在糊化溶解时，与淀粉糊结合的离子向悬浮液转移，在淀粉开始糊化时，电导的强度开始上升。淀粉糊化完全时，电导停止上升。糊化时电导与温度的关系如图2-16所示。

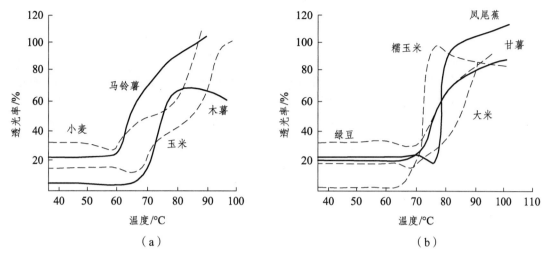

图 2-15　各种淀粉糊液的分光光度曲线

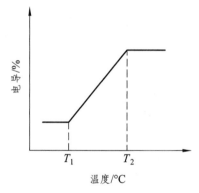

图 2-16　电导与温度关系示意图

　　该装置的组成为检测元件（两个电极）、直流稳压电源、具有补偿系统的热元件、温度补偿系统及在 *X-Y* 系统中工作的记录仪，检测元件置于测量容器中，容器为热水包围并恒速搅拌。测量过程中，记录仪绘出通过淀粉悬浮液的电导强度的变化。

　　（4）差示扫描量热法（DSC）

　　DSC 是在程序升温下（10 ℃/min）保持待测物质与参照物（Al_2O_3）温度差为 0，测定由于待测物相变或化学反应等引起的输给它们所需能量差与温度的关系（图 2-17）。

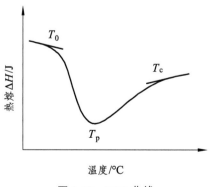

图 2-17　DSC 曲线

对于温度补偿型 DSC（DE 公司产品），凸型为放热反应，凹型为吸热反应。从曲线上可得出三个特征参数：T_0 为相变（或化学反应）的起始温度；T_p 为相变（或化学反应）的高峰温度；T_c 为相变（或化学反应）的终了温度；ΔH 为热熔。

前面所介绍的测定糊化温度的方法受淀粉与水的比率及温度范围的限制，DSC 可在很大浓度范围内，甚至用含水较少的固体做样品，同时可以测定糊化温度高于 100 °C 的淀粉样品。该法测定样品用量少，操作方便，同时可测出糊化过程热熔的变化，各种不同种类淀粉的 DSC 特征参数如表 2-10 所示。淀粉含水分的多少影响其 DSC 的特征参数见表 2-11。

表 2-10　各种不同种类淀粉的 DSC 特征参数

品种	淀粉乳含量/%（质量）	T_0/°C	T_{p1}/°C	T_{p2}/°C	T_c/°C	ΔH/J·g^{-1}
豌豆淀粉	47.5	56	64	87	101	14.64
蚕豆淀粉	46.6	56	65	83	97	13.81
马铃薯淀粉	46.03	55	60	68	85	18.41
玉米淀粉	46.4	60	67	78	89	13.81
酶改性玉米淀粉	47.9	54	73	99	89	10.04
高直链玉米淀粉	48.2	71	82	105	114	17.57
蜡质玉米淀粉	47.6	64	71	88	97	16.74

表 2-11　水分对马铃薯淀粉的 DSC 特征参数的影响

淀粉乳含量/%（质量）	T_0/°C	T_{p1}/°C	T_{p2}/°C	T_c/°C	溶化温度范围（$T_c \sim T_0$）/°C
20.5	62	65		68.5	6.5
41.0	63	64.5		73.0	10.0
54.6	61.5	63.5	71.5	87.5	16.0
65.1	61.5	64.5	93.5	103.0	41.5

3. 淀粉糊黏度的测定及布拉班德黏度曲线

淀粉在工业中用途广泛，但几乎都是应用淀粉糊，起到增稠、凝胶、黏合、成膜和其他功用。不同品种淀粉在性质方面存在差别，如黏度、黏韧性、透明度、抗剪切稳定性、凝沉性等，这些性质都影响淀粉糊的应用。淀粉糊黏度的测定原理是转子在淀粉糊中转动，由于淀粉糊的阻力产生扭矩，形成的扭矩通过指针指示出来。采用的检测仪器有 Brabender（布拉班德）黏度计、Brockfield 黏度计、Haake 黏度计和 NDJ-79 型（或 1 型）旋转式黏度计等。另外可用奥氏黏度计（乌氏黏度计）测特性黏度及表观黏度，也可用流度计测淀粉和酸解粉等其他变性淀粉的流度。

目前普遍采用布拉班德连续黏度计测得黏度曲线。它在一定速度加热、保持温度、冷却过程中，连续测定黏度变化，自动控制操作和记录。

测定步骤是：根据来源不同，选用一定浓度的淀粉悬浮液. 从室温开始以 1.5 °C/min 的升温速率加热至 95 °C。在 95 °C 下保持一定时间（30 min），然后以同样速度降温至 50 °C，保持一定时间（30 min）。测定过程中的温度受程序控制，按恒定速率上升或下降，以黏度对时间作图，可以得到布拉班德黏度曲线。这是评价淀粉糊化性质的依据，黏度单位 BU（Brabender Unit）。每种类型的淀粉都有其特征的布拉班德黏度曲线。

淀粉乳加热尚未达到糊化温度前，无明显的黏度效应，随淀粉样品的温度升高，颗粒膨胀至相互撞击，淀粉糊的黏度也增加，此过程延续直至达到峰黏度。峰黏度是制备淀粉糊时可能达到的最高黏度。块茎和块根类淀粉蒸煮时黏度急剧升高，并比谷类淀粉的峰黏度高。图 2-18 中几种淀粉的峰黏度，马铃薯＞木薯＞玉米＞小麦，这与玉米、小麦淀粉颗粒膨胀能力差有关。峰黏度出现的温度为糊化起始温度，峰黏度值大小也是对淀粉增稠能力的测量。

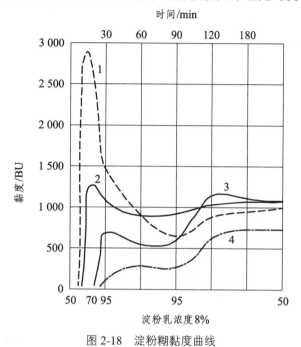

图 2-18　淀粉糊黏度曲线

1—马铃薯；2—木薯；3—玉米；4—小麦

在淀粉糊化曲线图谱上通常截取下列特征值（图 2-19）：

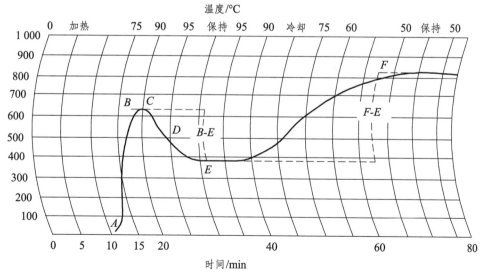

图 2-19　淀粉黏度曲线的特征值

A——起始糊化温度，一般定义为糊黏度达 20 单位时的温度，℃；

B——峰值黏度，最大黏度，糊化开始后出现的最高黏度，BU；

C——峰值温度，淀粉糊处于峰值黏度时的温度，即糊化终止温度，℃；

D——升温到 95 ℃ 时糊的黏度，BU；

E——95 ℃ 保温 30 min 后的黏度，BU；

F——糊从 95 ℃ 降至 50 ℃ 时的黏度，BU；

G——50 ℃ 保温 30 min 的黏度，BU。

根据黏度曲线上的特征值，可以有：

B-E 称为降落值（breakdown），或称破损值，表示黏度的热稳定性，降落值越小，热稳定性越好；

F-E 称为稠度，*F-E/E* 值表示冷却过程中淀粉形成凝胶性的强弱；

F-C 称为回值，表示糊冷黏度稳定值；

F-B/B 值表示淀粉糊凝沉性强弱。

通过测定以上数据可以判断淀粉的来源或区分淀粉的种类和糊的黏度稳定性。

4. 影响淀粉糊化的因素

（1）淀粉颗粒晶体结构的影响

各种植物淀粉粒的淀粉分子彼此间缔合程度不同，分子排列的紧密程度也不同，即微晶束的大小及密度各不相同。一般来说分子间缔合程度大，分子排列紧密，拆散分子间的聚合、拆开微晶束就要消耗更多的能量，这样的淀粉颗粒就不容易糊化；反之，分子间缔合的不紧密，不需要很高能量就可以将其拆散，因而这种淀粉颗粒易于糊化。因此，不同种类的淀粉，其糊化温度就不会一样。一般较小的淀粉颗粒因内部结构比较紧密，所以糊化温度要比大粒的稍微高一些；直链淀粉分子间的结合力比较强，含直链淀粉较高的淀粉颗粒比较难于糊化。最突出的例子是糯米淀粉的糊化温度（约 58 ℃）比籼米淀粉（70 ℃ 以上）低很多。马铃薯淀粉颗粒较大，直链淀粉含量也较低，因此成糊温度低，易糊化。同时，马铃薯淀粉一旦糊化，黏度迅速增加。在保温阶段，马铃薯淀粉黏度迅速下降，这主要是由于马铃薯淀粉颗粒大，结构松散，吸水性强，分子间结合力较弱，当温度升高到一定温度后，如继续加热，高膨胀的颗粒被破坏，因此黏度急骤下降。

（2）水分的影响

淀粉颗粒水分低于30%时，使其加热，淀粉颗粒不会糊化，而只是淀粉颗粒无定形区的分子链的凝结有部分解开，以至少数微晶的熔融；当加热到较高温度时，部分微晶将熔融。这个过程与糊化相比是较慢的，并且淀粉颗粒的膨胀是有限的，双折射性只是降低，但并不是消失，因此，把这种淀粉的湿热处理过程叫淀粉的韧化（annealing）。

天然淀粉的韧化，将导致糊化温度升高，糊化温程缩短。这是因为当韧化淀粉冷却时，无定形区内的淀粉链有机会进行重排，已熔微晶重新结晶或至少是经历了明显的重新取向，致使结晶度有所增高，因此使其糊化温度升高。韧化淀粉在糊化过程中的内部结构变化不同于天然淀粉。韧化淀粉开始糊化时，少数微晶始融后，它们的水化与润胀对相邻的微晶施加压力大于天然淀粉，因此加快了它们的熔融速度，温度小的跃升将糊化所有团粒，故糊化温程缩短。

（3）碱的影响

淀粉在强碱作用下，室温下可以糊化。例如，玉米淀粉糊化所需的 NaOH 的量为 0.4 mmol/g，马铃薯淀粉为 0.33 mmol/g。在日常生活中，煮稀饭加碱，就是因为碱有促使淀粉糊化的性质。

（4）盐类的影响

某些盐如硫氰酸钾、水杨酸钠、碘化钾、硝酸铵、氯化钙等浓溶液，在室温下能促使淀粉颗粒糊化。阴离子促进糊化的顺序是：$OH^- >$ 水杨酸 $> SCN^- > I^- > Br^- > Cl^-$；与此相反，某些盐如硫酸盐、偏磷酸盐则能阻止糊化。例如，淀粉颗粒在 1 mol/L 的硫酸镁溶液中，加热到 100 ℃，仍然保持其双折射性特性。

（5）糖类的影响

某些糖类如 D-葡萄糖、D-果糖和蔗糖能抑制小麦淀粉颗粒溶胀，糊化温度随糖浓度加大而增高，对糊化温度的影响顺序为：蔗糖 > D-葡萄糖 > D-果糖。

（6）极性高分子有机化合物的影响

某些极性高分子如盐酸胍、尿素、二甲基亚砜等在室温下或低温下可破坏分子氢键，促进糊化。

（7）脂类的影响

脂类与直链淀粉能形成螺旋包合物，它可抑制糊化及膨润。这种脂类包合物对热稳定，在水中加热到 100 ℃ 也不会被破坏，难以膨润及糊化。谷类淀粉中含脂类比马铃薯淀粉多，因此谷类淀粉不如马铃薯淀粉易于糊化。但若在马铃薯淀粉中加入脂类，则膨润及糊化的情况与谷类淀粉相似。

卵磷脂能促进小麦淀粉的糊化，而对马铃薯淀粉糊化则起抑制作用。

（8）化学变性的影响

一般氧化、离子化使淀粉的糊化温度降低，而酸改性、交联、醚化、酯化使淀粉的糊化温度升高。

其他因素如表面活性剂，淀粉颗粒形成时的环境温度，以及其他物理的及化学的处理都可以影响淀粉的糊化。

二、淀粉的回生

（一）回生的概念与本质

淀粉稀溶液或淀粉糊在低温下静置一定的时间，混浊度增加，溶解度降低，在稀溶液中会有沉淀析出，如果冷却速度快，特别是高浓度的淀粉糊，就会变成凝胶体（凝胶长时间保持时，即出现回生），好像冷凝的果胶或动物胶溶液，这种现象称为淀粉的回生或老化（图 2-20），这种淀粉称为回生淀粉（或称 β-淀粉）。

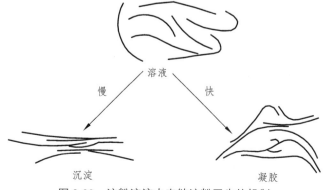

图 2-20　淀粉溶液中直链淀粉回生的机制

我们知道原淀粉的 X 射线谱型可分为 A 型、B 型、C 型和 V 型。对于回生淀粉,若由稀溶液制作,则为 B 型;若用浓溶液制作,则是 A 型。回生或干燥直链淀粉除有 A、B、C 三种类型结晶外,若有配合剂(如脂类)存在,也含有 V 型。

回生的本质是糊化的淀粉分子在温度降低时由于分子运动减慢,此时直链淀粉分子和支链淀粉分子的分支都回头趋向于平行排列,互相靠拢,彼此以氢键结合,重新组成混合微晶束。其结构与原来的生淀粉颗粒的结构很相似,但不成放射状,而是零乱地组合。由于其所得的淀粉糊中分子中氢键很多,分子间缔合很牢固,水溶解性下降,如果淀粉糊的冷却速度很快,特别是较高浓度的淀粉糊,直链淀粉分子来不及重新排列结成束状结构,便形成凝胶体。

回生后的直链淀粉非常稳定,加热加压也难溶解,如有支链淀粉分子混存,仍有加热成糊的可能。

回生是造成面包硬化,淀粉凝胶收缩的主要原因。当淀粉制品长时间保存时(如爆玉米),常常变成咬不动,这是因为淀粉从大气中吸收水分,并且回生成不溶的物质。回生后的米饭、面包等不容易被酶消化吸收。

当淀粉凝胶被冷冻和融化时,淀粉凝胶的回生是非常大的,冷冻与融化淀粉凝胶,破坏了它的海绵状的性质,且放出的水容易挤压出来,这种现象是不受欢迎的。

(二)影响淀粉回生的因素

1. 分子组成(直链淀粉的含量)

直链淀粉的链状结构在溶液中空间障碍小,易于取向,故易于回生;支链淀粉呈树状结构,在溶液中空间障碍大,不易于取向,故难于回生,但若支链淀粉分支长,浓度高,也可回生。糯性淀粉因几乎不含直链淀粉,故不易回生;而玉米、小麦等谷类淀粉回生程度较大。

2. 分子的大小(链长)

直链淀粉如果链太长,取向困难,也不易回生;相反,如果链太短,易于扩散(不易聚集,布朗运动阻止分子相互吸引),不易定向排列,也不易回生(溶解度大),所以只有中等长度的直链淀粉才易回生。例如,马铃薯淀粉中直链淀粉的链较长,聚合度为 1000~6000,故回生慢;玉米淀粉中直链淀粉的聚合度为 200~1200,平均 800,故容易回生,加上还含有少量的脂类物质,对回生有促进作用。

3. 淀粉溶液的浓度

淀粉溶液浓度大,分子碰撞机会大,易于回生;浓度小则相反。一般水分 30%~60% 的淀粉溶液易回生。水分小于 10% 的干燥状态则难于回生。

4. 温　度

接近 0~4 ℃时贮存可加速淀粉的回生。

5. 冷却速度

缓慢冷却,可使淀粉分子有充分时间取向平行排列,因而有利于回生。迅速冷却,可减少回生(如速冻)。

6. pH

pH 中性易回生，在更高或更低的 pH，不易回生。如回生速率在 pH 为 5～7 最快，过高和过低的 pH 都会降低回生速率，pH 在 10 以上不发生回生现象，pH 低于 2 回生缓慢。

7. 各种无机离子及添加剂等

一些无机离子能阻止淀粉回生，其作用的顺序是 $CNS^->PO_4^->CO_3^->I^->NO_3^->Br^->Cl^-$；$Ba^{2+}>Sr^{2+}>Ca^{2+}>K^+>Na^+$。如 $CaCl_2$、$ZnCl_2$、NaCNS 促进糊化，阻止老化；$MgSO_4$、NaF 促进老化，阻止糊化；甘油与蔗糖、葡萄糖等形成的单甘酯易与直链淀粉形成复合物，延缓老化（乳化剂）。

因此，防止回生的方法有快速冷却干燥，这是因为迅速干燥，急剧降低其中所含水分，这样淀粉分子联结而固定下来，保持住 α-构型，仍可复水。另外可考虑加乳化剂，如面包中加乳化剂，保持住面包中的水分，防止面包老化。

（三）高温回生现象

通常回生在淀粉糊冷却过程以及在 70 ℃ 或 70 ℃ 以下贮存时发生，然而还有另外一种形式的回生存在，它是在 75～95 ℃ 贮存玉米淀粉溶液时发生的，并形成均匀的颗粒状沉淀，称为高温回生现象。玉米淀粉经 120～160 ℃ 糊化，得到的糊在 75～95 ℃ 贮存时，就发生回生情况。沉淀颗粒是由玉米直链淀粉同游离脂肪酸结合的螺旋包合物而形成的。这些游离脂肪酸在玉米淀粉中天然存在，脱脂玉米淀粉、蜡质玉米淀粉或马铃薯淀粉在 120 ℃ 以上糊化并在 75～95 ℃ 贮存就不会产生高温回生现象。普通玉米淀粉在 95 ℃ 以上贮存时也没有高温回生现象发生，说明直链淀粉同脂肪酸结合形成的螺旋包合物在此温度下被解离。

（四）淀粉回生检测方法

1. 宏观技术

对淀粉的某些物理性质的改变进行监控，从而表征淀粉的老化现象，比如机械性能或结构变化。

2. 分子技术

在分子层面上研究淀粉大分子聚合物结构的变化或淀粉凝胶内部水分子的流动。因此，流变学测定、质构学测定、差示扫描量热法测定、光散射法测定、浊度法测定以及脱水收缩性测定都可用于宏观分析老化现象。

三、淀粉糊与淀粉膜

（一）淀粉糊

淀粉在不同的工业中具有广泛的用途，然而几乎都得加热糊化后才能使用。不同品种淀粉糊化后，糊的性质，如黏度、透明度、抗剪切性能及老化性能等，都存在着差别（表2-12），这显著影响其应用效果。一般来说在加热和剪切下膨胀时比较稳定的淀粉颗粒形成短糊，如玉米淀粉和小麦淀粉丝短而缺乏黏结力。在加热和剪切下膨胀时不稳定的淀粉颗粒形成长糊，如马铃薯淀粉糊丝长、黏稠、有黏结力。木薯和蜡质玉米淀粉的糊特征类似于马铃薯淀粉，但一般没有马铃薯淀粉那样黏稠和有黏结力。

表 2-12　淀粉糊的主要性质

性　质	马铃薯淀粉	木薯淀粉	玉米淀粉	糯高粱淀粉	交联糯高粱淀粉	小麦淀粉
蒸煮难易	快	快	慢	迅速	迅速	慢
蒸煮稳定性	差	差	好	差	很好	好
峰黏	高	高	中等	很高	无	中等
老化性能	低	低	很高	很低	很低	高
冷糊稠度	长，成丝	长，易凝固	短，不凝固	长，不凝固	很短	短
凝胶强度	很弱	很弱	强	不凝结	一般	强
抗剪切	差	差	低	差	很好	中低
冷冻稳定性	好	稍差	差	好	好	差
透明性	好	稍差	差	半透明	半透明	模糊不透明

淀粉的透明度主要与直链淀粉和支链淀粉的比例有关，一般而言，支链淀粉含量越高，透明度越大。此外，淀粉糊中分子的空间形态及其聚集态，淀粉分子间相互作用的变化、磷含量等都会影响淀粉糊的透明度。马铃薯淀粉糊的透明度最好，而玉米淀粉糊最差，这是由于马铃薯淀粉颗粒大、结构松散，在热水中能完全膨胀糊化，糊浆中几乎不存在能引起光线折射的未膨胀、糊化的颗粒状淀粉，并且磷酸基的存在能阻止淀粉分子间和分子内部通过氢键的缔合作用，减弱了光线的反射强度；而玉米淀粉颗粒结构紧密，糊化后仍有没有完全糊化的颗粒状淀粉存在，因此玉米淀粉糊透明性差。玉米、小麦等淀粉糊一般呈白色混浊，这种白色混浊的产生，是因为淀粉的分子结构中含有脂肪酸。目前分子结构中不含脂肪酸的淀粉只有马铃薯淀粉，同样是薯类淀粉的甘薯，其淀粉分子结构中也有少量的脂肪酸分子存在。透明度大的淀粉适宜应用在饮料、果冻等食品加工中。

（二）影响淀粉糊性质的因素

研究发现，淀粉乳浓度、pH 和添加食盐、蔗糖、明矾、磷酸盐等均对马铃薯淀粉糊性质有影响。

1. 淀粉乳浓度

随着淀粉乳浓度的增加，马铃薯淀粉糊化温度、淀粉糊热稳定性和凝沉性降低，各点黏度值与凝胶性增加，但淀粉糊冷稳定性变化不大。

2. pH

酸性条件下，马铃薯淀粉糊化温度高，各点黏度值低；且随着 pH 降低，淀粉糊化温度升高，各点黏度值降低，热稳定性、凝胶性和凝沉性增强，冷稳定性减弱。中性和碱性条件下，马铃薯淀粉糊黏度增高，冷稳定性增强，热稳定性、凝胶性和凝沉性较差。

3. 食盐和明矾

对马铃薯淀粉糊黏度性质影响很大，它们可显著提高淀粉的糊化温度，增强淀粉糊冷、热稳定性、凝胶性和凝沉性，降低各点黏度值，尤其是峰值黏度下降显著。随着食盐浓度的增加，淀粉糊化温度升高，各点黏度值降低，热稳定性、凝胶性、凝沉性减弱，而冷稳定性逐渐增强。在明矾浓度为 5.3 mmol/L 时，马铃薯淀粉糊凝胶性较好。

4. 磷酸盐

对马铃薯淀粉糊黏度性质的影响没有食盐和明矾显著，但也可降低淀粉糊峰值黏度，提高冷、热稳定性和凝沉性。

5. 蔗　糖

对淀粉糊化温度、各点黏度值和凝胶性影响不大，但可使淀粉糊峰值黏度略有降低，冷、热稳定性和凝沉性有所提高。

（三）淀粉膜

淀粉膜的主要性质如表 2-13 所示。马铃薯和木薯淀粉糊所形成的膜，在透明度、平滑度、强度、柔韧性和溶解性等性质比玉米和小麦淀粉形成的膜更优越，因而更有利于作为造纸的表面施胶剂、纺织的棉纺上浆剂以及用作胶黏剂等。

表 2-13　淀粉膜的性质

性　　质	玉米淀粉	马铃薯淀粉	小麦淀粉	木薯淀粉	蜡质玉米淀粉
透明度	低	高	低	高	高
膜强度	低	高	低	高	高
柔韧性	低	高	低	高	高
膜溶解性	低	高	低	高	高

四、淀粉的其他物理性质

1. 淀粉的密度

密度是指单位体积的质量，用比重瓶测量法可以对淀粉颗粒密度进行准确的测量。用水测定的实际是浸没容积或视比容，即 1 g 淀粉加到过量的水中后净增的容积，视比容的倒数称为淀粉的视密度。用此法测得玉米淀粉的视密度为 1.637，马铃薯淀粉的视密度为 1.617。不同植物来源的淀粉密度有所不同，造成这种结果的原因是颗粒内结晶和无定形部分结构上的差异，以及杂质（灰分、类脂和蛋白质等）的相对含量不同。用有机溶剂测定所获得的值与用水测定有一定差别，因为有机溶剂不能大量渗入淀粉颗粒并使之润胀，所得的密度值低于用水测定方法。用此法测视密度，玉米淀粉为 1.50，马铃薯淀粉为 1.45。

干淀粉分子链的堆聚不是很密集的，颗粒中有许多微小空隙，用水测定时水分子可以渗入其中，只引起较小体积的增长，吸收约 10%水分后，所有空隙都填满了，进一步吸水将使颗粒每吸收 1 g 水体积增大 1 cm³ 左右。干燥淀粉充分吸水后，其含水量会大大提高，马铃薯淀粉可含 33%的水，玉米淀粉可含 28%的水，小麦淀粉吸水量大致为干基的 50%。淀粉完全水化物密度要比干淀粉低，如小麦干淀粉的密度为 1.6，完全水化物密度只有 1.3。通常含水分 10%～20%的淀粉密度是以 1.5 g/cm³ 折算的。

2. 淀粉的溶解度

淀粉的溶解度是指在一定温度，淀粉样品分子的溶解质量分数。

定量样品悬浮于蒸馏水中，于一定温度下加热搅拌 30 min 以防淀粉沉淀，在 3000 r/min 下离心 30 min，取上清液在蒸汽浴上蒸干，于 105 °C 烘至恒重（约 3 h），称重，按下式计算。

$$溶解度(S)(\%) = \frac{A}{W} \times 100$$

式中　A——为上清液蒸干恒重后的质量，g；

　　　W——为绝干样品质量，g。

淀粉颗粒不溶于冷水，把天然干燥淀粉置于冷水中，水分子只是简单地进入淀粉颗粒的非结晶部分，与游离的亲水基相结合，淀粉颗粒慢慢地吸收少量水分。淀粉润胀过程只是体积上增大，在冷水中淀粉颗粒因润胀使其比重加大而沉淀。天然淀粉不溶于冷水的原因有：① 淀粉分子间是经由水分子进行氢键结合的，有如架桥，氢键数量众多，使分子间结合特别牢固，以至不再溶于水中；② 由淀粉颗粒的紧密结构所决定的，颗粒具有一定的结构强度，晶体结构保持一定的完整性，水分只是侵入组织性最差的微晶之间无定形区。受损坏的淀粉颗粒和某些经过化学改性的淀粉颗粒可溶于冷水，并经历了一个不可逆的润胀过程。

虽然天然淀粉几乎不溶于冷水，但对不同品种淀粉而言，还是有一定差别的。马铃薯淀粉颗粒大，颗粒内部结构较弱，而且含磷酸基的葡萄糖基较多，因此溶解度相对较高；而玉米淀粉颗粒小，颗粒内部结构紧密，并且含较高的脂类化合物，会抑制淀粉颗粒的膨胀和溶解，溶解度相对较低。淀粉的溶解度随温度而变化，温度升高，膨胀度上升，溶解度增加。淀粉颗粒结构的差异，决定了不同淀粉品种随温度上升而改变溶解度的速度有所不同（表2-14）。

表 2-14　不同温度淀粉颗粒的溶解度（%）

淀粉样品	温度/°C						
	65	70	75	80	85	90	95
玉米淀粉	1.14	1.50	1.75	3.08	3.50	4.07	5.50
马铃薯淀粉	—	7.03	10.14	12.32	65.28	95.06	—
豌豆淀粉	2.48	3.61	6.84	8.30	11.14	12.28	—

第四节　淀粉的化学性质

淀粉分子是由许多葡萄糖通过糖苷键连接而成的高分子化合物，它的许多化学性质基本上与葡萄糖相似，但因分子量比葡萄糖大得多，所以也具有其特殊性质。

一、淀粉的水解

淀粉与酸共煮时，即行水解，最后全部生成葡萄糖。此水解过程可分成几个阶段，同时有各种中间产物相应形成：

淀粉→可溶性淀粉→糊精→麦芽糖→葡萄糖

淀粉亦可用淀粉酶进行水解，生成的麦芽糖和糊精，再经酸作用最后全部水解成葡萄糖。这时测定葡萄糖的生成量即可换算出淀粉含量，这就是酶法和酸法测定淀粉含量的原理。

在淀粉水解过程中，有各种不同分子量的糊精产生。它们的特性如表 2-15 所示。

表 2-15 各种糊精的特性

名称	与碘反应	比旋光度	沉淀所需乙醇浓度/%
淀粉糊精	蓝色	$+190° \sim +195°$	40
显红糊精	红褐色	$+194° \sim +196°$	60
消色糊精	不显色	$+192°$	溶于70%乙醇，蒸去乙醇即生成球晶体
麦芽糊精	不反应	$+181° \sim +182°$	不被乙醇沉淀

淀粉分子中除 α-1, 4 糖苷键可被水解外，分子中葡萄糖残基的 2, 3-及 6-位羟基上都可进行取代或氧化反应，由此产生许多淀粉衍生物。

二、淀粉的氧化作用

淀粉氧化因氧化剂种类及反应条件不同而变得相当复杂。轻度氧化可引起羟基的氧化，C_2—C_3 键的断裂等。比较有实用价值的有高碘酸氧化、次氯酸氧化或氯气的氧化作用。如高碘酸氧化反应，化学方程式如下。

可根据用去的 HIO_4 数量，生成的甲酸和甲醛的数量，推断出氧化淀粉的分子结构。

三、淀粉的成酯作用

淀粉分子既可以与无机酸（如硝酸、硫酸及磷酸等）作用，生成无机酸酯，也可以与有机酸（如甲酸、乙酸等）作用生成有有机酸酯。如淀粉可以形成乙酸淀粉酯：

$$\text{St—OH} + \text{CH}_3\text{C—O—C—CH}_3 + \text{NaOH} \longrightarrow \text{St—O—C—CH}_3 + \text{CH}_3\text{COONa} + \text{H}_2\text{O}$$

直链淀粉分子的醋酸酯和醋酸纤维具有同样的性质，强度和韧性都较高，可制成薄膜、胶卷及塑料。支链淀粉分子的醋酸酯质脆，品质不好。淀粉的硝酸酯，可以用来制作炸药。

四、淀粉的烷基化作用

例如：与环氧乙烷的反应方程式如下：

$$St-OH + CH_2 \overset{\displaystyle O}{-} CH_2 \longrightarrow St-O-CH_2CH_2OH$$

除此之外，淀粉分子中的羟基还可醚化、离子化、交联、接枝共聚等，关于这些反应，以后会在变性淀粉内容中详细介绍。

第三章　马铃薯淀粉加工工艺

第一节　马铃薯淀粉产业现状及应用

一、马铃薯淀粉产业现状

1811 年，美国生产出了首批马铃薯淀粉。19 世纪 70 年代开始规模化生产。近年来，马铃薯淀粉以其独特的价值成分在食品及工业领域得到广泛应用，其生产规模及其产品的开发利用也在逐年发展。马铃薯淀粉生产及市场，以欧洲为主，已经有近百年的历史。目前，工艺设备先进，质量指标稳定，每年产量在 180 万～200 万吨。主要厂家有：荷兰艾维贝公司、德国阿姆斯兰德公司、法国罗盖特公司、丹麦 KMC 公司，瑞典莱克白公司、波兰 Rolimpex. S. A 公司等。

由于人多粮少的国情，我国淀粉工业起步较晚，特别是马铃薯淀粉的工业化加工，从 20 世纪 80 年代后期开始起步。虽然起步较晚，但后发优势明显，体现在以下三方面：一是起点高。90 年代初，宁夏西吉、隆德及内蒙古和林，以易货贸易方式引进世界中等水平的波兰生产线，开始了现代化的马铃薯淀粉加工产业。1996 年，内蒙古奈伦集团开始引进了世界先进水平的全自控、全旋流、全密闭工艺的瑞典生产线。此后，从 1998 年起，云南润凯、黑龙江丽雪、河北双九等多家企业又相继引进了先进的荷兰生产线，标志着中国薯类淀粉工业生产进入了世界先进水平行列。目前国内已引进北欧、西欧、东欧生产线 30 多条。马铃薯淀粉生产行业，使用引进设备及消化、开发相当于欧洲设备工艺水平的产品产量，已占全行业总产量的 60%以上。国产马铃薯淀粉的质量水平，也大部分达到或相当于欧洲产品水平。二是速度快。马铃薯淀粉从起步到现在仅十多年时间、但发展势头很快，已成相当规模。目前，已有大中型企业 50 多家，小型企业千余家，总体生产能力达 60 多万吨。三是前景广阔。马铃薯淀粉的理化指标及糊性质非常优越，在工业加工领域有着不可替代的作用。中国是人口大国、发展大国、应用大国，随着人民生活水平的不断提高、工业科技水平的不断提高，淀粉，特别是高品质的马铃薯淀粉的生产应用量还将大幅增加。

二、淀粉行业的 QS 认证

QS 是食品"质量安全"的英文缩写，带有 QS 标志的产品就代表着已经经过国家的强制性检验，合格且在最小销售单元的食品包装上标注食品生产许可证编号并加印食品质量安全市场准入标志（QS 标志）后，允许出厂销售。没有食品质量安全市场准入标志的，不得出厂销售。自 2003 年起，我国开始对大米、食用植物油等食品实行食品质量安全市场准入制度。到目前为止，所有经过加工的食品、生产地址在国内的产品必须全部申请生产许可证，也就是我们常说的 QS 证。同时到目前为止，和食品相关的产品也已经逐步列入 QS 范围。2004

年 12 月，国家质检总局启动了第 3 批 13 类食品市场准入制度，其中就包括淀粉及淀粉制品。淀粉及淀粉制品生产企业 QS 认证程序如下：

（一）申请阶段

从事食品生产加工的企业（含个体经营者），应按规定程序获取生产许可证。新建和新转产的食品企业，应当及时向质量技术监督部门申请食品生产许可证。省级、市（地）级质量技术监督部门在接到企业申请材料后，在 15 个工作日内组成审查组，完成对申请书和资料等文件的审查。企业材料符合要求后，发给《食品生产许可证受理通知书》。

企业申报材料不符合要求的，企业从接到质量技术监督部门的通知起，在 20 个工作日内补正，逾期未补正的，视为撤回申请。

（二）审查阶段

企业的书面材料合格后，按照食品生产许可证审查规则，在 40 个工作日内，企业要接受审查组对企业必备条件和出厂检验能力的现场审查。现场审查合格的企业，由审查组现场抽查样品。审查必须具备条件如下：

1. 硬　件

（1）生产环境与厂房设计

淀粉及淀粉制品生产企业除必备的生产环境外，还应有与生产相适应的原料库、生产车间和成品库。生产企业用于淀粉制品干燥的晾晒场四周应无尘土飞扬及污染源，地面应用水泥或石板等坚硬材料铺砌，平坦、无积水；晒物不得直接接触地面。淀粉分装企业应有与生产相适应的原料库、包装车间成品库等。

（2）检验室

（3）生产设备

淀粉生产设备包括清洗设备，如振洗筛、比重机等；浸泡设施（以鲜薯为原料除外），如浸泡罐、浸泡槽；磨碎设备，如破碎设备、针磨机等；分离设备，如除砂旋流器、分离机等；脱水设施，如离心机等；干燥设施，如干燥机等；包装设备，如包装机等。

淀粉分装企业的必备生产设备包括混合设备，如混合搅拌机等；计量设备，如台秤等；自动或半自动包装设备，如包装机等。若只是分装单一品种，混合设备可不考核。

淀粉制品生产设备包括清洗设备，如振洗筛、比重去石机等；浸泡设施（以鲜薯为原料除外），如浸泡罐、浸泡槽等；磨碎设备，如破碎设备、针磨机等；分离设备，如除砂旋流器、分离机等；脱水设施，如离心机等；和浆设备，如和面机、打糊机等；成型设备，如漏粉机等；冷却设施，如凉粉室、冷冻室等；干燥设施，如烘房、晾晒场等；包装设备，如包装机等。

直接以食用淀粉为原料加工生产淀粉制品的企业必备生产设备包括和浆设备、成型设备、冷却设施、干燥设施、包装设备。

（4）检验设备

淀粉：天平（0.1 g），分析天平（0.1 mg），干燥箱，磁力搅拌器，灰化炉，透明板，分样筛（100 目）。淀粉制品：分析天平，干燥箱。即食类淀粉制品还应必备下列出厂检验设备：天平（0.1 g），灭菌锅，微生物培养箱，生物显微镜，无菌室或超净工作台。

2．软　件

食品生产许可证申请书 3 份；工商营业执照、卫生许可证、企业代码证（不需办理代码证的除外）的复印件各 3 份；企业法定代表人或负责人身份证复印件 3 份；企业生产场所布局图复印件 3 份；标有关键设备和参数的企业生产工艺流程图复印件 3 份；企业质量管理文件复印件 1 份，执行企业标准的企业必须提供已经备案的企业标准文本复印件 1 份；生产设备操作规程；作业指导书；关键控制点指导书；检验设备操作规程，检验计划。相关执行标准：除了必须具备的 5 项外，建议提供以下：GB/T 8883《食用小麦淀粉》，GB/T 8884《食用马铃薯淀粉》，GB/T 8885《食用玉米淀粉》，GB 19048《原产地域产品　龙口粉丝》，GB 2713《淀粉制品卫生标准》备案有效的企业标准。相关人员和设备的资质证明（含健康证明等）。

审查组或申请取证企业应当在 10 个工作日内（有特殊规定的除外），将样品送达指定的检验机构进行检验。经必备条件审查和发证检验合格而符合发证条件的，地方质量技术监督部门在 10 个工作日内对审查报告进行审核，确认无误后，将统一汇总材料在规定时间内报送国家质检总局。省级质量技术监督部门在送出汇总材料后，保证国家质检总局在 10 个工作日内能够收到该材料。国家质检总局收到省级质量技术监督部门上报的符合发证条件的企业材料，在 10 个工作日内审核批准。

（三）发证阶段

经国家质检总局审核批准后，省级质量技术监督部门在 15 个工作日内，向符合发证条件的生产企业发放食品生产许可证及其副本。

（四）许可证相关时间

食品生产许可证的有效期为 3 年。不同食品生产许可证的有效期限在相应的规范文件中规定。在食品生产许可证有效期满前 6 个月内，企业应向原受理食品生产许可证申请的质量技术监督部门提出换证申请。质量技术监督部门应当按规定的申请程序进行审交换证。

对食品生产许可证实行年审制度。取得食品生产许可证的企业，应当在证书有效期内，每满 1 年前的 1 个月内向所在地的市（地）级以上质量技术监督部门提出年审申请。年审工作由受理年审申请的质量技术监督部门组织实施。年审合格的，质量技术监督部门应在企业生产许可证的副本上签署年审意见。

食品生产加工企业在食品原材料、生产工艺、生产设备等生产条件发生重大变化，或者开发生产新种类食品的，应当在变化发生后的 3 个月内，向原受理食品生产许可证申请的质量技术监督部门提出食品生产许可证变更申请。受理变更申请时，质量技术监督部门应当审查企业是否仍然符合食品生产企业必备条件的要求。

企业名称发生变化时，应当在变更名称后 3 个月内向原受理食品生产许可证申请的质量技术监督部门提出食品生产许可证更名申请。

三、马铃薯淀粉提取特性

马铃薯淀粉的特性较多，就其提取特性而言，主要有如下几种：

（1）马铃薯淀粉以颗粒状存在，呈白色固体粉末，无臭无味，其颗粒为椭圆形和圆形晶体特性，大小为 5 ~ 120 μm。

（2）马铃薯淀粉中的直链淀粉不溶于冷水，能溶于热水，水冷后易形成沉淀；而支链淀粉只能在加热加压的情况下才能溶于水，冷却静止后一般不出现沉淀。

（3）马铃薯淀粉的比密度为 1.65，因此在水中会往下沉，沉降速度与淀粉颗粒大小成正比。马铃薯淀粉在净水中的沉降速度为 17～200 mm/min。

（4）由于马铃薯淀粉的支链淀粉远多于直链淀粉的含量，淀粉经糊化后的黏稠度比其他淀粉高，并有杰出的成膜性和黏结性。如果破坏了分子结构，其黏结性就会下降。

（5）马铃薯淀粉具有吸湿性，通常淀粉所含的水分与其环境空气的水分呈平衡状态。空气湿度增大，淀粉水分含量也随之增高；空气湿度降低，淀粉散失水而使水分含量降低。干淀粉在空气中会自然吸收水分，直到水分为 20%为止。当淀粉水分高于这个含量时，会自然散发，保持平衡，使淀粉保持长时间不变质。据此，国家标准规定了马铃薯淀粉成品的允许含水率为 20%。

四、马铃薯淀粉的应用

（一）马铃薯淀粉的直接应用

由于马铃薯原淀粉特殊的分子结构，使其具有增稠、凝胶、黏合和成膜性以及价廉、易得、质量容易控制等特点，可直接应用于食品工业、造纸工业、纺织工业和医药工业等。

1. 马铃薯淀粉在食品工业的应用

（1）在糖果生产中的应用

在糖果生产中，马铃薯淀粉主要用作填充剂，参与糖体组织结构的形成。在奶糖的生产上，可增加糖果的体积，可改善产品的口感和咀嚼性，增加弹性和细腻度，而且能有效防止糖体变形和变色，延长产品货架期。

（2）在面食中的应用

马铃薯淀粉蛋白质含量低，颜色洁白，具有天然的磷光，能有效改善面团的色泽。同时它具有黏度高、弹性好和抗老化性强等特点，能显著地改善面条的复水性，提高面团的弹性和筋韧度，改变面团的流变性，降低面块的含油率。用马铃薯淀粉制作的面条和粉丝等产品，不仅颜色好，而且不易断条。王成军等以马铃薯淀粉作为主要原料，生产出一种韧性好、不浑汤、复水性好的朝鲜冷面。在方便面中添加马铃薯淀粉，面条不会形成白色的硬芯，而且弹性好。把马铃薯淀粉添加在糕点面包中，可防止面包变硬，从而延长保质期。艾维贝公司开发的蜡质马铃薯淀粉中，支链淀粉含量高达 99%以上，不易产生老化现象，因此马铃薯淀粉是一种优良的裹粉原材料。

（3）在肉制品中的应用

在肉制品的生产中，马铃薯淀粉也发挥着重要作用。马铃薯淀粉糊化后的透明度非常高，因此可使制品的肉色鲜亮，外观悦目，能够防止产品颜色发生变化，减少亚硝酸盐和色素的使用量，同时对于改善产品的保水性、组织状态均有明显的效果。在灌肠产品中，将添加的玉米淀粉改为马铃薯淀粉，可大大减少淀粉的用量，提高主料肉的用量，这样既提高了灌肠的口味及口感，又提高了产品的档次。这是因为新鲜肉在受热时会失去部分水分，而淀粉能够吸收部分这些水分并与其发生糊化反应。因此选择吸水性好、膨胀率高的淀粉，对肉制品的影响是非常大的。在鱼丸中添加了马铃薯淀粉，改善了鱼丸的流变学特性和感官品质。还有人在鸡肉火腿中加入马铃薯淀粉，也制成了弹性和切片性好的产品。

2. 在其他行业的应用

由于马铃薯淀粉的理化指标及性质非常优越，在其他工业领域有着不可替代的作用。在制药行业中，由于马铃薯淀粉蛋白质残留低、颜色极白的特点，常被用于制药行业作为药片的填充剂、成型剂。马铃薯淀粉的热量低，也可用在维生素、葡萄糖、山梨醇等治疗某些特殊疾病的药品中。在纺织行业中，马铃薯淀粉可以使印染浆液成为稠厚而有黏性的色浆，不仅易于操作，而且可将色素扩散至织物内部。

（二）马铃薯淀粉作为原料应用于化工和其他行业

马铃薯原淀粉可添加在聚氨酯塑料中，可增加塑料产品的强度、硬度和抗磨性，所生产的材料可用于高精密仪器、航天和军工等特殊行业中。也可作为原料直接用于可降解淀粉基塑料。最重要和最广泛的用途是利用下节所述的方法和助剂生产出各类变性淀粉，再应用于相关领域。

第二节　马铃薯淀粉的生产工艺流程

马铃薯淀粉生产的基本原理是在水的参与下，借助淀粉不溶于冷水以及相对密度与其他化学成分有一定差异的基础上，用物理方法进行分离，在一定机械设备中使淀粉、薯渣及可溶性物质相互分开，获得马铃薯淀粉。工业淀粉允许含有少量的蛋白质、纤维素和矿物质等，如果需要高纯度淀粉，必须进一步精制处理。

目前生产工艺流程有封闭式和开放式工艺两种，我国多数工厂采用落后的开放式工艺，实行手工操作和部分机械化，有些大、中型淀粉厂也有采用全部机械化生产的，但比重不大。国内、外形成规模化生产的大型淀粉厂，都采用封闭式工艺，利用先进的工艺与设备，由电子技术进行流程控制和生产过程计算的完全自动化，实行循环用水。这样的工厂，生产效率高，仅二三十人操作，24 h 可处理 1000 t 马铃薯；淀粉回收率高，可达 85%左右；节约用水和能源，而且可以回收废水中的蛋白质等有用物质。马铃薯淀粉厂的工业生产主要流程由以下几部分组成：原料的输送与清洗、马铃薯的磨碎、细胞液的分离、从浆料中洗涤淀粉、细胞液水的分离、淀粉乳的精制、细渣的洗涤、淀粉的洗涤、淀粉乳的脱水干燥等，总体工艺流程见图 3-1。

世界上第一家工业化的马铃薯淀粉加工厂是在 19 世纪初出现的，距今已有近 170 年的历史。发展到今天，马铃薯淀粉的加工工艺呈现出多样化的趋势，但不论怎样变化，选择工艺过程时都必须依据：要使全过程能够连续迅速地进行，并且保证是在最低的原料、电力、水、蒸汽及辅助材料消耗条件下完成的；同时还要考虑设备的操作和维修是否方便，工厂占地面积的大小、总投资的多少、生产规模以及生产过程中水的排放等诸多因素。以下是一些典型的马铃薯淀粉生产工艺和加工方法。

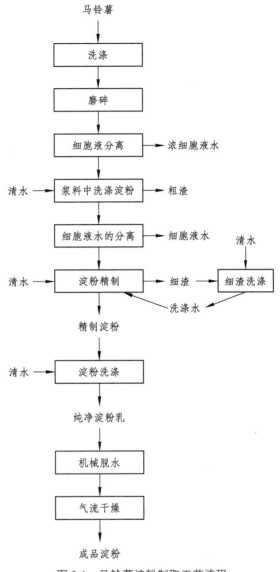

图 3-1 马铃薯淀粉制取工艺流程

一、离心筛法马铃薯淀粉生产工艺

离心筛法马铃薯淀粉生产工艺是一种具有代表性的生产工艺，具体流程见图 3-2。首先进行马铃薯的清理与洗涤，由清理筛去除原料中的杂草、石块、泥沙等杂质，然后用洗涤机水洗薯块，磨碎机将薯块破碎后，经离心机去除细胞液，所得淀粉浆中的纤维和蛋白质分别用离心筛和旋流器除去，淀粉浆洗涤后用真空吸滤机脱水并经气流干燥处理得马铃薯淀粉成品。

二、曲筛法马铃薯淀粉生产工艺

曲筛法马铃薯淀粉生产工艺流程见图 3-3。洗净的薯块在锤片式粉碎机上破碎，得到的浆料在卧式沉降螺旋离心机上分离出细胞液，然后用泵从贮罐中送入纤维分离洗涤系统，洗涤按逆流原理分 7 个阶段进行。开头两个阶段依次洗涤分离去细胞液的浆料，洗得的粗粒经锉磨机磨碎，然后在曲筛上过滤出粗渣和细渣，再依次在曲筛上按逆流原理进行 4 次洗涤。淀粉乳液进一步过滤，在除砂器里将残留在乳液中微小砂粒除去，送入多级旋液分离器洗涤淀粉得精制淀粉乳，脱水干燥后得成品。

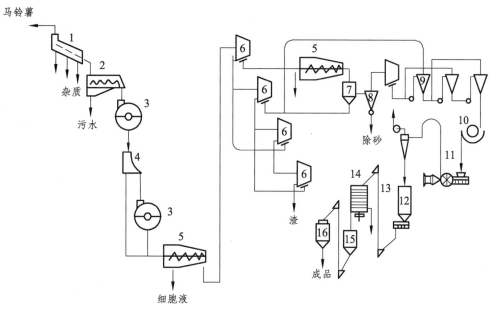

图 3-2　离心筛法马铃薯淀粉生产工艺流程

1—清理筛；2—洗涤机；3—磨碎机；4—曲筛；5—离心机；6—离心筛；7—过滤器；8—除砂器；9—旋流器；
10—吸滤机；11—气流干燥；12—均匀仓；13—提升机；14—成品筛；15—成品仓；16—自动秤

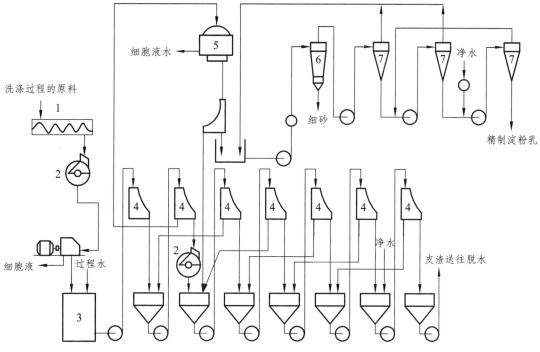

图 3-3　利用曲筛和多级旋液分离器的工艺流程

1—粉碎机；2—卧式离心机；3—贮罐；4—曲筛；5—离心机；6—脱砂旋流分离器；7—旋液分离器

这种粗渣和细渣同时在曲筛上分离洗涤的工艺，可以大大降低用于筛分工序的水耗、电耗，简化工艺的调节，改进淀粉质量，提高淀粉收率。

三、全旋液分离器法马铃薯淀粉生产工艺

全旋液分离器法马铃薯淀粉生产工艺流程见图3-4。薯块经清洗称重后进入粉碎机磨碎，然后浆料在筛上分离出粗粒进入第二次破碎，之后用泵送入旋液分离器机组，旋液分离器机组一般安排成13~19级，经旋液分离后将淀粉与蛋白质、纤维分开。这一生产工艺特点是：不用分离机、离心机或离心筛等设备，而是采用旋液器。相比之下这是最有效及现代化的淀粉洗涤设备，采用这一新工艺只需传统工艺用水量的5%，淀粉回收率可达99%，节省生产占地面积，还为建立无废水的马铃薯淀粉生产创造了条件。

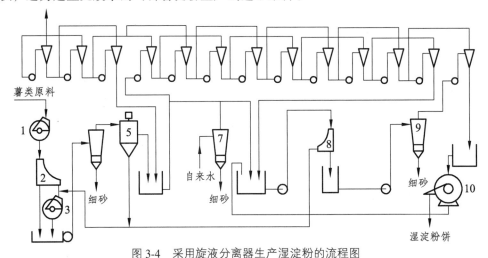

图3-4 采用旋液分离器生产湿淀粉的流程图

1，3—磨碎机；2，8—曲筛；4，7，9—脱砂旋流分离器；5—旋转过滤器；6—旋液分离器；10—脱水离心机

第三节 马铃薯淀粉生产工艺要点

马铃薯淀粉加工工艺程序复杂，每个环节都需要精心的操作和控制，确保马铃薯在加工过程中符合一定的标准，提高淀粉加工工艺的质量和效率。一般而言，先接收原料然后卸载储存，马铃薯储存时间应该适当，时间过长，对淀粉生产不利。注意在收购的时候不能让马铃薯破损，防止马铃薯的腐烂而影响淀粉质量。然后根据马铃薯淀粉加工工艺原理的基本步骤进行具体的加工。

一、原料的准备

（一）原料的收购与选择

几乎所有的马铃薯淀粉生产企业，都在秋季收购马铃薯。在我围的中纬度地区，如四川西北、宁夏、陕西、甘肃和内蒙古南部，收购期是9~11月份。一般为3个多月，100多天；在黑龙江和内蒙古北部，马铃薯收购期是9~10月份。一般为两个多月，70天；而在黑龙江

和内蒙古的最北部，收购期是 9 月前后的一个多月，为 40 天。正确地确定收购期，引导农民适时收获和成功贮存马铃薯，对马铃薯加工企业尤为重要。在有可能的情况下，尽量不要过早地收购马铃薯（早熟加工薯品种除外）。过早收获的马铃薯，表皮脆弱，含水量高、含淀粉量低，易擦伤碰坏和变质。

要根据生产和最终产品对原料的要求选择马铃薯，以达到加工方便、提高产率、降低成本、增加效益的目的。对生产淀粉用马铃薯的要求是：马铃薯淀粉含量高；尽可能地要求马铃薯表面光滑、芽眼数量少，皮薄、其他干物质成分含量少；马铃薯的块茎不得小于 30 mm，但是在收购期间不得超过总量的 5%；呈现绿皮的马铃薯块茎不允许超过总量的 3%；马铃薯块茎收获期被机械损伤的不能超过总量的 2%；感染干枯病及疫病的马铃薯块茎不允许超过总量的 2%；对马铃薯收购期块茎带有泥、沙、土含量不允许超过总量的 1.5%；不能收购带有邪杂气味的马铃薯。

（二）马铃薯的贮存及堆放

收获后的马铃薯，仍在继续进行着植物特征的生理过程，其中最重要的是呼吸过程。不合理并且长时间堆放的马铃薯堆内部，温度最高可达 60 ℃，对收购的马铃薯进行合理的贮存堆放，是一个马铃薯淀粉生产企业必须认真对待和解决的问题。

1. 贮 存

用于贮存马铃薯的专用贮库，库容都非常大，一般建筑面积都在 1 万平方米以上，贮库的建筑高度，一般在 5 m 以上。库内要设置良好的通风和温度控制装置。库内的温度一般应控制在 6～8 ℃。

贮库与生产车间要设置输送通道，以便于将马铃薯送到生产车间。如果贮库的地面能够形成一定的坡度，也可以考虑设置流冲沟，以便于采用水力冲运马铃薯。

2. 堆 放

在自然条件下堆放马铃薯，要选择地势较高的，并最好有抵御秋、冬冷风屏障的场地。以砂性土地最理想。不要选择低洼地和地下水位高的地方堆放马铃薯。

不管是贮存还是堆放，马铃薯都会出现自然减重。带有温度自动调节设备的贮仓，所贮存的马铃薯自然减重和其他损失都非常小，即使贮存期长达 3 个月，马铃薯的综合损失也都在总量的 4% 以下。

（三）马铃薯加工前的运送

马铃薯在洗涤前从贮存、堆放场地，位移到洗涤或除石生产场地的过程，称加工前运送。马铃薯的加工前运送，可采用工具运输、水力冲运和马铃薯泵运送三种方法进行。

1. 工具运输

用铲车和翻斗车，把堆放场地的马铃薯，运输到贮料平台上或贮料坑（马铃薯泵用）内。在运输途中，可以对原料进行计量称重，以便于生产记录。其他运输工具，如皮带输送机、斗式提升机、刮板输送机和螺旋输送机等也可以作为马铃薯运送工具来使用。皮带输送机和刮板输送机主要用于倾斜角不大的场合，通过动力带动皮带向前输送，常常用于原料入仓保存和分级输送等场合，在清洗工段使用较少。

斗式提升机主要是将原料由低处输送至高处，通常置于清洗机的出口处，被清洗干净的马铃薯通过斗式提升机被输送至锉磨机上方的储料斗中。其输送效率高，不会对原料造成损坏，是理想的提升输送设备，如图 3-5 所示。

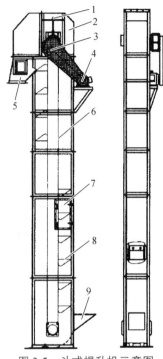

图 3-5　斗式提升机示意图

1—皮带调节螺栓；2—上部机筒；3—传动装置；4—电机；5—出料口；6—传送皮带；
7—观察检修机筒；8—畚斗及畚斗带；9—进料口

螺旋输送机是通过螺旋轴上的叶片的推力完成对马铃薯的输送，它被广泛应用于马铃薯原料的输送中，分为水平螺旋输送机、倾斜式螺旋输送机和立式螺旋输送机。其中，水平螺旋输送机和倾斜式螺旋输送机结构原理相似，如图 3-6 所示。

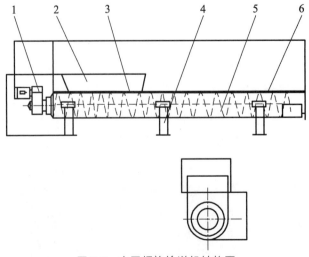

图 3-6　水平螺旋输送机结构图

1—减速机；2—落料斗；3—螺旋叶片；4—支架；5—耐磨衬垫；6—U 形槽

立式螺旋输送机通常将物料输送到高处，其原理是通过螺旋叶片实现物料的提升。输送螺旋的下端有一段不带有叶片，并且开口，这一段为水封区，当水没过开口上沿时，就会形成水封，螺旋叶片旋转时会产生离心力，在进口处产生负压。由此带动原料进入且不会对原料产生损坏。当原料输送到出口处时，将沿着螺旋叶片的切线方向甩出，不会产生碰撞。为了实现对原料更好地清洗，有时在搅龙的中间处设有水管，用来喷淋上升的原料。

2. 水力冲运

机械化收获的马铃薯（尤其足在黏土地和黑土地种植的）含有的杂质可能特别多，湿法输送设备可以在输送过程中对马铃薯进行清洗。目前常用的湿法输送设备是水力输送，这种方法可以连续均匀地把马铃薯送到指定的位置。能够用水的流动来冲运马铃薯的土建设施叫上料平台。上料平台的地面设置有多条输送沟。输送沟是水和马铃薯共同流动的渠道。上料平台和输送沟都必须有一定的坡度。用洗涤块茎用过的废水经过沉淀后循环利用进行流水输送，马铃薯依靠水力作用沿着流输送沟运行，这样可以使马铃薯在进入清洗机以前在流送途中洗去约 80% 泥土。输送沟的大小可根据用量而定。

水力输送沟，一般是用浆砌红砖构成的，底面和侧墙要用水泥砂浆抹面。或者干脆用混凝土浇筑而成。水力流冲沟的横断面，以矩形、圆底形和角底形三种形式（图 3-7）为多。在实际生产中，这三种形式的输送沟，使用性能差不多，以圆底形稍好一些。用水力冲运马铃薯耗水比较多。耗水量的多少，与工人操作的熟练程度有关。在一般情况下耗水量是马铃薯冲运量的 2 ~ 3 倍。

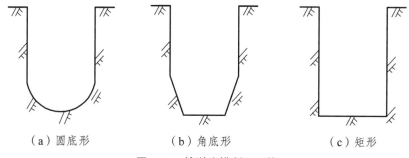

（a）圆底形　　　　　　（b）角底形　　　　　　（c）矩形

图 3-7　输送沟横断面形状

3. 马铃薯水力输送泵运送

通过输送沟输送过来的马铃薯还要通过一定高度的提升进入车间，原料的提升可以通过立式螺旋输送机来完成，也可以通过水力输送泵将原料提升到地面上的输送沟内，或者直接通过输送管路送入车间内进行进一步的清洗。马铃薯水力输送泵也是一种离心泵，其工作原理与开式叶轮污水泵的工作原理相类似，如图 3-8 所示。图中介绍的无堵塞输送泵，不仅能用于马铃薯、甘薯等薯类物料的输送，同时也可以输送番茄、茄子等物料。输送泵的大流量保证了物料的通畅、快速、高效运送。

马铃薯水力输送泵的叶轮转数，应该是可调的，以适应不同的运送距离、运送高度和运送量。叶轮转数调整范围为 400 ~ 1000 r/min。马铃薯泵标牌有标示的以标示为准。要使用可控硅变频器来调整马铃薯泵的转数，尽量不要采用滑差调速电机来调速（下限转速时，功率能匹配者除外）。

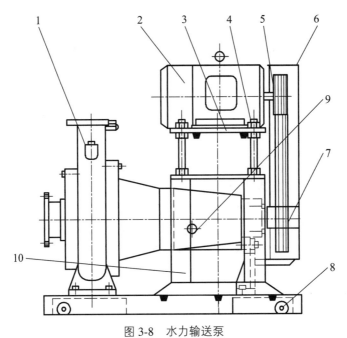

图 3-8　水力输送泵

1—泵壳；2—电机；3—电机底板；4—调节螺杆；5—小皮带轮；6—带轮护罩；7—大皮带轮；
8—机座；9—油面透镜；10—电机支架

上述马铃薯运送的三种方法，在多数情况下是交叉式组合使用的。在实际应用时，要根据生产企业的实际情况，把不同的运送方法适当结合在一起，共同完成运送工作。

（四）原料的分级

1. 按马铃薯原料外存特征和内在品质分

（1）按个体重量进行分级

对外形、尺寸比较均匀一致但密度不同的马铃薯进行区分，重量分级精确度高，成本大，分选后的马铃薯具有独特的用途。如密度较大的可以作为薯条加工用薯，以高固形物含量保障薯条的饱满度和油炸后的坚挺度。

（2）按个体尺寸大小进行分级

包括按马铃薯块茎直径进行分级、块茎长度进行分级、块茎直径和长度联合分级。针对不同的市场需求目标采用不同的分级方式，使分级处理后的"原料"转化为满足不同客户需求的"商品"。这种分级选出的马铃薯尺寸大小和形状基本一致，有利于包装贮存和加工处理，因此应用最广泛。

（3）按个体质量进行分拣

在马铃薯块茎尺寸分级的基础上，色泽拣选是利用光选技术，在马铃薯通过电子发光点时，反射光被测定波长的光电管接受，颜色不同，反射光的波长就不同，再由系统根据波长进行分析和确定取舍，将表面干净、没有机械和病虫损伤与腐烂变质的马铃薯块茎拣选分开。另外，也有用近红外光谱进行内部品质拣选的技术，主要是拣出腐坏病薯，一般用于种薯品质分选。目前，色泽分拣技术正在研究，通常与重量和尺寸分级联合应用，共同达到块形与表观和内部质量的统一。

54

2. 按照分级机械原理分

（1）振动网筛式分级设备

主要由机体、多层振动筛分装置和清薯装置等组成，其结构如图3-9所示。

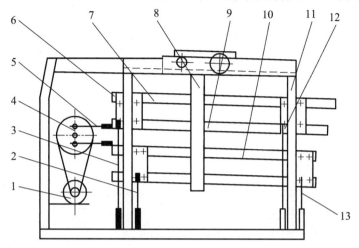

图 3-9　马铃薯振动网筛式分级机的结构图

1—振动电机；2—长弹性摇杆Ⅱ；3—长弹性摇杆Ⅰ；4—曲柄；5—弹性连杆；6—筛体；7—上筛片；
8—清薯装置；9—中筛片；10—下筛片；11—机体；12—短弹性摇杆Ⅰ；13—短弹性摇杆Ⅱ

分级机工作时，由振动电机经减速机构驱动曲柄连杆结构，从而带动弹性双摇杆四杆机构做往返复合振动，其中作为弹性双摇杆四杆之一的筛体带动马铃薯往复自旋转。由于筛孔的尺寸由上到下依次减小，所以在此过程中直径大于上筛孔的马铃薯留在了上筛片上；直径小于上筛孔而大于中筛孔的马铃薯留在了中筛片上，依次类推。由于筛面存在倾角，所以马铃薯留在各自的筛片后沿着筛面向下滚动，落入分道输送装置中，从而完成了对马铃薯的分级。

（2）滚筒式分级设备

图 3-10 所示为滚筒式分级机，该设备采用电力驱动。主体是滚筒，滚筒由若干级不同孔径筛网的网筒或不同间距的条形间隙组成。分级机后部设后封板，上顶设滚筒护罩，滚筒下面设置底板，底板上设置卸料斗，在一、二级网筒底板的下方设置落尘板，主体框架一端高一端低，使滚筒倾斜设置。其高端设进料斗，低端设置电机、变速箱、链轮、链条. 构成动力系统。此装置适合于马铃薯种薯的分级。

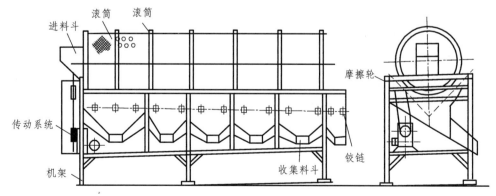

图 3-10　马铃薯滚筒式分级机

（3）辊式分级设备

该分级方法主要是利用上下两层辊杆间的中心距来实现分级。分级机的上层辊杆固定于链板中，下层的可动辊杆可以在链板的滑槽上下移动，通过链条的传动驱动辊杆向前运动，带动不同形状级别的马铃薯进行分级。国内目前对此处于研究阶段。

如图 3-11 所示，该设备由进料机构、辊杆组、出料斗、链传动机构和机架等组成，辊杆与筛体之间宽度由前到后逐渐渐变大。工作时，残块和杂质在进入辊杆时已通过辊杆间的空隙实现了分离筛除，不同级别的马铃薯沿辊杆径向前进，辊杆的分级阶梯间距为：第 1 级 47.9 mm，第 2 级 79.3 mm，第 3 级 117.4 mm。通过辊杆的移动及旋转实现了大小分级，并由输送带运送出来，通过调节上下辊杆的间距可调节分级机的生产能力。

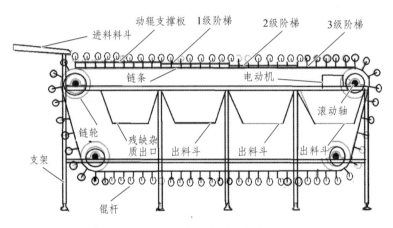

图 3-11　马铃薯辊式分级机

二、马铃薯加工前的预处理

马铃薯加工前的预处理主要包括除杂、洗涤和暂贮匀料三项工艺。

（一）除　杂

除杂主要是指去除杂草与夹带的砂石，所用的主要机械是捞草机和除石机。

1. 捞草机

爪钩式捞草机原用于甜菜制糖生产线上，经适当减小爪钩的间距后，可以用于捞除流冲沟内流动马铃薯间的杂草等。

爪钩式捞草机（图 3-12）的爪钩间距一般为 8～10 cm，捞除幅度一般为 30～40 cm，捞除长度（爪钩在冲流沟内行走距离）为 1.8～3 m。在上述条件下，爪钩式捞草机可捞除 80% 左右的杂草、蔓秧和塑料薄膜等轻杂物。

2. 除石机

除石机按其结构与工作原理的不同，可分为重力式捕石器和逆螺旋式连续除石机两种。重力式捕石器（图 3-13）是立式带有锥形底及罐式砂石收集器的一种设备，一般情况下安装高度约 3 m，适合于马铃薯泵输送马铃薯的生产线使用。

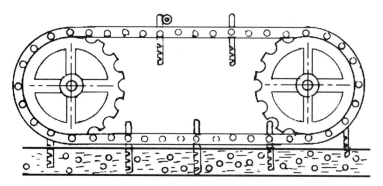

图 3-12　爪钩式捞草机工作示意图

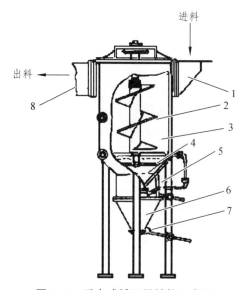

图 3-13　重力式捕石器结构示意图

1—进料口；2—上浮螺旋；3—筒体；4—底壳；5—手动封闭阀；6—集石罐；7—鼓沙门；8—出料口

　　逆螺旋式连续除石机（图 3-14）是一种既能连续通过马铃薯又能连续捕除砂石的机械，有机架和转鼓两大部分。转鼓又分为排沙鼓和筛筒两部分。筛筒的筒壁上钻有直径为 16 ~ 18 mm 的圆孔或开有长圆孔。该机械工作时，直径小于孔径或孔宽的砂砾，会从孔中漏到筛筒外。在筛筒外壁上逆推螺旋带的作用下，向水流的逆方向前进，落入机器前面的集砂槽内，

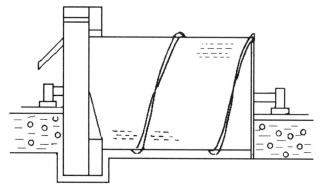

图 3-14　逆螺旋式连续除石机结构原理

由排砂鼓上的侧戳砂口和正戳砂口，被戳入排砂鼓的环腔，经卸砂板排到鼓外的流砂槽板上，被排出机器外。直径大一些的重杂物，如砖头和石块等，由于不能飘浮，进入筛筒后会贴在筛筒的内壁上，在筛筒内逆螺旋带的推动下，也向水流的逆方向前进，并落入环腔的内凹槽里，最后从落重物口进入环腔的尾端，也经卸砂板和流砂槽板，被排出机器外。

逆螺旋式连续除石机处理马铃薯的能力很大，在筛筒直径为 2 m、长度为 2.4 m 的条件下，每小时处理马铃薯可达 30～50 t。

（二）洗　涤

洗涤是将附着在马铃薯表皮上的和芽眼里的泥土洗涤下来，它是马铃薯预处理工段当中的最重要的工作。洗涤得是否彻底，会影响到马铃薯淀粉的品质，其具体表现主要是白度、灰分和斑点情况的差异。马铃薯的洗涤由洗涤机来完成，按其结构原理的不同，可分为转桨式和转筒式两种类型。

1. 转桨式洗涤机

转桨式洗涤机又称洗菜机或桨板式洗涤机，是一种常见的马铃薯洗涤设备。转桨式洗涤机按其结构和规模的不同，可分为联合式（图 3-15）和单级式（图 3-16）两种。洗涤马铃薯时，可根据当地土质情况来确定其洗涤时间，一般为 8～12 min。在土质特别黏重的地区，马铃薯洗涤时间较长，最长可能会达到 15 min，可以考虑采用两台串联的形式来完成洗涤任务。

转桨式洗涤机的优点是洗涤效果较好，可以实现漂洗，洗涤时间也相对稳定。特别是联合式洗涤机的洗涤效果明显优于其他洗涤机械。缺点是体积笨重，落石槽的闸门不易关严，产生漏水，长期使用后会出现开启不灵的现象，造价较高。

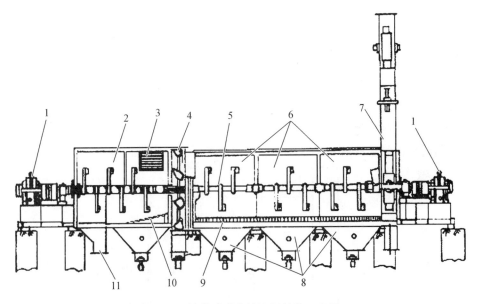

图 3-15　转桨式联合洗涤机结构示意图

1—电机；2—洗涤室；3—溢水孔；4—过料轮；5—搅动轴；6—洗涤室；7—斗式提升机；
8—集砂室；9，10—栅板；11—集石室

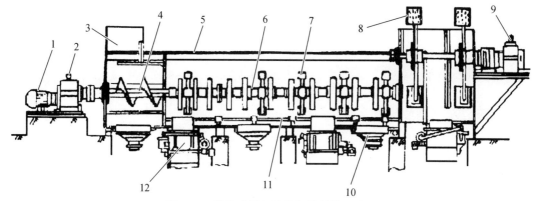

图 3-16 转桨式单级洗涤机的结构示意图

1—电机；2、9—减速机；3—进料口；4—推料螺旋；5—外壳；6—轴；7—搅动浆；
8—翻料斗；10—集砂室；11—栅板；12—落石室

2. 转筒式洗涤机

转筒式洗涤机的主要工作部件，为一长筒形筛状转筒。马铃薯进入转筒后，在转筒内壁上的正推螺旋带的带动和转筒内壁的摩擦力作用下，作径向和轴向（向前）翻滚运动，从而达到洗涤的目的。转筒式洗涤机按转筒结构的不同，分为筛筒式和栅筒式两种。

筛筒式的转筒是用 3 ~ 4 μm 厚的钢板卷制而成的，转筒壁上钻有无数个圆形或长圆形的孔径为 16 ~ 18 μm 的孔，使转筒壁如同筛板一般。孔的作用，除了供通过马铃薯上的残留泥沙外，还有通水和增加筒壁摩擦力的作用。在有条件的地方可以把转筒壁上的孔直接冲成桥式孔（图 3-17）。采用桥式孔的筛筒式转筒洗涤机，可以产生比较好的洗涤效果。

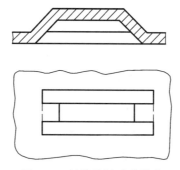

图 3-17 转筒壁桥式孔样式

栅筒式的转筒是把螺纹钢筋或厚壁细钢管，焊接在大圆圈上制成的，钢筋或钢管的间距为 16 ~ 22 mm，工作原理与筛筒式相同，但使用效果好于筛筒式。

实际生产中转桨式和转筒式两种洗涤机可以组合使用。一般先用转桨式洗涤机初洗，然后靠转桨式洗涤机的出料高差（约 1.5 m），将马铃薯送入转筒式洗涤机，进一步进行洗涤。如果洗涤机间有足够的高差，也可以把转筒式洗涤机放在前面，以实现先搓洗、后漂洗的最佳效果。

（三）暂贮匀料

马铃薯经洗涤后，要用提升机械将其送到匀料贮仓中。所用的提升机械，一般是马铃薯泵、斗式提升机、螺旋提升机和胶带输送机等。

匀料贮仓要有一定的暂贮能力，其马铃薯贮量不应小于半小时加工量。在一般情况下，要等贮仓内的马铃薯达到 1/2 贮量时，才开始向下一级（解碎工段）供料。匀料贮仓的输出设备，是叶片式螺旋输送机。输送机的轴转数是可以调控的。调控的目的，是使其向下一级的供料，做到均匀和准确。

三、破碎及细胞液分离

（一）破 碎

马铃薯破碎，由于使用的机械不同，又称为粉碎，刨丝和磨碎。马铃薯破碎的目的，就是使用最小的动力，在最短的时间内，尽最大可能地使马铃薯的组织细胞全部破裂，从而释放出绝大多数的淀粉颗粒。马铃薯被破碎后，可以得到既有淀粉颗粒、又有马铃薯的已破裂和极少量未破裂的细胞，既有薯皮碎块，又有含细胞水的汁水的混合浆料。薯块的粉碎不充分、过粗，则会因细胞壁破坏不完全，使淀粉不能充分游离出来，降低淀粉得率；粉碎过细，会增加粉渣的分离难度。目前常用的破碎设备有锉磨机、粉碎机。

1. 锉磨机

锉磨机的工作原理是通过旋转的转鼓上安装的带齿钢锯对进入机内的马铃薯进行粉碎操作。它由外壳、转鼓和机座组成（图 3-18），转鼓周围安装有许多钢条，每 10 mm 有锯齿 6～7 个，锯齿钢条被固定在转鼓上，钢条间距 10 mm，锯齿突出量应不大于 1.5 mm，在外壳下部设有钢制筛板，筛孔为长方形。鲜薯由进料斗送入转鼓与压紧齿刀间而被破碎，破碎的糊状物穿过筛孔送入下道工序处理，而留在筛板上的较大碎块则继续被刨碎，通过筛孔。

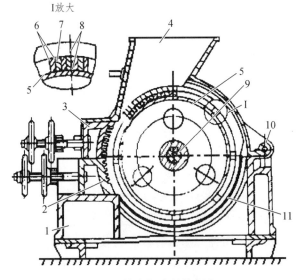

图 3-18　锉磨机的结构示意图

1—机壳；2、3—压紧装置；4—进料斗；5—转鼓；6—齿条；7—楔块；8—楔；9—轴；10—铰链；11—筛网

锉磨机的效率常用游离系数表示。游离系数是指淀粉被游离的分数，即

$$游离系数 = \frac{游离淀粉量}{薯原料所含淀粉量} \times 100\%$$

加工鲜马铃薯时，淀粉游离系数应达到 90% ~ 92%。游离系数与转鼓转速、齿条锯齿数和筛孔大小等因素有关，转速越高，齿数越多，筛孔越小，则游离系数越大，但动力消耗也会相应提高。高速锉磨机的转速一般在 40 ~ 50 r/s。锉磨机是破碎鲜薯的高效设备，生产效率高，动力消耗低，被粉碎的薯末在显微镜下呈丝状，淀粉得率高，缺点是设备磨损快。近年来国外开始用针磨机粉碎马铃薯块茎，物料被定盘和动盘上高速运动着的针柱反复撞击粉碎，使淀粉游离出来，而纤维却不致过碎。

2. 锤式粉碎机

锤式粉碎机是一种利用高速旋转的锤片来击碎物料的机器，具有通用性强、调节粉碎程度方便、粉碎质量好、使用维修方便、生产效率高等优点，但动力消耗大，振动和噪音较大。锤片式粉碎机按其结构分为两种形式，切向进料式和轴向进料式。薯类淀粉加工厂使用的全为切向进料式，具体结构见图 3-19。

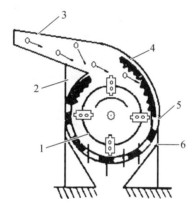

图 3-19　锤片式粉碎机示意图

1—喂料斗；2—机体；3—转盘；4—锤片；5—齿扳；6—筛片

锤架板和锤片组成的转子由轴承支承在机体内，上机体内安有齿板，下机体内安有筛片，齿板和筛片包围着整个转子，构成粉碎室。锤片用销子销在锤片架板周围。锤片之间的销轴上装有垫片，使锤片彼此错开，并沿轴向均匀分布在粉碎室。工作时，物料从喂料斗进入粉碎室，首先受到高速旋转的锤片打击而飞向齿板，然后与齿板发生撞击又被弹回。于是，再次受到锤片打击和跟齿板相撞击，物料颗粒经反复打击和撞击后，就逐渐成为较小的碎粒，从筛片的孔中漏出，留在筛面上的较大颗粒，再次受到锤片的打击，和在锤片与筛片之间受到摩擦，直到物料从筛孔中漏出为止。

粉碎后，薯块细胞中所含的氢氰酸会释放出来，氢氰酸能与铁质反应生成亚铁氰化物，呈淡蓝色。因此，凡是与淀粉接触的粉碎机和其他机械及管道都是用不锈钢或其他耐腐蚀的材料制成的。此外，细胞中的氧化酶释出，在空气中氧的作用下，组成细胞的一些物质发生氧化，导致淀粉色泽发暗，因此，在粉碎时或打碎后应立即向打碎浆料中加入亚硫酸遏制氧化酶的作用。

3. 爪式粉碎机

爪式粉碎机件由两个互相靠近的圆盘组成，每个圆盘上有很多依同心圆排列的指爪，而且一个圆盘上的每层指爪伸入另一圆盘的两层指爪之间。一般沿整个机壳周边安筛网（图

3-20）。爪式粉碎机工作原理与锤式粉碎机有相似之处，工作时，轴向进入的物料在两个运动的圆盘间，受到盘间旋转指爪的冲击力用、分割或拉碎的作用而得到粉碎。爪式粉碎机在薯类淀粉加工中应用不广泛，主要是因为薯块较大，喂料困难。所以，爪式粉碎机一般与薯类切条机联合使用，用于粉碎。

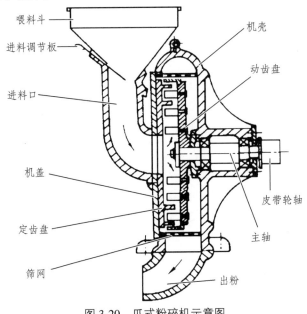

图 3-20　爪式粉碎机示意图

4. 砂轮磨粉碎机

砂轮磨粉碎机的磨盘由金刚砂制成，其主要组成部件是进料器、金刚砂盘、机壳和机座等，其结构如图 3-21 所示。物料由进料器送入动盘和定盘之间的工作区，借助挤压力、撕裂力和剪切力将物料破碎，从出料口排出。

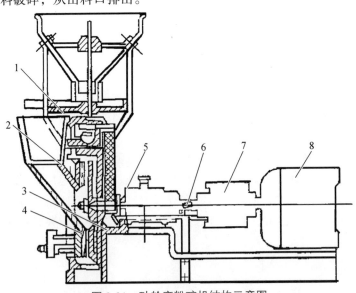

图 3-21　砂轮磨粉碎机结构示意图

1—进料口；2—定盘；3—机座；4—动盘；5—主轴；6—自动调节装置；7 —活动离合器；8—电机

砂轮磨粉碎机的磨盘质地坚硬锋利、耐磨度高，适合于大、中、小型淀粉厂用于破碎薯类和薯渣。其具有便于操作、效率高、密封度好、噪声低、占地面积小等优点，但存在电力消耗高、磨片脆等缺点，所以要防止冲击性作用和强烈的振动。由于其动、定磨片间隙不能定量调节，因而粉碎度不易掌握，还要增加除砂工序。磨盘在不进入金属杂质条件下，可连续使用半年以上（磨损至 15 mm 需报废）。

（二）细胞分离

薯块在粉碎时，淀粉从细胞中释放出来，同时也释放出细胞液，细胞液是溶于水的蛋白质，氨基酸、微量元素、维生素及其他物质的混合物。天然的细胞液含 4.5%～7% 干物质，占薯块总干物质含量的 20% 左右，组成见表 3-1。粉碎后立即分离细胞液有两点好处，一是可降低以后各工序中泡沫形成，有利于重复使用工艺过程水，提高生产用水的利用率，降低废水的污染程度；二是防止细胞液的物质遇氧在酶作用下变色，影响淀粉质量。

表 3-1　马铃薯细胞液的组成

组　成	含　量	平　均
干物质含量/%	4.5～7.0	5.8
生物耗氧量/mg·L⁻¹	25000～55000	38000（COD）
干物质组成，其中		
还原糖/%	7～2.0	1.5
凝结蛋白质/%	18～25	23
氨基酸和氯化物/%	17～27	22
无机物质/%	18～30	24
果胶脂肪/%	8～20	16

分离细胞液的工作主要由卧式螺旋卸料沉降离心机完成（图 3-22）。卧式螺旋卸料离心机简称卧螺，它造价低，对来料清洁度要求不太严格，特别适于马铃薯淀粉生产工厂使用。卧式螺旋离心机有一个整体机座，上面横装着同心的圆锥形内、外转鼓。内转鼓上装有框架式的单、双线螺旋，螺旋外形与外转鼓内壁形状相似，两者间有 1 mm 间隙，借助齿轮箱中的传动装置，使内、外转鼓保持一定的转速差。内、外转鼓由电机通过齿轮带动运转。转鼓小头的支承轴是空心的，进料管则由空心轴插入转鼓内。当液料通过进料管进入内转鼓后，因受离心力的作用，便沿转鼓内壁形成环状，液料中的淀粉等重液分别黏贴在外转鼓的内壁上，而水和其他轻液（包括细胞液）分别浮于淀粉表层形成环状带。淀粉由螺旋向转鼓小端推移，直至排出机外。分离出淀粉后的清液，通过螺旋框架的空间，流向转鼓大头，由溢流口排出。通过分离可使沉淀物中干物质含量为 32%～34%，分离的细胞液中含淀粉 0.5～0.6 g/L。

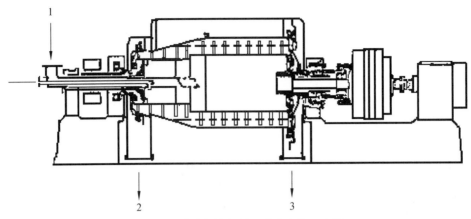

图 3-22　卧式螺旋卸料沉降离心机示意图

1—淀粉乳；2—淀粉；3—清液

四、纤维的分离与洗涤

马铃薯块茎经破碎后，所得到的淀粉浆，除含有大量的淀粉以外，还含有纤维和蛋白质等组分，这些物质不除去，会影响成品质量。通常是先分离纤维，然后再分离蛋白质。把以淀粉为主的淀粉乳和以纤维为主的粉渣分离开时常采用筛分设备进行，包括平面往复筛、六角筛（转动筛）、高频惯性振动筛、离心筛和曲筛等，较大的淀粉加工厂主要使用离心筛和曲筛。筛分工序包括：筛分粗纤维、细纤维、回收淀粉。

（一）离心筛分离粉渣

离心筛按其筛体主轴线位置可分为立式和卧式两种。其旋转方式按运动方法可分为锥形筛体旋转、喷浆嘴固定，筛体固定、喷浆嘴旋转，两者均固定、物料由喷浆嘴沿圆锥切线方向切入三种。

立式离心筛的筛篮直径较大，常见的有 1000 mm 和 1200 mm 两种规格。由于立式离心筛不是专门针对马铃薯淀粉生产设计的，所以应用于马铃薯淀粉生产时效果并不理想，主要缺陷为：分离效率低，处理量小，结构较复杂，维修困难。

我国多采用卧式的筛体旋转，喷浆嘴固定方式的离心筛。卧式离心筛在锥形筛篮的里面和背面均设置了水喷淋装置，能够均匀地向筛篮喷淋清水，以将薯糊中的淀粉颗粒冲洗出来。同时，喷水也能够提高淀粉颗粒和细纤维的运动速度以及筛篮筛网的通透性。锥形筛篮绕水平轴线旋转，薯糊通过进料中心管进入锥形筛篮筛面，受离心力的作用，薯糊沿着筛胆壁圆周旋转，从筛胆小端向大端方向运动。在移动过程中，薯糊在离心力的作用下，浆液穿过筛网分离出来，落入集液槽内。由消泡泵将其泵到总浆管内。筛上纤维等物质落入大端前面的集料槽，由拉渣泵将其泵入后一级离心筛再进行分离（图 3-23）。

卧式离心筛具有筛分效率高、密封程度好、噪音低、占地面积小、更换筛网方便迅速等优点，但耗电量大，维修工作量大，有时还有振动，物料贴壁、存料等现象发生。实际生产中使用离心筛多是四级连续操作，中间不设贮槽，而是直接连接，粉浆靠自身重力向上而下逐级流下，对留在筛上的物料进行逐级逆流洗涤。破碎的浆料先经粗渣分离筛，孔宽 125 ~ 250 μm，筛下含细渣的淀粉乳送至细渣分离筛，孔宽 60 ~ 80 μm，这种粗、细渣分开分离的方法，可以减少粗、细渣上附着的淀粉和改善浆料的过滤速度。纤维分离洗涤的质量取决于原料的数量和质量、冲洗水的数量等因素。浆料过浓则洗涤不完全，大量的淀粉随渣子带走；浆料过稀则增加了筛的负荷。因此，用水调节进入筛前的浆料浓度十分重要。一般一级筛进料浓度为12%～15%，二级筛进料浓度6%～7%，三、四级筛进料浓度4%～6%。细渣分离时，筛孔粗细对质量也有影响，筛孔过细，细渣中淀粉含量高；筛孔过粗，细渣分离不净，所以离心筛在国内中、小型淀粉厂广泛使用，但在大型厂应用不多。

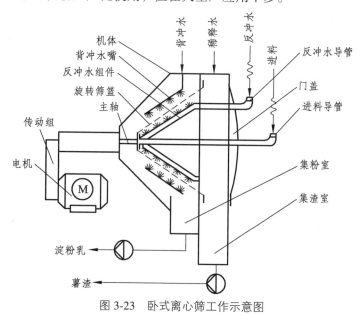

图 3-23 卧式离心筛工作示意图

（二）曲筛分离纤维

曲筛又叫弧形筛（图3-24），是一种筛面在纵向呈弧形的固定筛，筛面由不锈钢楔形条拼制而成，筛孔为长形窄缝。曲筛的种类根据筛面对应中心角的度数分50°、72°、120°、180°、240°及300°，淀粉生产中以50°和120°使用较多。根据进料方式又分重力式和压力式两种。

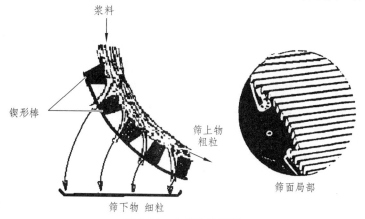

图 3-24 曲筛筛分原理

1. 压力曲筛

压力曲筛是一种依靠压力对低稠度湿物料进行液体和固形物分离及分级的高效筛分设

备，结构由壳体、给料器、筛网、淀粉乳接收器、纤维皮渣接受漏斗组成，如图 3-25 所示。曲筛是带有 120°弧形的筛面，筛条的横截面为楔型，边角尖锐。运行时，湿物料用高压泵打入进料箱，物料以 0.3 ~ 0.4 MPa 压力从喷嘴高速喷出，在 10 ~ 20 m/s 的速度下从切线方向引向有一定弧度的凹形筛面，高的喷射速度使浆料在筛面上受到重力、离心力及筛条对物料的阻力（切向力）作用。由于各力的作用，物料与筛缝成直角流过筛面，楔形筛条的锋利刃口即对物料产生切割作用，使曲筛既有分离效果，又有破碎作用。在料浆下面，物料撞在筛条的锋利刃上，即被切分并通过长形筛孔流入筛箱中，筛上物继续沿筛面下流时被滤去水分，从筛面下端排出。进料中的淀粉及大量水分通过筛缝成为筛下物，而纤维细渣则从筛面的末端流出成为筛上物。淀粉颗粒与棱条接触时，其重心在棱的下面从而落向下方成为筛下物。纤维细渣与棱条接触时，其重心在棱的上面从而留在上方成为筛上物。

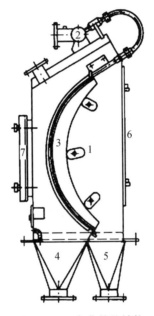

图 3-25　压力曲筛的结构

1—壳体；2—给料器；3—筛网；4—淀粉乳接收器；5—纤维皮渣接收漏斗；6—前门；7—后门

压力曲筛由于其分级粒度大致为筛孔尺寸的一半，所以排入筛下的颗粒粒度比筛孔尺寸要小得多，从而减少了堵塞的可能性。筛条的刃口将进料抹刮成薄薄的一层而使水和细料均匀分散，从而使物料易于分级，同时整个筛面得到自行清理。曲筛工作时，穿过筛缝的筛下物量在很大程度上取决于如何使浆液同筛面很好地保持接触。曲筛所进行的按颗粒大小的分离取决于楔形筛条之间空隙的大小及物料在曲筛筛面上的流速。筛孔越小，对流速的要求越高。

2. 重力曲筛

重力曲筛结构见图 3-26，其进料靠物料本身的重力，利用一种抛物线形的进料溢流挡板和压力活门，使物料呈正切的方向垂直地引向弧形曲筛面的上部，散布于整个筛面。当物料沿曲筛筛面运动时产生离心作用，在离心力和重力的作用下微小淀粉颗粒穿过筛缝排下而成为淀粉乳，而较大的粗杂物被浮在筛面上，在切线力作用下沿筛面滑下，进入卸料口后从筛子卸出，淀粉乳则集中在接收器里，然后经管道排出。

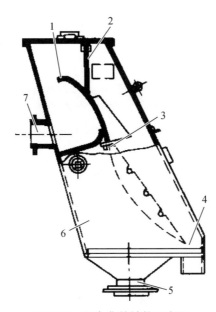

图 3-26　重力曲筛结构示意图

1—溢流挡板；2—压力门；3—筛面；4—筛上物出口；5—筛下物出口；6—筛框；7—进料口

马铃薯淀粉生产中，曲筛分离纤维是在七级曲筛上进行，筛分工序的操作条件如表 3-2 所示。第一及第二次浆料洗涤得的淀粉乳进入三足式下部卸料自动离心机分离出细胞液水，然后用清水稀释在曲筛上精制，筛上细渣返回到浆料磨碎后浆料收集器中，再次经过洗涤分离。具体工艺过程已在图 3-3 中示出。

表 3-2　纤维分离洗涤工段操作条件

过程	干物质含量/%	
	进入物料	筛下物料
物料洗涤：第一次	8.0 ～ 8.5	9.5 ～ 10.5
第二次	7.0 ～ 8.0	9.0 ～ 10.0
渣滓分离	6.0 ～ 7.0	7.0 ～ 8.0
渣滓洗涤：第一次	5.0 ～ 5.5	5.5 ～ 6.0
第二次	4.5 ～ 5.0	5.0 ～ 6.0
第三次	3.5 ～ 4.5	4.5 ～ 5.5
第四次	3.0 ～ 4.0	4.0 ～ 4.5
渣滓脱水	4.0 ～ 5.0	10.0 ～ 12.0

五、淀粉乳的洗涤

筛分出来的淀粉乳中，除淀粉外，还含有蛋白质、极细的纤维渣和土沙等，所以它是几种物质的混合悬浮液。依据这些物质在悬浮液中沉降速度不同，可将它们分开。分离蛋白质有多种方法，比较先进的是离心分离法和旋液分离法。

在分离蛋白质前，先要对淀粉乳液过滤，以去除残留在乳液中的杂物，自净式过滤器可将固体物质与乳液分离。乳液进入进口压力为 0.15 ～ 0.20 MPa 的旋流除砂器，将乳液中的微小沙粒除去，使淀粉乳液更加纯净，然后进入淀粉精制工艺。

（一）离心分离法

离心分离法除利用淀粉与蛋白质比重的差异进行分离外，还借助分离机高速旋转产生很大的离心力，使淀粉沉降，而与蛋白质等轻杂物质分离。

碟片式离心机工作原理见图 3-27，淀粉乳由离心机上部进料口进入分离室，均匀分布在碟片间，利用碟片的薄层空间在转鼓的高速旋转（3000～10 000 r/min）下，带动物料旋转产生很大的离心力，以蛋白质为主要成分的物料沿碟片上行，由溢流口排出，相对密度较大的淀粉集于转鼓内壁经喷嘴从底流口连续排出。喷嘴直径为 0.63～2.54 mm，数量多达 20 个。为防止喷嘴堵塞，转鼓内装有冲洗管座和冲洗管，洗涤水经立轴底部中心孔，通过冲洗管连续冲洗喷嘴。由于这种离心机在工作时高速旋转，转鼓离心力大，因此，必须按规定进行操作。开车前，转鼓必须按规定进行细致的清洗和严格的装配。

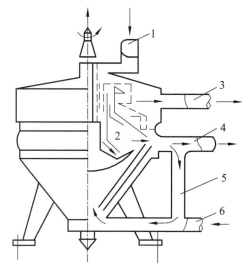

图 3-27　碟片式离心机工作原理示意图

1—进料管；2—分离室；3—溢流口；4—底流；5—回流口；6—洗水进口

由于马铃薯淀粉乳中蛋白质含量比玉米淀粉乳要少，因此一般只采用二级分离，即用两台离心机顺序操作。以筛分后的淀粉乳为第一级离心机的进料，所得底流（淀粉乳）为第二级离心机进料。两台离心机的型号是一样的。第一级分离主要是去除蛋白质和杂物，第二级分离主要是浓缩淀粉乳，因此，这种二级分离法的操作原则是保持第一台离心机能产生好的溢流（含大量蛋白质，少量淀粉），底流的品质则无关紧要，因为一级分离的底流还要经过二级分离。而二级分离应以产生好的底流为主（含淀粉量高，蛋白质少），通过控制回流和清水的量，可获得理想的分离效果。进入第一级离心机的淀粉乳浓度为 13%～15%，进入第二级离心机的淀粉乳浓度为 10%～12%。送入精制工序的淀粉乳中细渣含量按干物质计为 4%～8%，经一级精制段的淀粉乳含渣量不高于 1%，经二级精制的含渣量不高于 0.5%。

（二）旋液分离法

旋流分离器分水力旋流分离器和气体旋流分离器，但在淀粉生产中使用更多的是水力旋流分离器，也称旋液分离器。旋液分离器由带进料喷嘴的圆柱室、壳体（分离室）、溢流出料管、进料管、底物出料管，上部及底部排出喷嘴组成，如图3-28所示。破碎的物料进入收集器，在压力下泵入旋流分离器，较重颗粒做旋转运动，并在离心力作用下抛向锥体的内壁，沿着内壁移向底部出口喷嘴。较轻颗粒被集中在设备的中心部位，经过顶部出口喷嘴及接受室排出旋液分离器。

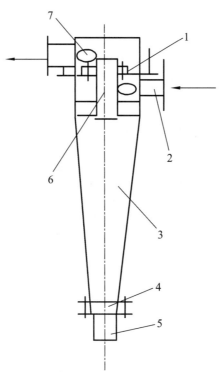

图 3-28　旋液分离器工作原理示意图

1—圆柱室；2—产品进入管；3—壳体；4—可换喷嘴；5—连接管；6—排出喷嘴；7—带连接管的液状物料接收室

旋液分离器与一般旋转式离心机作用不同，离心机是将处理液与离心机的转篮同时转动，而旋液分离器则是将处理液高速注入静止状态的器室中，沿着旋液分离器内室外周的切线方向设有处理液的进入口，处理液一进入旋液分离器就会产生高速的旋转，在旋转流动过程中进行离心分离。经分离，分成含粒子多的重液和含粒子少的轻液，重液由下面底部排出，轻液则由上面溢流口排出。旋液分离器本身没有动力驱动部分，所以需要泵来加压。由于马铃薯淀粉原料中蛋白质含量较低，而且淀粉颗粒也比玉米、小麦淀粉粒要大一些，因此可有效地使用旋液分离器分离淀粉乳中蛋白质和其他杂质。

通过旋流器的流量与其直径的平方成正比，因此，处理的物料量大，则所需的旋液器直径也大。但另一方面，旋液器直径越小，则分离细颗粒的能力也越强。为了提高对细粒子的分离能力，旋液器的直径往往小于 10~15 mm，但这样单台设备生产能力就太小了，实际生产中通常采用多台并联作业。所用旋液分离器的锥顶直径为 15 mm，长 100 mm，单台设备生产能力为 300 L/h。现已发展到 240 台并联，可处理 72 000 L/h。这样并联组装的旋液器为一级。为了保证使淀粉乳中的蛋白质和其他杂质的含量降到规定值以下，生产薯类淀粉，至少需 7 级旋液器串联使用。图 3-29 是将经过磨碎得到的马铃薯糊输入旋液分离器分离时的旋流器连接方式图，为了清晰起见，图中只给出五级连接的情况。每个分离器可处理 300 L/h 磨碎乳，实际生产中采用 130 个旋液分流器并联组成一级，19 级串联成整个分离和洗涤系统。清水由最后一级加入，每吨马铃薯约耗水 400 L，采用顺次逆流洗涤方式。

旋液分离器中的第 1 ~ 3 级用于淀粉、蛋白质与渣的分离；第 4 ~ 8 级为淀粉乳浓缩用；第 9 ~ 19 级为淀粉乳洗涤用。精制淀粉乳的浓度 22.5°Be′，蛋白质含量可达 0.5% 以下。

由于进料泵的好坏直接关系到旋液器的工作质量，要求进料泵必须有足够的工作压力，一般不应小于 0.45 ~ 0.60 MPa，同时进料的淀粉乳中不应含有大于 0.8 mm 的杂质。由于分离时淀粉乳中的固体颗粒不断旋转趋向器壁，内壁容易磨损，尤其下半锥体段因直径逐渐减小，颗粒与内壁的相对速度加快，磨损更为剧烈。因此，旋液器内壁应光滑、耐磨、耐腐蚀。

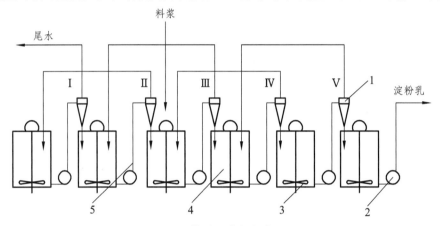

图 3-29　旋流分离机组布置图

1—旋流器；2—输浆泵；3—搅拌装置；4—集料缸；5—管理系统

利用旋流分离器一套系统就可以完成渣滓分离、蛋白质分离和淀粉洗涤。破碎后的马铃薯浆液无须设置分离细胞液装置，直接泵入旋流分离器，经分离洗涤后分别输出淀粉乳、薯渣和细胞液混合物，从而大大地减少了分离设备数量，简化了工艺流程。制得的淀粉乳纯度99.7% ~ 99.9%，蛋白质含量在 0.3% 以下，干物质含量为 34% ~ 40%。

六、淀粉乳的脱水与干燥

（一）淀粉乳的脱水

经过精制的淀粉乳水分含量为 50% ~ 60%，不能直接进行干燥，应先进行脱水处理。同玉米淀粉生产一样，脱水处理的主要设备是转鼓式真空脱水机或卧式自动刮刀离心脱水机，经脱水后的湿淀粉含水量可降低到 37% ~ 38%。

1. 真空脱水机

真空脱水机广泛用于淀粉、医学、食品、化工等行业的固液脱水分离。该设备全部选用优质不锈钢制作，旋转滚筒转速可变频调速；滚筒的清洗采用间歇式全自动冲洗，滤槽内配有浆式搅拌器，以防淀粉沉积，并配备连续调节式液面控制。脱水机采用刮刀卸料、气动调节，刮刀刃由高硬度合金制造。

真空脱水机由机架、主轴、电机、减速器、进料连接口、滤槽、溢流口、回收连接口、搅拌器、冲洗水进口、气动刮刀、真空管连接口、检修入孔、旋转滚筒、搅拌器电机、滤布等组成（图 3-30）。

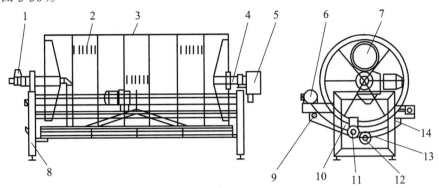

图 3-30 转鼓式真空脱水机结构图

1—真空管连接口；2—滤布；3—旋转滚筒；4—主轴；5—减速机；6—搅拌器电机；7—检修入孔；8—机架；
9—进料连接口；10—溢流口；11—间接连接口；12—搅拌器；13—冲洗水进口；14—气动刮刀

水平旋转滚筒的多孔表面覆有一层一定目数的滤布，在滤机与多孔筒壳间装有支撑网，旋流滚筒穿过滤槽，滤槽内装有一定液面高度的需脱水的淀粉乳液。通过真空泵与脱水机真空管的连接，使滚筒内压降至最高 200 MPa，在滚筒内部与外部（大气）之间的压差作用下，液体穿过滤布并到达滚筒内部，由滤液泵与回收连接口的连接管泵出。淀粉乳液中的固体（淀粉）不能穿过滤布并停留滚筒表面，在滚筒面再次侵入淀粉乳液之前，气动刮刀装置连续不断地将固体（淀粉）从旋转滚筒表面刮下，并落入皮带输送机进入下道工序。

2. 自卸料刮刀离心机

其结构如图 3-31 所示。主电机带动转鼓全速旋转，物料由进料管引入，将精制的淀粉乳加入带滤网的转鼓上，首先进行分离。采用多次加料的方法，可使含有少量蛋白质的液体从

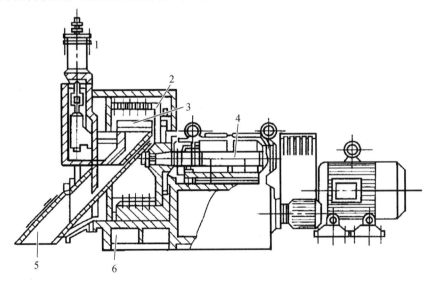

图 3-31 自卸料刮刀离心机结构示意图

1—淀粉乳进料；2—转鼓；3—刮刀；4—主轴；5—淀粉饼；6—滤液

挡液板口处溢出，进一步除去蛋白质；待含蛋白质的液体外溢后，离心机自动停止进料，开启滤液排出口阀门进行离心过滤式脱水。在离心力作用下，液相物穿过滤网及转鼓壁滤孔排出转鼓，经排液管排出机外；固相物截留在转鼓内，形成环形滤饼层。洗涤、分离结束，刮刀自动旋转，将固相物刮下、经集料斗排出机外，然后自动洗网，开始下一个循环。国产刮刀离心机常见规格有：直径 800 mm、1200 mm 和 1250 mm 三种，刮刀离心机具有工作性能好和脱水效率高等优点，脱水后湿淀粉的最低含水率可达 36%（马铃薯淀粉），对原料适应性也较好，其主要缺点是动力消耗大，在同等产量的情况下，它的动力消耗是真空脱水机的 1～5 倍；另外，其造价高，维修也困难。

（二）湿淀粉干燥

为了便于运输和储存，对湿淀粉必须进一步干燥处理，使水分含量降至安全水分以下。中、小型淀粉厂使用较广泛的带式干燥机，用不锈钢或铜网制成输送带，带有许多小孔，孔径约 0.6 mm，输送带安装在细长烘室内，湿淀粉从输送带一端进入，以很低的速度前进，在烘室内被热空气干燥，达到规定水分含量后，从烘室尾端卸出。烘室被分成许多间隔，用风扇将热风透过传送带和淀粉，各间隔的热风温度不同，从进口一端起温度逐渐升高，在最后一段通入冷风，冷却淀粉。大型淀粉厂普遍使用气流干燥。马铃薯淀粉干燥温度一般不能超过 55～58 ℃，温度超过此范围，会造成淀粉颗粒局部糊化、结块，外形失去光泽，黏度降低。干燥淀粉往往粒度很不整齐，需要经过磨碎、过筛等操作，进行成品整理，然后作为商品淀粉供应市场。带式干燥机得到的淀粉，采用筛分方法处理，而气流干燥机得到的淀粉为粉状，可直接作为成品出厂。

1. 气流干燥的特点

（1）优点

① 干燥强度大，这是由于干燥时物料在热风中呈悬浮状态，每个颗粒都被热空气所包围，因而使物料最大限度地与热空气接触。除接触面积大外，由于气流速度较高（一般达 20～40 m/s），空气涡流的高速搅动使气-固边界层的气膜不断受冲刷，减小了传热和传质的阻力。尤其是在干燥管底部因送料器叶轮的粉碎作用，效果更显著。② 干燥时间短，干燥时间只需 1～2 s，因为是并流操作，所以特别适宜于淀粉物料的干燥。③ 由于干燥器具有很大的容积传热系数及温差，对于完成一定的传热量所需的干燥器体积可以大大减少。④ 由于干燥器散热面积小，所以热损失小，热效率高。⑤ 结构简单，易维修，成本低。操作连续稳定，适用性强。

（2）缺点

① 系统的流体阻力大，对除尘设备要求严。② 干燥管有效长度较长，有的高达几十米，故要求厂房高。

2. 气流干燥基本原理

干燥进行的必要条件是物料表面的水汽的压强必须大于热空气中水汽的分压。两者的压差愈大，干燥进行得愈快，所以干燥介质应及时地将气化的水汽带走，以便保持一定的传质推动力。若压差为零，则无净的水汽传递，干燥也就停止了。由此可见，干燥是传热和传质相结合的过程，干燥速率同时由传热速率和传质速率所支配。

当颗粒最初进入干燥管时，其上升速度等于零，气体与颗粒间有最大的相对速度。然后，颗粒被上升气流不断加速，二者的相对速度随之减小，至热气流与颗粒间的相对速度等于颗粒在气流中的沉降速度时，颗粒不再被加速而进入等速运动阶段，直至到达气流干燥器出口。也就是说，颗粒在气流干燥器中的运动，可分为开始的"加速运动阶段"和随后的"等速运动阶段"。在等速运动阶段，由于相对速度不变，颗粒的干燥与气流的绝对速度关系很小，故等速运动阶段的对流传热系数是不大的。此外，该阶段传热温差也小。因为这些原因，所以此阶段的传热速度并不大。但在加速运动阶段，因为颗粒本身运动速度低，颗粒与气体的相对速度大，因而对流传热系数以及温差均大，所以在此阶段的传热和传质速率均较大。

从实际测定得知，干燥器在加热口以上 1 m 左右的圆筒里干燥效率最大。此时从气体传到颗粒的热量可达整个干燥管内传热量的 1/2～3/4。所以要提高气流干燥机的干燥效率或降低干燥管的高度，就应尽量发挥干燥管底部加速段的作用和增加颗粒与气流之间的相对速度。强化气流干燥的方法之一是脉冲式气流干燥，即用直径交替缩小与扩大的脉冲管代替直管。加入物料首先进入管径小的干燥管内，气流以较高速度流过，使颗粒产生加速运动。当其加速运动结束时，干燥管直径突然扩大，由于颗粒运动的惯性，使该段内颗粒运动速度大于气流。颗粒在运动过程中，由于气流阻力而不断减速。直至减速结束时，干燥管直径再突然缩小，颗粒又被加速。重复交替地使管径缩小与扩大，颗粒的运动速度在加速后减速，又在减速后加速，永远不进入等速运动阶段，从而加快了传热和传质速度。

3. 气流干燥设备

气流干燥器按干燥段所处的压力状况分为正压干燥器和负压干燥器，按干燥次数分为一级气流干燥和二级气流干燥。干燥系统由空气过滤器、空气加热器、加料斗、螺旋输送器、抛粉器、干燥风管、旋风分离器、风机、闭风机组成。正、负压气流干燥的工艺流程见图 3-32、图 3-33。

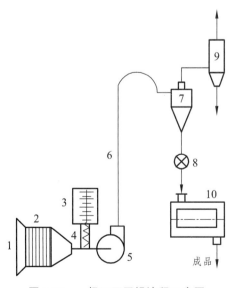

图 3-32　一级正压干燥流程示意图

1—过滤器；2—加热器；3—供料器；4—闭风绞龙；5—风机；6—干燥管；7—卸料器；8—闭风器；9—回收塔；10—成品筛

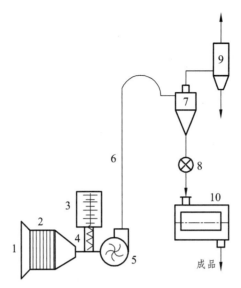

图 3-33　一级负压干燥流程示意图

1—过滤器；2—加热器；3—供料器；4—闭风绞龙；5—扬升机；6—脉冲管；7—卸料器；8—闭风器；9—风机；10—成品筛

从图中可以看出，正压干燥的风机位于供料管和干燥管之间，管道系统处于正压之中；而负压干燥的加热空气和物料混合后是由扬升机送入干燥管内的，风机动力作用使整个管道系统处于负压情况下。两者的差别是：正压气流干燥被干燥淀粉要通过高速旋转的风机叶片，对风机叶片损失严重，一般需 6～8 个月更换一次，干燥器接头处也易出现漏风现象，而负压干燥不会出现上述情况。早期所建工厂都用正压二级气流干燥，目前已多改用一级负压气流干燥，这样可节省动力和减少尾气中粉尘，使操作环境大为改善。表 3-3 是淀粉气流干燥设备技术参数。

表 3-3　淀粉气流干燥设备技术参数

型号	进机湿淀粉含水率/%	成品淀粉含水率/%	产量/t·h⁻¹（以干淀粉计）	装机容量/kW	蒸汽耗用量/（kg 蒸汽/kg 水）
DGZQ-0.5	＜40	12～14	0.5	17	1.8～2
DGZQ-0.8	＜40	12～14	0.8	25.5	1.8～2
DGZQ-1.2	＜40	12～14	1.2	29.5	1.8～2
DGZQ-1.6	＜40	12～14	1.6	40	1.8～2
DGZQ-2.0	＜40	12～14	2.0	46.5	1.8～2
DGZQ-2.6	＜40	12～14	2.6	56.5	1.8～2
DGZQ-3.2	＜40	12～14	3.2	67	1.8～2
DGZQ-5.0	＜40	12～14	5.0	143.5	1.8～2
DGZQ-6.0	＜40	12～14	6.0	165.5	1.8～2
DGZQ-9.0	＜40	12～14	9.0	315	1.8～2

对脱水后含水量大的湿淀粉采用一级气流干燥达不到成品水分要求的，可用如图 3-34 所示的干燥工艺。其工作过程为：湿淀粉由进料漏斗落入螺旋输送器，送至干燥管内，与二级旋风分离器所排出尾气（40～45 ℃）接触，随即开始干燥，物料由原始温度提高到 40 ℃，水分由 35%～40%降至 30%左右。由于初期淀粉含水量大，水分易被蒸发，且不宜用太高温度干燥，二级旋风分离器排出尾气正符合这个要求。第一次预热干燥的物料进入鼓风机，与新鲜空气（约 130 ℃）接触，在热风管内干燥后输送至二级旋风分离器内，借助离心作用与湿热空气分开，干淀粉经闭风器落入贮斗，而湿热空气经尾粉捕集器排出，排出的尾气作为湿物料的第一次预热干燥。淀粉经过较高温度的新热空气进行二次干燥后，可达到水分含量要求。

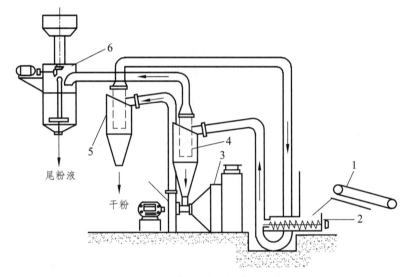

图 3-34　淀粉气流干燥装置示意图

1—淀粉输送机；2—螺旋加料器；3—空气预热器；4—旋风分离器；5—鼓风机；6—尾粉捕集器

七、计量包装

计量包装是马铃薯淀粉生产线上的最后一道工序。在许多不完整的淀粉生产线上，计量包装都是由手工来完成的，不仅劳动强度大，而且计量也不准确。现代的马铃薯淀粉生产线，都配有自动计量包装设备。

马铃薯淀粉经由喂料螺旋输送到斗式提升机，再由提升机把物料输送到料仓内，当料仓内物料达到一定料位时，包装秤接到料位信号后开始工作，此时包装秤执行三速加料，当包装袋内物料重量达到设定重量时，定量包装秤自动松袋，然后输送和缝口一体式工作。成品由带式输送机送至成品库储藏（图 3-35）。

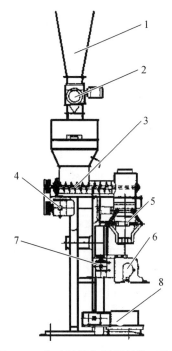

图 3-35　自动计量包装机结构示意图

1—进料斗；2，4，7—电机；3—螺旋推进器；5—计量称；6—缝口机；8—传送底座

第四章　马铃薯淀粉加工废水、废渣处理与综合利用

马铃薯淀粉生产模式是一种废水、废渣产率很高的生产模式，生产 1 t 淀粉要排放 20 t 左右的废水，产出 6.5 t 左右的废渣。按 2010 年产马铃薯淀粉量 45 万吨计算，2010 年马铃薯年消耗量为 300 万吨，所产出的废渣与废水量是一个惊人数字。马铃薯淀粉生产过程中产生大量的工艺有机废水，直接排入水体，不仅对环境造成严重的污染，而且也是对水资源的浪费。此外，鲜薯渣含水量、有机质含量都很高，不易储存、运输，腐败变质后产生恶臭，如不经合适地处理，而直接排放，同样会造成环境污染。随着我国马铃薯产业化发展，马铃薯淀粉加工带来的废水、废渣处理问题越来越受到重视。

第一节　马铃薯淀粉加工废渣处理与综合利用

马铃薯淀粉废渣是在马铃薯淀粉生产过程中，产生的一种主要成分是水、细胞碎片和残余淀粉颗粒的副产物。由于提取淀粉后的废渣含有大量水分。水分含量高达 87%～92%渣中水分不仅紧紧结合在纤维和果胶上，而且未破坏的细胞也能通过细胞膜吸收水分，并具有很高的黏性；淀粉颗粒、纤维等物质相互重叠，阻塞了排水的物理通道：各种胶体物质均匀分布，有一定的黏稠性以及表面张力和各固相物质间的毛细管作用等，增加了排水阻力；蛋白质和大多数胶体物质的亲水性以及纤维表面的负电荷和水中的正电荷相互吸引，分子间和离子间的作用力，使固液分离困难；另外，还有纤维的重吸现象，因此干燥马铃薯鲜渣的经济成本极高。加之马铃薯加工过程会带有大量微生物，导致薯渣易变质、储存时间短、运输成本高等问题。这些因素都制约了开发利用马铃薯渣的剩余价值。马铃薯淀粉废渣中含有大量的淀粉、纤维素、半纤维素、果胶等可利用成分，同时含有少量蛋白质，具有很高的开发利用价值。

据报道，可利用薯渣的主要微生物有 33 种，如果将废渣排放到水域或田里，将导致严重的环境污染问题。废渣液中化学需氧量（Chemical Oxygen Demand，COD）平均值为 40 000～50 000 mg/L，按我国污水综合排放标准，一级标准 COD 在 60 mg/L 以下。因此，每立方米废水排放到水中，将会造成 200～250 m³ 地表水 COD 值超标。在加工旺季，薯渣相对集中，渣皮堆积如山，很易被微生物分解，腐烂发臭，严重污染环境。因此，对淀粉废渣进行综合开发利用，不仅能减少环境污染，而且具有较好的经济效益和社会效益。

作为一种可深入利用的资源，马铃薯薯渣有以下几个明显的特点：① 量大、集中，便于收集和加工；② 含有大量的有机质，氨基酸，糖分，Ca、Mg、Si 及各种微量元素；③ 量大，用一般方法难以处理。

马铃薯淀粉废渣处理势在必行，而我国马铃薯淀粉加工企业规模小，季节性加工，一般

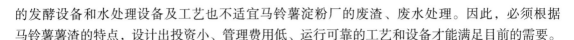

的发酵设备和水处理设备及工艺也不适宜马铃薯淀粉厂的废渣、废水处理。因此，必须根据马铃薯薯渣的特点，设计出投资小、管理费用低、运行可靠的工艺和设备才能满足目前的需要。

一、马铃薯淀粉废渣成分与特性

1. 主要成分

马铃薯淀粉废渣主要含有水、细胞碎片、残余淀粉颗粒和薯皮细胞或细胞结合物，其化学成分包括淀粉、纤维素、半纤维素、果胶、游离氨基酸、寡肽、多肽和灰分。有些资料还认为其含有阿拉伯半乳糖。其成分与含量在不同的资料中略有不同，但可以肯定其中的残余淀粉含量较高，纤维素、果胶含量也较高。马铃薯渣干物质成分如表4-1所示。

表4-1　马铃薯淀粉废渣干物质成分

成分	纤维	半纤维	淀粉	蛋白	果胶	灰分与其他
含量/%	20~25	10~15	30~40	4~5	15~20	0.3~0.5

2. 流体性质

马铃薯淀粉废渣渣含水量很高，达90%左右，但不具备液态流体性质，而表现出典型胶体的理化特性。从胶体中除去水分是非常困难的，成本高、耗能多。如果加压去除约10%的水分，体系就表现出类似蛋白软糖的性质。水分虽然不是牢固地与细胞壁碎片中的纤维和果胶结合，但是它被嵌入在残余完整细胞中，需要通过细胞膜交换到外界除去。有报道显示可以通过加入细胞壁降解酶来解决这个问题，但是薯渣的量很大，从成本的角度考虑，这种方法并不可行。

3. 微生物性质

相关研究人员通过培养基筛选，发现马铃薯淀粉废渣中的自带菌共15类33种菌种，其中细菌28种、霉菌4种、酵母菌1种。由于薯渣中含有多种微生物，因此，除去薯渣中的水分，使其转化成利于长期储存、抗微生物污染的形式是非常必要的，也利于运输和进一步利用。

二、马铃薯淀粉废渣的食用安全性

世界经济合作与发展组织（OECD）定义的食品安全概念为食品在预期消费环境中使用的无危害性应该是一件能够合理确定的事情。马铃薯作为人类重要的经济农作物，具有长期的安全食用历史，马铃薯作为饲料不需要进行毒理学检验；但是马铃薯淀粉渣是经过工业生产之后的废渣，可能存在毒素富集（如龙葵素的富集）及工业污染（如铅、镉、砷、汞等重金属污染），而且不同菌种发酵的马铃薯淀粉废渣所含成分也不同，其毒理学研究应该遵循"实质等同性"和"个案分析"原则。动物饲料的安全对人类的食品安全至关重要，因此，需要建立安全评估程序，来评价发酵马铃薯淀粉废渣这种新型能量饲料的食用安全性。

三、马铃薯淀粉废渣的综合利用

对于马铃薯淀粉废渣的利用，国内外学者做了多方面的尝试，用薯渣来生产酶、酒精、饲料、可降解塑料，以及制作柠檬酸钙，制取麦芽糖，提取低脂果胶，制作醋、酱油、白酒，制备膳食纤维等。目前，对于马铃薯渣的开发主要包括发酵法、理化法和混合法。发酵法是用马铃薯渣作为培养基，引入微生物进行发酵，制备各种生物制剂和有机物料；理化法是用物理、化学和酶法对薯渣进行处理或从薯渣中提取有效成分；混合法是把酶处理和发酵两种方法综合。国内对于马铃薯渣的处理利用研究还处于起步阶段，主要集中在提取有效成分如膳食纤维、果胶等及作为发酵培养基。

（一）生产蛋白饲料

用马铃薯淀粉废渣生产蛋白饲料，国内外都有些研究。马铃薯渣微生物蛋白饲料是指在适宜的条件下，以马铃薯淀粉废渣为主要原料，利用微生物发酵，在短时间内生产大量的微生物蛋白，使马铃薯渣中粗纤维、粗淀粉降解，提高蛋白质的含量。发酵后的马铃薯渣微生物、氨基酸种类齐全，有多种维生素和生物酶。由此可见，马铃薯废渣经微生物发酵后，畜禽对薯渣的消化率、吸收率和利用率都大大提高，增强了马铃薯废渣的生物学效价。过去人们为了提高饲料对畜禽的促生长作用，一般在饲料中添加一些药物，但是这些药物作为饲料添加剂被畜禽食用，畜禽并不能完全分解，它们会在畜禽产品中残留，这对消费者健康有不利的影响；而马铃薯渣微生物蛋白饲料是经过有益微生物发酵而得到的一种天然微生物饲料，其中含有许多活的或死的微生物以及其发酵产物，这些物质在饲料中被称作"益生素"，可加强畜禽肠道良性微生物的屏障功能，减少病害，加快畜禽的生长。

通常采用生料和熟料固态、半固态发酵 2 种方式。发酵后可大幅提高马铃薯渣蛋白含量及营养价值，改善粗纤维结构，增加清香味。发酵后的马铃薯渣多汁，适口性得以改善，动物爱吃，并因为含有益生菌，因此能改善动物的消化道菌群有利于动物的健康，并能提高肉的品质。以发酵马铃薯渣饲料饲喂家畜，日增重及相关动物产品质量均有所提高。杨全福和王首宇以真菌、霉菌、酵母菌和放线菌等微生物发酵马铃薯淀粉废渣，制得饲料蛋白含量高达 15.0%～32.4%。江成英等以平板培养和混菌结合发酵马铃薯渣生产能量饲料，结果嗜酸乳杆菌、白地霉、啤酒酵母和热带假丝酵母为最佳菌株。刘利军和杨玲采用以黑曲霉固体法发酵马铃薯淀粉渣，确定了马铃薯渣发酵产生复合酶的最佳条件；优化条件下，用 DNS 法测定发酵马铃薯渣，纤维素酶和木聚糖酶的活力分别为 2520.48 U/g 和 17472.00 U/g，产品重金属含量符合国家标准。孙展英等以酵母菌、霉菌、芽孢杆菌和乳酸菌发酵马铃薯渣，研究不同菌种及组合固态发酵对其增值效果，结果表明，单菌发酵黑曲霉效果最好，双菌组合酿酒酵母+黑曲霉为最佳。

（二）提取膳食纤维

马铃薯淀粉废渣中的膳食纤维含量极高，占干基的 50%左右。马铃薯淀粉废渣膳食纤维具有良好的生理活性和产品外观，具有较高的持水力和膨胀力，具有结合和交换阳离子的作用，对有机化合物具有吸附螯合作用，能够改变肠道系统中微生物群系组成。因此，马铃薯淀粉废渣为膳食纤维的加工制备提供了资源，具有广阔的开发前景。目前，制取马铃薯膳食纤维的主要方法有物理法，如微波、超微粉碎技术；化学法，如酸解、碱解、酸碱结合；生物法，如酶法、发酵法以及物理、化学、生物法相结合等。马春红等采用酶碱法提取马铃薯渣中的膳食纤维，最高提取率达到 58.23%，持水力为 454，膨胀力为 5.5 mL/g，但其感官性质差。刘达玉等采用酶法水解淀粉、蛋白质的提取方法提取薯渣膳食纤维的研究，结果表明，提取的产品中膳食纤维含量达到 78%以上，说明酶解法提取薯渣中的膳食纤维是可行的。吕金顺等研究了用马铃薯渣制备膳食纤维的工艺，所得产品外观白至浅黄色，主要指标达到同类产品要求，尤其水溶性纤维持水力与膨胀力已高于西方国家常用的标准麸皮纤维。袁慧君等以米根霉和白地霉发酵制备马铃薯渣膳食纤维，膳食纤维得率均显著增加，且米根霉淀粉酶活性较强，能分解蛋白质。

（三）提取果胶

果胶属于多糖类物质，是植物细胞壁的主要成分之一，尽管可以从大量植物中获得，但是商品果胶的来源仍非常有限。马铃薯渣中含有较高的胶质含量，占干基的 15%～30%，同时产量大，具有实用性。考虑到这些优点，它是一种很好的果胶来源。目前，马铃薯渣提取果胶，工业化生产主要采用沸水抽提法、酸法、酸法+微波、萃取法。以盐析法和酸解乙醇沉淀法最常用，研究多为提取方法的结合和工艺的优化。洪雁和顾正彪将马铃薯淀粉废渣分别采用水法、酸法、酸法结合微波法提取，再采用饱和硫酸铝沉析法提取马铃薯渣果胶。结果酸法和"酸法+微波法"提取得到低脂果胶，而水法提取得到高脂果胶。该果胶凝胶强度都相对较低，室温下黏度较橘皮果胶低；HPGFC 测得其峰值分子量 41 000 Da 左右。毛丽娟等利用超声波辅助盐析法提取马铃薯渣果胶，超声波辅助最佳条件下果胶得率为 18.21%，较普通盐析法高 4.52%。郑燕玉和吴金福在微波条件下，用稀硫酸萃取与硫酸铝沉淀提取马铃薯渣果胶。在其确定的最佳工艺条件下，果胶产率为 25.0%。

（四）发酵生产有机物

Grobben 等对微生物发酵在线溶解回收的马铃薯淀粉废渣中产丙酮、丁醇、乙醇的技术可能性进行评价，将丙酮丁酸梭菌 DSM1731 接种于 14%（W/V）的马铃薯废渣培养基，结果显示溶解物产量为 20 g/L；应用聚丙烯渗透萃取系统和油醇/奎烷混合物作为提取剂，产物产量（基于中溶解物与马铃薯干重）从 0.13 g/g 增长到 0.23 g/g。在薄膜污垢阻碍正确操作后，回收系统仍可连续 50 h 运行良好。Kheyrandish Maryam 等研究使用丙酮丁醇梭菌的游离、固定化细胞发酵马铃薯淀粉废渣产 ABE。丙酮丁醇梭菌可不经水解直接利用淀粉产 ABE，其结果与葡萄糖发酵物中的产物相对比作为参考马铃薯淀粉废渣和葡萄糖的发酵产物中丁醇的最大产量分别为每克初始碳源中产 0.21 g、0.26 g。在 5 L 的有力细胞生物反应器中，在分批发酵实验中，60 g/L 的淀粉废渣产丁醇 9.9 g/L。在一次重复分批发酵中，使用海藻酸聚乙烯醇硼酸珠为体系的固定化细菌细胞和 60 g/L 的马铃薯淀粉废渣，最终丁醇浓度达到了 15.3 g/L。杨梅等采用同步糖化法发酵马铃薯废渣，并获得最优发酵工艺，实验证明该工艺将加速马铃薯废渣工业化发展，具有操作简单、节约能源、降低成本的优势。苏槟楠等用马铃薯渣发酵酒精，结果是马铃薯渣加水量为 80%时糖化效果较好，糖化时间为 24 h；正交试验得知，在马铃薯渣中 KH_2PO_4 对产酒率影响较大，最优组合为 0.50% $MgSO_4 \cdot 7H_2O$、0.30% KH_2PO_4、0.75% NH_4NO_3，发酵时间 72 h。国外利用最多的是将马铃薯渣生物发酵生产燃料级酒精。

（五）制备新型黏结剂及吸附材料

Mayer 探讨了以马铃薯淀粉废渣制备黏合剂，用以替代脲醛树脂胶黏剂生产纤维板。王小芳等利用马铃薯膳食纤维（PDF）对重金属离子 Hg^{2+}、Pb^{2+}、Cd^{2+} 单组分水溶液进行吸附研究，结果 PDF 对 Hg^{2+}、Pb^{2+}、Cd^{2+} 的吸附属化学与物理综合吸附，对 Hg^{2+}、Pb^{2+} 的吸附同时符合

Langmuir 和 Freundlich 吸附模式，而对 Cd^{2+} 的吸附仅符合 Langmuir 模式。程力等研究了胶体磨湿法超微粉碎及高压蒸汽处理对马铃薯渣粒径分布及颗粒破坏程度的影响，制得了一种瓦楞纸板用黏合剂。通过显微镜观察和激光粒度分析证明，马铃薯渣颗粒粒径明显减小且分布更加均匀，细胞壁和纤维素被破坏，体现出胶黏剂的性质，其主要性能均接近于目前广泛使用的淀粉基瓦楞纸板黏合剂。吕金顺研究了马铃薯渣活性纤维（PAF）对染料废水中阳离子红染料的静态和动态吸附。结果表明，PAF 对阳离子红染料分子的静态吸附量为 11.10 mg/g，动态吸附量高于同时间下静态吸附量，采用 PAF 装柱法有望进行该废水的处理。

（六）制备可食性膜

淀粉、蛋白质、纤维素混合物是制作可食性膜的原料佳品，这种原材料薯渣中含量丰富。"绿色无污染"包装概念是目前塑料制品化学包装材料的主要替代材料，利用薯渣这种纯天然无污染的生物材质制备可食性包装，既避免了塑料产品对食品安全性的影响，又降低了"白色污染"对环境的破坏。开发可食性膜可以从根本上解决污染问题。李俊芳等在薯渣制备可食性膜的研究中，探索了利用薯渣制备替代原方便面油料包工艺，原料中薯渣含量为 86.2%，研究所产的可食性膜经验证具有很高实际应用价值。卞雪和曹龙奎在马铃薯渣中加入成膜剂卡拉胶和海藻酸钠，增塑剂甘油和脂类硬脂酸，以其最佳配方制得的马铃薯渣可食性内包装膜的抗拉强度高，表面光滑、溶解快、吸水率低，且富含膳食纤维，营养价值高，可以替代塑料膜，用于食品粉料包装。

第二节　马铃薯淀粉加工废水处理与综合利用

一、马铃薯淀粉加工废水来源

马铃薯淀粉加工废水来自于生产过程中的三种废水，即冲洗废水、工艺废水（蛋白液）和淀粉洗涤提取废水。冲洗废水来源于第一生产工段的原料冲送、洗涤废水，约占总排水量的 50%，主要含有泥沙、腐烂马铃薯残渣、皮屑等。工艺废水（蛋白液）来源于第二生产工段，占总排水量 10%～20%，是马铃薯加工量的 40%～70%。该废水为整个废水的主要污染水源，主要污染物为蛋白质、淀粉、纤维等有机物。其中蛋白质将自然发酵，释放有机酸、硫化氢、氨气、吲哚、甲烷等臭味气体，同时也促进微生物生长，使水中的溶解氧被消耗，导致水的浊度变大，严重地污染环境。淀粉提取废水来源于第三生产工段，占总排水量 30%～40%，主要含有淀粉。总的来说，马铃薯淀粉废水中主要营养成分为马铃薯本身的蛋白质、糖类、矿物质等，总含量为 4.0%～5.5%，COD 在 10 000～40 000 mg/L。

二、马铃薯淀粉加工废水处理方法

目前，国内外主要采用物理化学法和生物法对马铃薯废水进行处理，这两种方法在实际应用中各有利弊。

（一）物理化学方法

物理化学处理法是指运用物理和化学的综合作用使废水得到净化的方法。它是由物理方法和化学方法组成的废水处理系统，或是包括物理过程和化学过程的单项处理方法，如浮选、吹脱、结晶、吸附、萃取、电解、电渗析、离子交换、反渗透等。如为去除悬浮的和溶解的污染物而采用的化学混凝沉淀和活性炭吸附的两级处理，就是一种比较典型的物理化学处理系统。与生物处理法相比，该法优点主要是：① 占地面积小；② 出水水质好，且比较稳定；③ 对废水水量、水温和浓度变化适应性强；④ 可去除有害的重金属离子；⑤ 除磷、脱氮、脱色效果好；⑥ 管理操作易于自动检测和自动控制。但是，该法处理系统的设备费和日常运转费较高。常见的物理化学方法如下：

1. 自然沉淀法

自然沉淀法是比较原始的一种污水处理方法。该方法是利用蛋白质自然凝结沉淀的性质，将废水排入一个较大的储浆池中，待其自然沉淀一段时间后，将上层清液排放，底部蛋白质回收。该方法具有沉淀时间较长、储浆池占地面积大、夏季废水容易酸败等缺点，而且处理效果差，上层排放液难以达到排放标准。为了缩短反应时间，提高蛋白质的回收率，实验人员依据蛋白质沉淀特性，对其沉淀工艺做了大幅的调整。利用蛋白质在等电点沉淀的原理，通过滴加稀盐酸调节 pH，以缩短沉淀时间。但缺点是加入酸碱增加了生产成本，增加了工人工作量，且加入酸碱会对沉淀池及设备造成腐蚀。由此看来，此种方法不适用于规模小、生产期短的淀粉生产企业。

2. 絮凝沉淀法

该法通过加入絮凝剂，使分散状态的有机物脱稳、凝聚，形成聚集状态的颗粒物质从水中分离出来。絮凝沉淀法具有运行成本低、沉淀时间快、操作简单等优点，其作为一种成本较低的水处理疗法得到了广泛的应用。该法水处理效果的好坏很大程度上取决于混凝剂的性能，因此，开发新型、高效的絮凝剂是实现絮凝过程优化的核心。

（1）絮凝剂的分类

絮凝剂是能使悬浮在溶液中的微细粒级和业微细粒级的固体物质或胶体通过桥联作用形成大的松散絮团，从而实现固-液和固-固分离的水处理药剂。目前，我国絮凝剂按照化合物的类型分为无机絮凝剂（即凝聚剂）、有机絮凝剂和微生物絮凝剂三大类，具体的分类如表 4-2 所示。

表 4-2　絮凝剂的分类、作用机理及其应用

种类	代表性物质	作用机理	应用
无机絮凝剂（凝聚剂）	聚合氧化铝（PAC）、聚合硫酸铁（PFS）、碱式硅酸硫酸铝（PASS）等	溶解、电离成的金属阳离子与带负电荷的胶体颗粒电中和，在范德华力作用下形成大颗粒沉降下来	主要去除重金属离子、放射性物质等，用于含氰、砷、铜等的废水处理
有机絮凝剂	聚丙烯酰胺（PAM）、甲壳质（壳聚糖）、纤维素、含胶物质等	分子链中的极性集团吸附污水中悬浮的固体离子，通过桥联作用或电中和形成大的絮凝物加速沉降	大量用于石油、印染、食品、化工等工业废水处理，去除重金属离子等
微生物絮凝剂（MBF）	Rhodococcuserythropolis、Aspergillus Sojac、Pacilomycessp 等	桥联作用（借助离子键、氢键和范德华力吸附胶体颗粒，通过架桥形成网状三维结构沉降）；电性中和；化学反应	主要用在有机废水的处理，如食品行业、生活污水等，脱磷、除氮和消毒

① 无机絮凝剂

无机絮凝剂是由无机组分组成的絮凝剂，主要是依靠中和粒子上的电荷而凝聚，故常常被称为凝聚剂。在废水处理中常用的有铝盐、铁盐和氯化钙等，如硫酸铝钾（明矾）、氯化铝、硫酸铁、氯化铁；还有无机高分子絮凝剂，如聚合氯化铝、聚合硫酸铁、活性硅土等。

无机低分子絮凝剂是一类低分子的无机盐，其絮凝作用机理为无机盐溶解于水中，电离后形成阴离子和金属阳离子。由于胶体颗粒表面带有负电荷，在静电的作用下金属阳离子进入胶体颗粒的表面，中和一部分负电荷，而使胶体颗粒的扩散层被压缩，胶体颗粒的电位降低，在范德华力的作用下形成松散的大胶体颗粒沉降下来。无机低分子絮凝剂分子量较低，故在使用过程中投入量较大，产生的污泥量较大，絮体较松散，含水率较高，污泥脱水困难。目前，由于其自身的弱点，有逐步被取代的趋势。

无机高分子絮凝剂是在传统的铝盐、铁盐絮凝剂基础上发展起来的一类新型水处理剂。目前已开发的无机高分子絮凝剂主要以聚合氯化铝（PAC）和聚合硫酸铁（PFS）为主。与传统凝聚剂相比，无机高分子絮凝剂具有絮凝体形成速度快，颗粒密度大，沉降速度快，对于 COD、BOD 以及色度和微生物等有较好的去除效果，处理水的温度和 pH 适应范围广，生产成本较低等优点。无机高分子絮凝剂之所以使用效果好，其根本原因在于它能提供大量的配合，且能够强烈吸附胶体微粒，通过吸附、架桥、交联作用，从而使胶体凝聚，同时还发生物理化学变化，中和胶体微粒及悬浮物表面的电荷，使胶体微粒由原来的相斥变为相吸，破坏了胶团稳定性，使胶体微粒相互碰撞，从而形成絮状混凝沉淀。沉淀的表面积可达 $200 \sim 1000$ m^2/g，极具吸附能力。聚合氯化铝（PAC），别名碱式氯化铝，是一种重要的絮凝剂，能很好地去除污水、原水中的重金属及水中的有机色素和放射性的污染物质，絮体大、用量少、效率高、沉淀快、适用范围广。但因其处理废水后，水中会有大量铝离子残留，这些铝离子如果通过食物链进入人体，当聚集一定浓度后，会对人体产生毒性。因此，人们正在逐渐减少 PAC 的使用，并积极寻求 PAC 的替代品。聚合硫酸铁（PFS）属于阳离子型无机高分子絮凝剂，广泛用于原水、生活饮用水、工业给水、各种工业废水、城镇污水及脱泥水的净化、脱色、絮凝处理，其混凝性能优良，沉降速度快，具有显著脱色、脱臭、脱水、脱油、除菌、脱除水中重金属离子、放射性物质及致癌物质等多种功效，有极强的去除 COD、BOD 的能力。

② 有机高分子絮凝剂

有机高分子絮凝剂主要是季铵盐类、聚胺盐类以及聚丙烯酰胺类等。近年来，人们趋向于应用那些无毒，易生物降解，原料来源广泛，价格低的天然改性高分子混凝剂，如淀粉类、纤维类、植物胺类、聚多糖类。

目前，国内研究较多的是以丙烯酰胺为单体，合成各类聚丙烯酰胺絮凝剂。聚丙烯酰胺（PAM）是丙烯酰胺（AM）及其衍生物的均聚物与共聚物的统称，是一种质量分数在 50% 以上的线型水溶性高分子化合物。因其结构单元中含有酰胺基，易形成氢键，故具有良好的水溶性，易通过接枝或交联得到支链或网状结构的多种改性物。PAM 主要性能指标之一是分子量大小在很大程度上决定着产品的用途及功能。根据聚丙烯酰胺所带基团能否离解及离解后所带离子的电性，可将其主要分为非离子型（NPAM）、阳离子型（CPAM）、阴离子型（APAM）和两性型絮凝剂；按其存在形态分为水溶液型、干粉型和乳胶型三类。研究表明，虽然完全聚合的聚丙烯酰胺没有多大问题，但其聚合单体丙烯酰胺具有毒性，并且是强的致癌物，因此限制了聚丙烯酰胺的使用。

天然高分子絮凝剂是一种高分子聚合物，其分子量很大，通过长链上的一些活性官能团可以吸附分散体系中的微粒。目前，其产量约占高分子絮凝剂总量的20%。在这类物质中，变性淀粉絮凝剂的研究尤为引人注目。

常用作絮凝剂的变性淀粉品种有羧甲基淀粉、阳离子变性淀粉、不溶性交联淀粉黄原酸酯、接枝淀粉和复合变性淀粉等。其机理归因于淀粉含有许多羟基，可以通过羟基的酯化、醚化、氧化、交联、接枝共聚等化学改性，使其活性基团数目大大增加。其聚合物呈枝化结构，分散的絮凝基团对悬浮体系中颗粒物有较强的捕捉与促进沉淀作用。因此，进入20世纪80年代以来，变性淀粉絮凝剂研制开发呈现出明显的增长势头，美、日、英等国家在废水处理中已开始使用淀粉衍生物絮凝剂。近几年，我国在淀粉衍生物作为水处理絮凝剂研究方面也已取得了较大的进展。

我国对淀粉衍生物絮凝剂的研制开发较晚，与国外有很大差距，但近10年发展较快，取得较好的成果，特别是阳离子变性淀粉，有较大的发展势头。陈纯馨等以阳离子变性淀粉为絮凝剂，加入PAC（聚合氯化铝），在考虑温度、pH等因素的影响下，研究其对印染废水的处理效果。发现以90 mg阳离子变性淀粉配合6.0 mg PAC分别处理50 mL印染废水，其脱色率和浊度去除率都可达100%；阳离子变性淀粉絮凝剂对印染废水处理效果较理想。赵永丽等采用聚合硫酸铁（PFS）为主絮凝剂，高取代度阳离子变性淀粉（HQCCS）为助凝剂处理城市生活废水，发现PFS和HQCCS分别以200 mg/L和10 mg/L的复配浓度、pH接近中性时混凝效果为最佳，COD去除率达到80%，色度与浊度去除率均达99%以上。杨建洲等测试了自制的高取代度阳离子变性淀粉作为絮凝剂时的性能，结果发现，高取代度的阳离子变性淀粉对于高浊度水有较好的絮凝效果，其絮凝效果与阳离子聚丙烯酰胺（CPAM）的絮凝效果接近，且在弱酸性条件下絮凝效果较好，而在碱性条件下絮凝效果较差；与阳离子聚丙烯酰胺相比，高取代度阳离子变性淀粉具有成本低、无毒性、高效、易降解等优点。陈启杰等对高取代度阳离子变性淀粉（DS 0.501）用作絮凝剂处理废纸脱墨废水进行了研究，结果表明，高取代度阳离子变性淀粉和无机絮凝剂（PAC，硫酸铝等）及有机絮凝剂（PAM）复配使用效果最好，COD去除率可达84%左右。

③ 微生物絮凝剂

微生物絮凝剂是人们近年来开发出的一类由生物在特定培养条件下生长至一定阶段代谢产生的具有絮凝活性的产物。微生物絮凝剂具有良好的凝聚和生成沉淀的作用以及独特的脱色效果，适用范围广，易于生物降解，可消除二次污染，安全可靠，属于绿色环保产品，被人们称为第三代絮凝剂。微生物絮凝剂主要由具有两性多聚电解质特性的糖蛋白、蛋白质、多糖、纤维素和DNA等生物高分子化合物组成。

微生物絮凝剂加入水中后，主要通过双电层压缩、电荷的中和作用、吸附架桥作用和网捕作用使颗粒间排斥能降低，最终发生絮凝。影响微生物絮凝剂絮凝能力的因素很多，主要包括温度、pH、金属离子、絮凝剂的浓度等。温度对某些微生物絮凝剂的影响较大，主要是高温能使生物高分子变性，空间结构改变，某些活性基团不再与悬浮颗粒结合，因而表现絮凝活性的下降。pH对絮凝剂活性的影响主要是由于酸碱度的变化而影响微生物絮凝剂和悬浮颗粒表面电荷的性质、数量及中和电荷的能力。不同的絮凝剂对pH变化敏感程度不同，同一种絮凝剂对不同的被絮凝物有不同的初始pH。

王有乐等利用了复合型微生物絮凝剂处理马铃薯淀粉废水。报道中分离出两株和高产絮凝剂的根霉 M9 和 M17，研究了其复配产生的复合型微生物絮凝剂 CMBF917 的絮凝特点及条件。结果表明在投入量少、无须调节 pH、投入助凝剂氯化钙的情况下，COD 降率为 54.09%，浊度去除率为 92.11%，回收蛋白物质 1.1 g/L。

（2）絮凝剂的选择

近年来人们发现，无机铝盐絮凝法产生的污泥广泛用于农业，导致土壤中铝的含量上升，植物出现铝害，从而影响植物正常生长，甚至死亡。同时，伴随这些农作物进入食物链也影响到人体的健康；更为严重的是，经常饮用以铝盐为絮凝剂的水会引起老年性痴呆症。铁盐对金属有腐蚀作用，且高浓度的铁对生态环境有不利的影响。有机高分子絮凝剂与无机高分子絮凝剂相比，虽然处理效果较好，但因合成这些聚合物的单体具有神经毒性，而且还有很强的致癌性，限制了它在水处理方面的发展应用。例如聚丙烯酰胺类物质不易被降解，且单体有致突变性，因此，美国批准使用的聚丙烯酰胺的最大允许质量浓度为 1.0 mg/mL，英国规定聚丙烯酰胺的投入量平均不得超过 0.5 mg/mL，这类絮凝剂应用受到限制。新型的微生物絮凝剂具有活性高、安全无害无污染、易被生物降解、使用方便等优点，但其大多还处于菌种的筛选阶段，目前还没有达到工业化生产的要求。

天然高分子变性淀粉絮凝剂作为一种性能优良的天然高分子絮凝剂，它有着有机高分子絮凝剂和无机高分子絮凝剂不可比拟的优势，具有体现为：用量少；pH 使用范围广；受盐类和环境影响小；污泥量少；处理效果好；安全、高效、可生物降解、不污染环境。同时阳离子变性淀粉还有一定的杀菌能力，若分子中的烷基足够长，还会有一定的缓解腐蚀的作用，是一剂多效的水处理剂。因此，越来越引起人们的广泛关注。

3. 废水萃取处理法

废水萃取处理法是利用萃取剂，通过萃取作用使废水净化的方法。根据一种溶剂对不同物质具有不同溶解度这一性质，可将溶于废水中的某些污染物完全或部分分离出来。向废水中投加不溶于水或难溶于水的溶剂（萃取剂），使溶解于废水中的某些污染物（被萃取物）经萃取剂和废水两液相间界面转入萃取剂中。

萃取操作按处理物的物态可分固液萃取、液液萃取两类。工业废水的萃取处理属于后者，其操作流程：① 混合，使废水和萃取剂最大限度地接触；② 分离，使轻、重液层完全分离；③ 萃取剂再生，即萃取后，分离出被萃取物，回收萃取剂，重复使用。

萃取剂的选择应满足：① 对被萃取物的溶解度大，而对水的溶解度小；② 与被萃取物的比重、沸点有足够差别；③ 具有化学稳定性，不与被萃取物起化学反应；④ 易于回收和再生；⑤ 价格低廉，来源充足。此法常用于较高浓度的含酚或含苯胺、苯、醋酸等工业废水的处理。

4. 废水光氧化处理法

废水光氧化处理法是利用紫外光线和氧化剂的协同氧化作用分解废水中有机物，使废水净化的方法。废水氧化处理使用的氧化剂（氯、次氯酸盐、过氧化氢、臭氧等），因受温度影响，往往不能充分发挥其氧化能力。采用人工紫外光源照射废水，使废水中的氧化剂分子吸收光能而被激发，形成具有更强氧化性能的自由基，增强氧化剂的氧化能力，从而能迅速、有效地去除废水中的有机物。光氧化法适用于废水的高级处理，尤其适用于生物法和化学法难以氧化分解的有机废水的处理。

5. 废水离子交换处理法

废水离子交换处理法是借助于离子交换剂中的交换离子同废水中的离子进行交换而去除废水中有害离子的方法。其交换过程为分 4 步：① 被处理溶液中的某离子迁移到附着在离子交换剂颗粒表面的液膜中；② 该离子通过液膜扩散（简称膜扩散）进入颗粒中，并在颗粒的孔道中扩散而到达离子交换剂的交换基团的部位上（简称颗粒内扩散）；③ 该离子同离子交换剂上的离子进行交换；④ 被交换下来的离子沿相反途径转移到被处理的溶液中。离子交换反应是瞬间完成的，交换过程的速度主要取决于历时最长的膜扩散或颗粒内扩散。

离子交换的特点：依当量关系进行，反应是可逆的，交换剂具有选择性。离子交换可用于各种金属表面加工产生的废水处理和从原子核反应器、医院及实验室废水中回收或去除放射性物质，具有广阔的前景。

6. 废水吸附处理法

废水吸附处理法是利用多孔性固体（称为吸附剂）吸附废水中某种或几种污染物（称为吸附质），以回收或去除某些污染物，从而使废水得到净化的方法。吸附处理法有物理吸附和化学吸附之分，前者没选择性，是放热过程，温度降低有利于吸附；后者具选择性，系吸热过程，温度升高有利于吸附。

吸附法单元操作分三步：① 使废水和固体吸附剂接触，废水的污染物被吸附剂吸附；② 将吸附有污染物的吸附剂与废水分离；③ 进行吸附剂的再生或更新。

按接触、分离的方式，吸附法可分为：① 静态间歇吸附法，即将一定数量的吸附剂投入反应池的废水中，使吸附剂和废水充分接触，经过一定时间达到吸附平衡后，利用沉淀法或再辅以过滤将吸附剂从废水中分离出来；② 动态连续吸附法，即当废水连续通过吸附剂填料时，吸附去除其中的污染物。

常用吸附剂有活性炭与大孔吸附树脂等。炉渣、焦炭、硅藻土、褐煤、泥煤、黏土等也可作为廉价吸附剂，但效率低。其中，黏土（膨润土、蒙脱土、凹凸棒土、泡石等）是一类很有发展前景的优质廉价吸附剂，凹凸棒土内部多孔道，比表面积大，对大部分阳离子和有机小分子（氨氮等）均有直接吸附的特点；蒙脱土为片层状结构，对交换阳离子具有很好的吸附性。研究表明，对黏土材料表面进行有机化修饰，引入活性基团，结合 2 种黏土对阳离子的吸附特性，可大幅度提高黏土材料的吸附性能，因而有机化修饰黏土吸附材料在重金属废水和有机污染物废水处理中得到广泛应用。如周添红等采用物理化学提纯方法制备了有机化纳米黏土基絮凝吸附材料，经过以聚乙二醇 2000（PEG-2000）、十六烷基三甲基溴化铵（CTAB）、四丁基氢氧化铵（TBAOH）和溴化四苯基磷（TPPB）4 种表面活性剂对絮凝吸附材料进行有机化修饰，并将其应用于马铃薯淀粉加工废水的资源化处理。实验结果表明，有机化纳米黏土基絮凝吸附材料对马铃薯淀粉加工废水有良好的吸附性能，浊度去除率均在90%以上，COD 吸附量在 170 mg/g 以上。吸附处理废水后，有机化纳米黏土基吸附材料还可用于有机肥料的制备，符合马铃薯淀粉加工废水和黏土矿物的资源化利用目的。

7. 膜分离方法

膜分离技术兼有分离、浓缩、纯化和精制的功能，又有高效、节能、环保、分子级过滤及过滤过程简单、易于控制等特征，已广泛应用于各行业中。采用膜过滤法处理马铃薯淀粉生产废水，不仅处理效果好，且整个过程是纯物理过程，不会引入新的化学试剂造成二次污染，是一种较为环保的水处理方法。但在用超滤膜处理马铃薯淀粉生产废水回收蛋白质时，膜阻塞是一个经常遇到而又难以解决的问题。膜阻塞主要是由于溶液中的大分子吸附在膜表面造成膜孔径堵塞和孔径减小。阻塞的形式主要有膜表面覆盖阻塞和膜孔内阻塞两种，解决方法只有通过经常进行膜清洗，这有碍于生产的连续性。目前还没有更好的解决方法，严重的膜阻塞使得膜法分离工艺在实际废水处理时很难应用。

8. 气浮法

气浮法是利用高压状态溶入大量气体的水（溶气水），作为工作液体，骤然减压后释放出无数微细气泡，细微气泡首先与水中的悬浮颗粒相黏附，形成整体密度较小的"气泡-颗粒"复合体，使污染物随气泡一起浮升到水面，达到液固分离的目的。使用气浮法处理废水，虽具有分离时间短、装置简单、处理量大、占地面积小等优点，但处理效率与进料位置、进气量、液面高度、气浮剂用量等操作条件密切相关，操作管理复杂，同时对处理设备性能要求较高，投资费用和运行费用都较高。在实际操作中，由于气浮过程产生大量的蛋白泡沫，故对整个过程的顺利实施产生很大的影响，现有一些企业即使建有气浮设备，也是搁置起来，并没有起到很好的 COD 去除作用。

9. 超滤技术处理

随着社会经济的发展和生活水平的提高，人们对环境质量的要求越来越高，因此传统的废水处理技术难以满足越来越严格的污水排放标准的要求，而且传统的废水处理大多数只有负的经济效益，这无疑使许多企业无法承受额外的废水处理费用。此外，经济的发展也带来了水资源的日趋短缺，客观上要求废水能够循环再利用。在这样的社会效益和经济效益最大化的要求下，各种新型、改良的高效废水处理技术应运而生，超滤技术就是其中引人注目的技术之一。

（1）超滤技术处理废水的基本原理及其影响因素

① 超滤的基本原理

超滤是溶液在压力作用下，溶剂与部分低分子量溶质穿过膜上微孔到达膜的另一侧，而高分子溶质或其他乳化胶束团被截留，实现从溶液中分离的目的。它的分离机理主要是靠物理的筛分作用。超滤分离时，对料液施加一定压力后，高分子物质、胶体物质因膜表面及微孔的一次吸附，在孔内被阻塞而截留及膜表面的机械筛分作用等三种方式被超滤膜阻止，而水和低分子物质通过膜。超滤膜比微滤膜孔径小，在 $6.86 \times 10^4 \sim 6.86 \times 10^5\,Pa$ 的压力下，可用于分离直径小于 10 μm 的分子和微粒。超滤主要应用于生活污水、含油废水、纸浆废水、染料废水等废水处理。超滤材料大多数是有机高分子膜，目前无机材料膜也开始制备和应用。

② 超滤工作的影响因素

操作压力为 0.1 ~ 0.6 MPa，温度为 60 ℃ 时，超滤的透过通量为 $1 \sim 500\,L/(m^2 \cdot h)$，一般为 $1 \sim 100\,L/(m^2 \cdot h)$，低于 $1\,L/(m^2 \cdot h)$ 时，实用价值不大。超滤透过通量的影响因素有：一是料液流速。提高料液流速虽然对减轻浓差极化、提高透过通量有利，但需要提高料液压力，增加耗能。一般紊流体系中流速控制在 1 ~ 3 m/s。二是操作压力。超滤膜透过通量与操作压力的关系取决于膜和凝胶层的性质。超滤过程为凝胶化模型，膜透过通量与压力无关，这时的通量成为临界透过通量。实际操作压力应在极限通量四周进行，此时的操作压力为 0.5 ~

0.6 MPa。三是温度。操作温度主要取决于所处理物料的化学、物理性质。由于高温可降低料液的黏度，增加传质效率，提高透过通量，因此，应在允许的最高温度操作。四是运行周期。随着超滤过程的进行，在膜表面逐渐形成凝胶层，使透过通量下降，当通量达到某一最低数值时，就需要进行冲洗，这段时间称为运行周期。运行周期的变化与清洗情况有关。进料浓度随着超滤过程的进行，主体液流的浓度逐渐增加，此时黏度变大，使凝胶层厚度增加，从而影响透过通量。因此，对主体液流应定出最高允许浓度。五是料液的预处理。为了提高膜的透过通量，保证超滤膜的正常稳定运行，根据需要应对料液进行预处理。六是膜的清洗。膜必须进行定期冲洗，以保持一定的透过量，并能延长膜的使用寿命。一般在规定的料液和压力下，在允许的 pH 范围内，温度不超过 60 ℃ 时，超滤膜可使用 12 ~ 18 个月；如对膜的清洗不佳，会使膜的使用寿命缩短。

（2）超滤技术新工艺新方法

胶团强化超滤法是一种新的水处理技术，主要用于去除水中的微量有机物和金属离子，实质上是一种将表面活性剂和超滤膜结合起来的新工艺。它的基本原理是：当投入水中的表面活性剂浓度超过表面活性剂的临界胶束浓度时，剩余的表面活性剂分子将在溶液内聚集，形成疏水基向内、亲水基向外的聚集体，即胶团。假如水中溶解其他化学结构和性质与表面活性剂分子的疏水基相似有机物，根据相似相溶原理，这种有机物将溶解于胶团中或有机物与表面活性剂的亲水基能形成氢键，有机物也会从水相转移到胶团中。当它们通过超滤膜时，则携带有机物的胶团因不能透过膜而被截留，水和少量表面活性剂单体及未形成胶团的有机物能自由透过膜，从而实现绝大部分有机物和水的有效分离。这项技术国内还没有深入的研究报道，国外也还处于研究阶段。

（二）生物处理法

生物处理法是利用微生物新陈代谢功能，使废水中呈溶解和胶体状态的有机污染物被降解并转化为无害物质，使废水得以净化的方法。生物处理法是现代污水处理应用中最广泛的方法之一，该方法在处理高浓度有机废水方面，以其处理效率高等优点被广泛选用。但同时该方法具有相对投入高、启动时间长、运行成本高等缺点。同时，受生物活性制约，对北方马铃薯淀粉生产废水的处理适应性较差。生物处理法一般可分为好氧生物处理法和厌氧生物处理法两种。

厌氧生物处理法是指在无氧条件下，借助厌氧微生物的新陈代谢作用分解水中的有机物质，并使之转变为小分子物质（主要是 CH_4、CO_2、H_2S 等气体）的处理过程，同时把部分有机质合成细菌胞体，通过气、液、固分离，使污水得到净化。在淀粉废水处理中用到的厌氧生物处理方法有上流式厌氧污泥床反应器（UASB）、厌氧填料床、厌氧滤池、厌氧折流板反应器（ABR）、厌氧塘等方法。

好氧生物处理法是指在有分子氧存在的条件下，通过好氧微生物的作用，将淀粉废水中各种复杂的有机物进行好氧降解，使污水得到净化。同厌氧生物法相比，好氧生物处理法具有处理能力强、出水水质好、占地少的优点，因此，目前被各国广泛选用。在淀粉废水处理中用到的好氧生物处理方法有 SBR 法、CASS 法、接触氧化法、好氧塘法等。由于淀粉废水有机负荷高，处理难度大，在实际生产中往往将好氧处理法和厌氧处理法结合而用。针对淀粉有机废水，几种常见的处理方法如下：

1. UASB-SBR 法

该方法采用两级串联的厌氧与好氧相结合技术，厌氧是该技术的主体。它针对淀粉废水有机负荷高、易生化的特性，使淀粉废水大部分有机物先进行厌氧降解，然后再进入 SBR 进行好氧生物处理，以进一步降解废水中的有机物，最终使废水达标排放。UASB 反应器是由污泥层、污泥悬浮层、沉淀区和三相分离器组成。其中，污泥层和三相分离器是其主要组成部分。大部分的有机物在高活性的污泥层转化为 CH_4 与 CO_2，三相分离器完成了气、液、固三相的分离。SBR 是序批式活性污泥法的简称，是反应和沉淀在同一个装置中进行的间歇式活性污泥处理法，一个运行周期由进水、反应、沉淀、排水排泥和闲置 5 个基本过程组成。

相关实验研究表明，采用总高度为 2500 mm、内径为 220 mm、有效容积 70 L 的不锈钢制成的 UASB 反应器，外设加热夹套，反应器上配有温度传感器、pH 传感器，可对反应过程进行实时监测和相应自动控制，反应器后设置电磁阀控制流向 SBR 反应槽的流量。

由碳钢制成的 SBR 反应槽，有效容积为 60 L，用于对 UASB 出水的好氧处理，以保证出水达标，最后由电磁阀控制处理后废水的及时排出。整个系统设备可自动控制、及时监控，效果较好。淀粉废水通过初沉、pH 调节预处理，经 UASB-SBR 联合处理，出水 COD 可降至 100 mg/L 以下。另据其他研究显示，采用 UASB-SBR 法对原废水处理工艺改造后，使 COD 值由进水处的 10 000 mg/L 减少到 50 mg/L，去除率达到了 98% ~ 99%。

山东某中型玉米淀粉加工企业的工程实例运行表明：应用 UASB-SBR 法处理淀粉废水，效果稳定，出水 COD 在 120 mg/L 以下，达到了国家二级排放标准。同时，该系统运行简单，费用低，且厌氧处理系统中产生的沼气具有较大的使用价值，实现了污水处理的资源化。

2. SR-UASB-CASS 法

该方法主要分为脱硫、降解有机物和好氧生物反应 3 个过程。

（1）脱硫

如果淀粉废水含有一定硫酸盐、亚硫酸盐，会对产甲烷菌有抑制作用，在工艺流程选择上应采取脱硫措施。废水进入生物处理设施 SR 系统，将含亚硫酸盐、硫酸盐废水中的蛋白质类高分子化合物和复合盐分解转化为水溶性的有机酸及少量的醇和酮等，以提高废水的可生化性。

（2）降解有机物

由 SR 系统流出的水进入废水处理的主体设备 UASB 反应器，降解废水中的大部分有机物。若有利浦罐做 UASB 的主体设备，内设先进合理的三相分离器和布水系统，整个工艺处理能力强，承受有机负荷高，对各种冲击有较强的稳定性与恢复能力，处理效果较好。

（3）好氧生物反应

经 UASB 设备处理后的水，进入 CASS 循环式好氧活性污泥生物反应系统，它是 SBR 工艺的改进型，其流程由进水、反应、沉淀、排水等基本过程组成，各阶段形成一个循环。

3. 生物塘法

生物塘是一种利用天然净化能力处理废水的生物处理设施。根据塘内的微生物类型、供养方式和功能，生物塘可分为厌氧塘、兼性塘和好氧塘。针对淀粉废水有机物浓度高、富含营养物的特性，可采用厌氧塘、兼性塘、好氧塘相结合，以废水治理为主体，结合种植水生植物、养鱼、养鸭和灌溉的综合生物塘处理技术。另据研究，将淀粉废水经格栅沉淀后，废水排入氧化塘自然发酵 1~2 d，排入水葫芦池净化 7 d，再排入细绿萍池净化 7 d，即可达到农田灌溉水质标准。

4. 生物膜法

生物膜法是与活性污泥法并列的一类废水好氧生物处理技术，是一种固定膜法，是土壤自净过程的人工化和强化，主要用于去除废水中溶解性的和胶体状的有机污染物，包括：生物滤池、普通生物滤池、高负荷生物滤池、塔式生物滤池、生物转盘、生物接触氧化法、好氧生物流化床等。

在污水处理构筑物内设置微生物生长聚集的载体（一般称填料）。在充氧的条件下，微生物在填料表面聚附着形成生物膜，经过充氧（充氧装置由水处理曝气风机及曝气器组成）的污水以一定的流速流过填料时，生物膜中的微生物吸收分解水中的有机物，使污水得到净化；同时，微生物也得到增殖，生物膜随之增厚。当生物膜增长到一定厚度时，向生物膜内部扩散的氧受到限制，其表面仍是好氧状态，而内层则会呈缺氧甚至厌氧状态，并最终导致生物膜的脱落。随后，填料表面会继续生长新的生物膜，周而复始，使污水得到净化。

微生物在填料表面聚附着形成生物膜后，由于生物膜的吸附作用，其表面存在一层薄薄的水层，水层中的有机物已经被生物膜氧化分解。故水层中的有机物浓度比进水中要低得多，当废水从生物膜表面流过时，有机物就会从运动着的废水中转移到附着在生物膜表面的水层中去，并进一步被生物膜所吸附；同时，空气中的氧也经过废水而进入生物膜水层并向内部转移。

生物膜上的微生物在有溶解氧的条件下对有机物进行分解和机体本身进行新陈代谢，因此，产生的 CO_2 等无机物又沿着相反的方向扩散，即从生物膜经过附着水层转移到流的废水中或空气中去。这样一来，出水的有机物含量减少，废水得到了净化。

生物膜的形成及成熟过程：含有营养物质和接种微生物的污水在填料的表面流动，一定时间后，微生物会附着在填料表面而增殖和生长，形成一层薄的生物膜，在生物膜上由细菌及其他各种微生物组成的生态系统以及生物膜对有机物的降解功能都达到了平衡和稳定。

生物膜法具有以下特点：① 对水量、水质、水温变动适应性强；② 处理效果好并具良好硝化功能；③ 污泥量小（约为活性污泥法的3/4）且易于同液体分离；④ 动力费用省。

5. 生物酶法

污水处理系统中，最有效的优势微生物来源于污水处理系统本身，优势微生物的数量及活性大小决定废水处理系统的处理效果。系统中各种微生物会随污水流动，因此，繁殖速度缓慢的微生物，在曝气池中经常等不到正常的繁殖时间就会被冲刷掉，从而降低了污水曝气池内的微生物数量，直接影响了污水的处理效率。生物酶技术不建议从污水处理厂外部引入污泥，而是在自身系统中培养激活生物系统，提高污水处理厂的效率。污水中各种利于微生物生长的基质不可能是平衡的，由于某些基质的缺失，有些生化反应在特定的条件下不会发生，因此污水处理厂的效率将受到限制，生物酶技术从关注微生物活性与保障微生物的增殖方面实现了技术突破。

用于污水处理厂的生物酶制剂，在水中具有较高的表面活性和很好的扩散性。在污水生化处理系统中，随着与水中的各种污染物的接触，把各种相应功能的多种酶和有益菌群迅速分散形成超微状结构，建立自己强大的活性污泥系统，酶和有益功能菌及微生物营养物质可以加速微生物的生长繁殖、提高活性污泥的活性，从而加速对有机污染物降解。

相关研究表明，马铃薯淀粉废水在经过蛋白质的等电点（pH 为 4.0）下沉淀，90 ℃ 下加热搅拌 1 h，加入 1% 活性炭脱色等物理过程，其糖含量和 COD 降低了约 30%，并且外观近于透明。然后在 pH 为 6.0 ~ 7.0、温度为 300 ℃ 下利用葡萄糖氧化酶（游离和固定化）进行酶解反应 1 ~ 2 d。最终马铃薯淀粉废水经过两种方法连用处理之后，其糖含量降低了约 95%，而 COD 降低了约 85%。

6. 光合细菌法

光合细菌法（PSB）是在厌氧条件下进行不放氧光合作用的细菌总称。用于净化有机废水的光合细菌主要是红假单胞菌属，它能利用有机物作为光合作用的碳源和供氢体，并能耐受高浓度的有机物，将其分解除去。利用光合细菌法处理淀粉废水，不仅有机污染物去除率高而且节省能耗、投资省、占地少，菌体污泥还对人畜无害，是富含营养的蛋白饲料，有较高的经济价值。因此，PSB 是一种非常有前途的处理高浓度有机废水的方法。

为研究紫色非硫光合细菌对于高浓度淀粉废水的处理和菌体蛋白积累效果，研究人员采用序批式紫色非硫光合细菌法（PNSB-SBR）处理高浓度淀粉废水。经过两个月运行，在进水淀粉废水 COD 为 5000 mg/L，运行周期为 48 h，微好氧，恒温 30 ℃ 光照条件下，出水 COD 为 500 ~ 1000 mg/L，去除率达到 70% ~ 90%。污泥产率约为每千克 COD 可产出 0.4 kg VSS，菌体蛋白含量达 30% ~ 50%，同时蛋白质产率约为每千克 COD 可产出 0.2 ~ 0.4 kg 菌体蛋白，并呈上升趋势，系统运行稳定。结果表明，采用 PNSB-SBR 工艺能有效处理高浓度淀粉废水，同时有效地积累菌体蛋白。

尽管光合细菌法在研究中取得了较好的效果，但运行中需在反应器中长时间提供光照，要消耗大量辐射能，经济性不高。另外，光合细菌法的实用化还有许多问题尚需解决，如菌体细胞自然沉降困难，需用离心机或化学混凝剂来收集，从而增加了处理费用；实际废水成分复杂，用单一菌种处理难以达到要求，因此在菌种分级和混合菌种处理方面还有待进一步探索；出水有机物浓度不达标，需作进一步处理等。

综观以上所述的淀粉废水处理方法，不管是物理、化学法，还是生物处理法，在实际的应用中，很少将其单一地用于废水处理，尤其对马铃薯淀粉生产废水这种高浓度的有机废水而言，单一处理很难达到废水排放标准。所以在实际的应用中，经常将几种方法组合，以使其发挥最大处理效果。目前对马铃薯淀粉生产废水的处理通常以"预处理+UASB 反应器+A/O 活性污泥池"为主体的处理工艺。

三、马铃薯蛋白质的回收

马铃薯淀粉生产中蛋白液是整个废水的主要污染物。废水中蛋白质含量虽然不高，但只要回收得法，其获取量还是相当可观的。据计算，每吨废水中含蛋白质 10 ~ 20 kg，生产 1 t 淀粉产生的废水量约计 20 t，则年产 10 000 t 马铃薯的淀粉回收的蛋白量在 500 ~ 1000 t。从马铃薯废水中提取蛋白有双重的意义：既对废水进行预处理，降低废水中的有机物含量，使其易于进行后续处理，又能够回收一定的粗蛋白，用于饲料加工，提高马铃薯淀粉生产的附加值。

（一）马铃薯蛋白质的分类

通过十二烷基磺酸钠-聚丙烯酰胺凝胶电泳（SDS-PAGE）分析，将马铃薯蛋白质按分子量的不同分为三种：马铃薯贮藏蛋白占 30%～40%，分子量为 39～45 kDa；蛋白酶抑制剂占 50%，分子量为 4～25 kDa；其他蛋白占 10%～20%，分子量为 40 kDa 以上。

1. 马铃薯贮藏蛋白

马铃薯贮藏蛋白是马铃薯特有的一种糖蛋白，含有 5% 的中性糖和 1% 的氨基己糖。研究发现，马铃薯贮藏蛋白具有脂酰基水解酶和酰基转移酶的活性，当块茎组织受伤时起作用。该蛋白能预防心血管系统的脂肪沉积，保持动脉血管的弹性，防止动脉粥样硬化的过早发生，还可以防止肝脏中结缔组织的萎缩，保持呼吸道和消化道的润滑。

2. 蛋白酶抑制剂

蛋白酶抑制剂主要分为 7 类：抑制剂 I（PI-1）、抑制剂 II（PI-2）、半胱氨酸酶抑制剂（PCPI）、天冬氨酸酶抑制剂（PAPI）、Kunitz 型酶抑制剂（PKPI）、羧肽酶抑制剂（PCI）和丝氨酸酶抑制剂（OSPI）等。蛋白酶抑制剂很久以来一直被认为是抗营养因子，除 PCI 外均对胰岛素和胰凝乳蛋白酶具有抑制作用。然而有研究发现，蛋白酶抑制剂应用于食品中具有良好的起泡性、泡沫稳定性和乳化性等，PCI 可以抑制癌细胞的生长、扩散以及转移，是一种抗癌因子。

3. 其 他

马铃薯块茎中还含有一些其他蛋白，其分子量均大于 40 kDa，如凝集素、多酚氧化酶、淀粉合成酶、磷酸酶等。

（二）马铃薯蛋白质的营养价值

马铃薯蛋白含有 19 种氨基酸，占总量的 42.05%，其中人体必需氨基酸含量为 20.13%，占氨基酸总量的 47.87%；非必需氨基酸含量为 21.92%，占氨基酸总量的 52.13%。大豆分离蛋白中必需氨基酸含量占其氨基酸总量的 38.5%，鸡蛋蛋白中必需氨基酸含量占氨基酸总量的 49.7%。可见，马铃薯蛋白质的必需氨基酸含量高于大豆蛋白，接近鸡蛋蛋白的必需氨基酸含量，远高于 FAO/WHO 的标准蛋白（36.0%）。

马铃薯蛋白质的氨基酸评分（AAS）、化学评分（CS）、必需氨基酸指数（EAAI）、生物价（Bv）、营养指数（NI）和氨基酸比值系数分（SRCAA）分别为 88.0、52.7、87.8、84.0、36.9、76.9，这表明马铃薯蛋白是良好的蛋白质来源。

（三）马铃薯蛋白质的功能性质

蛋白质的功能性质是指食品体系在加工、贮藏、制备和消费过程中蛋白质对食品产生需要特征的物理性质和化学性质。蛋白质的功能性质主要分为三类：一是水合性质即蛋白质和水相互作用，包括持水力、湿润性、溶胀性、黏着性、分散性、溶解度和黏度等；二是蛋白质分子的相互作用，如沉淀作用、凝胶作用、形成各种其他结构等；三是表面性质，如乳化性、起泡性等。

研究发现，马铃薯蛋白质的溶解性略低于大豆分离蛋白，乳化性、起泡性均优于大豆分离蛋白。相关人员研究了马铃薯蛋白制备的条件，蛋白质的浓度为 12.0%、pH 为 7.0、加热温度为 95 ℃、加热时间为 15 min 时制备的蛋白凝胶，其脆度、硬度、稠度、黏聚性等指标最佳。

马铃薯蛋白是一种优质的植物蛋白，没有动物蛋白的副作用，因此，可作为饲料和食品的优质原料，应用前景良好。

（四）马铃薯蛋白质回收方法

蛋白质的回收关键在于蛋白水中蛋白质浓度，它的浓度高，回收才有价值。从淀粉生产工艺过程看，基本做法是：① 在加工过程中，用循环逆流洗涤法或尽量少用水，提高洗涤水中蛋白质的浓度；② 用蒸汽加热或其他加热方法，将蛋白质浓缩、沉淀、回收。为了保护产品中的有效赖氨酸，薯汁的浓缩温度不能超过 60 ℃。

目前，回收蛋白水中蛋白质较好的方法有超滤法。常用的超滤膜有醋酸纤维素膜、聚砜膜、聚酰胺膜等；超滤装置主要有板框式、管式、卷式和中空纤维式等。如研究采用聚砜中空纤维内压式超滤膜组件回收马铃薯蛋白质，在操作压力为 0.10 MPa、室温为 22 ℃、pH 为 5.8 的条件下，回收率达到了 80.46%。其他研究人员也利用超滤法从马铃薯淀粉废水中回收蛋白质。首先通过渗滤的方法对马铃薯淀粉废水进行预浓缩，然后采用截留分子量为 5~150 kDa 的三种膜材料——亲水聚醚砜，亲水聚偏氟乙烯和新型再生纤维素——对马铃薯淀粉废水中的蛋白质进行回收，蛋白质回收率均在 82% 左右。超滤法回收过程中未受到其他化学成分、热处理等因素的影响，产品的纯度、口感、功能特性等都优于化学法回收的蛋白，而且回收过程中不会造成二次污染。但是超滤设备在使用过程中，会发生膜孔堵塞问题，不能连续工作，而且设备价格高，不适合中小企业使用。

目前通过化学反应回收马铃薯淀粉废水中蛋白质的方法主要有加热絮凝法、等电点沉淀法、絮凝剂法等。

在马铃薯蛋白质的热凝固过程中，蛋白水用蒸汽加热，多聚磷酸三氯化铁的盐酸溶液、盐酸和磷酸的混合溶液，均可以作为蛋白质的沉淀剂。在蛋白质浓度低时，初始的沉降速度较快，但蛋白质沉淀的比例也较低。沉淀蛋白质的分离可以通过一个连续的旋转过滤器、一个板框式压滤机来进行，通过沉淀物的重力或离心作用分离蛋白质。在回收蛋白质的同时，一起回收淀粉或其他化合物如氨基酸、有机酸、磷酸盐等，经济效益更为可观。

也可利用沉淀浓缩的办法回收部分蛋白质。在生产线末端建立 2~3 级废浆沉淀池，废浆水静止沉淀 24~48 h 后，上清液排入第 2 个沉淀池。废水作为洗薯水循环利用，洗薯后的废水流入积水池，可有节制地灌溉农田，或经微生物处理达标后排放。在沉淀池上清液排走后，回收下部沉淀的蛋白质和淀粉。同收的高浓度蛋白浆，再通过加热凝聚、甩干、干燥、粉碎等工艺制成蛋白质粉。

经过蛋白回收的马铃薯淀粉生产废水其 COD 值大大降低，一般为 1000~3000 mg/L，可以作为农田灌溉水直接浇灌，也可以经过深度的生物处理使 COD 进一步降低而达标排放。

（五）马铃薯蛋白质回收技术缺陷

虽然目前马铃薯淀粉废水中蛋白质回收的研究在国内外已取得了一定的进展，但是现有的回收技术还存在以下一些问题。

1. 产品纯度低

化学法主要是通过化学反应使蛋白质发生絮凝沉淀而达到回收马铃薯蛋白的目的。在蛋白质絮凝过程中一些杂质会随着絮状物一起发生沉淀，使得产品的纯度不高。蛋白质产品中混有的杂质以及絮凝剂不仅影响产品的色泽，而且对其功能性质也有很大影响，如溶解性、起泡性、乳化性降低等。

2. 产品色泽深

回收的蛋白质在干燥过程中会发生褐变，褐变主要有酶促褐变和非酶促褐变两个类型。酶促褐变是马铃薯中的多酚氧化酶在一定温度及有氧条件下促使酚类物质氧化发生的褐变，当这些酶与马铃薯中的结合蛋白彼此作用时，会产生黑色素，使马铃薯蛋白呈现灰暗色。有研究表明，马铃薯中的酪氨酸和半胱氨酸在多酚氧化酶的作用下可产生黑色素。非酶促褐变主要是由于薯肉中的还原糖与氨基酸在高温、中低水分含量情况下发生美拉德反应或焦糖化反应造成的变色，导致马铃薯蛋白质呈黄褐色。因此，在马铃薯蛋白产品干燥过程中，酶促褐变与非酶促褐变可能同时发生，导致产品色泽加深。

3. 回收成本高

目前，超滤法在回收过程中不添加化学物质，回收所得的马铃薯蛋白质纯度及品质均比化学法高，但是超滤设备昂贵，而且在回收过程中会发生膜堵塞，设备需要定期清洗维护，不能连续使用。化学法回收所得的马铃薯蛋白质纯度不高，若要提高其品质，需进一步纯化，增加了回收成本。

第五章　马铃薯变性淀粉加工工艺

第一节　变性淀粉概述

一、变性淀粉的概念及分类

天然淀粉的可利用性取决于淀粉颗粒的结构和淀粉中直链淀粉和支链淀粉的含量。不同种类的淀粉其分子结构和直链淀粉、支链淀粉的含量都不相同，因此不同来源的淀粉原料具有不同的可利用性。大多数的天然淀粉都不具备有效的能被很好利用的性能，为此根据淀粉的结构及理化性质开发了淀粉的变性技术。

变性淀粉是指为改善其性能和扩大应用范围，在保持淀粉固有特性的基础上，利用物理方法、化学方法和酶法，改变淀粉的结构、物理性质和化学性质，从而出现特定的性能和用途的产品。

尽管马铃薯原淀粉具有分子量大、糊化性能好、黏度高等优势，但由于天然淀粉本身存在的缺陷，马铃薯淀粉的变性是实际生产应用上不可或缺的环节。马铃薯变性淀粉相对于其他变性淀粉如以玉米、小麦、木薯等为原料制取的变性淀粉，由于其支链和直链分子量及聚合度都较大，因而表现出很强的黏结性，较强的成膜性、膜强度及其他特殊的性能。在应用上与其他品种的变性淀粉相比，有其独特的使用领域。一些常见的马铃薯变性淀粉，如马铃薯预糊化淀粉、马铃薯酸变性淀粉、马铃薯交联淀粉、马铃薯酯化淀粉、马铃薯醚化淀粉、接枝淀粉等在不同的工业生产中都体现了其独特的应用前景。

变性淀粉一般是按变性处理方法来进行的，可分为如下几种：

（1）物理变性淀粉：用物理方法处理所得到的变性淀粉。如预糊化（α-化）淀粉、γ射线淀粉、超高频辐射处理淀粉、机械研磨淀粉、湿热处理淀粉等。

（2）化学变性淀粉：用各种化学试剂处理得到的变性淀粉。其中有两大类：一类是使淀粉分子量下降，如酸解淀粉、氧化淀粉等；另一类是使淀粉分子量增加，如交联淀粉、酯化淀粉、醚化淀粉、接枝共聚淀粉等。

（3）酶法变性（生物改性）淀粉：用各种酶处理所得到的变性淀粉。如 α、β、γ-环状糊精，麦芽糊精，直链淀粉等。

（4）复合变性淀粉：复合变性淀粉系指将淀粉采用两种或两种以上的变性方法而获得的淀粉衍生物。采用复合变性方法得到的淀粉产物，具有多种变性淀粉共同优点，与单一的变性淀粉相比，复合变性淀粉应用面更广，性能更优越，越来越受到人们的关注。复合变性淀粉可分为复合氧化淀粉、复合醚化淀粉、复合酯化淀粉、复合接枝共聚淀粉等。

在对原淀粉进行变性处理的不同方法中，物理方法主要用于生产预糊化淀粉，酶法主要用于生产糊精，这两种方法所生产的产品的品种有限。由于化学方法是利用化学试剂与淀粉进行反应，因而利用不同的化学试剂可制得不同的变性淀粉产品。

二、淀粉变性的目的

淀粉改性的目的主要是改善原淀粉的加工性能和营养价值，一般可从以下几个方面考虑。

1. 改善蒸煮特性

通过变性改变原淀粉的蒸煮特性，降低淀粉的糊化温度，提高其增稠及质构调整的能力。

2. 延缓老化

采用稳定化技术，在淀粉分子上引入取代基团，通过空间位阻或离子作用，阻碍淀粉分子间以氢键形成的缩合，提高其稳定性，从而延缓老化。

3. 增加糊的稳定性

高温杀菌、机械搅拌、泵送原料、酸性环境都容易造成原淀粉分子分解或剪切稀化现象，使淀粉黏度下降，失去增稠、稳定及质构调整作用。在冷冻食品中应用时，温度波动容易使淀粉糊析水，从而导致产品品质下降。要保证淀粉在上述条件下能正常应用，则需对淀粉进行交联变性或稳定化处理，提高其稳定性。

4. 改善糊及凝胶的透明性及光泽

淀粉在一些凝胶类及奶油类食品中应用时，要求其具有良好的凝胶透明性及光泽，一般可通过对淀粉进行酯化或醚化处理。典型的例子就是羟乙基淀粉。羟乙基淀粉作为水果馅饼的馅料效果非常好，因为其透明度高，从而使得产品具有较好的视觉吸引力。

5. 引入疏水基团，提高乳化性构成

淀粉分子的葡萄糖单体具有较多的羟基，具有一定的水合能力，可结合一定量的自由水。但其对疏水性物质没有亲和力，通过在其分子中引入疏水基团来实现，如在分子上引入丁二酸酐，使其具有亲水性、亲油性，而具有一定的乳化能力。

6. 提高淀粉的营养特性

淀粉本身具有营养性，是食品中主要的供能物质之一。但其具有较高的热量，对于一些特定人群如糖尿病人、肥胖患者及高脂血症患者等，则不适合大量长期作为主食。这样可通过对淀粉进行物理或酶改性制备低能量的改性淀粉制品（抗性淀粉、缓慢消化淀粉等），以满足上述人群的营养需求，同时对健康人群也具有良好的保健功能。

三、变性淀粉的生产方法

选择变性淀粉的生产方法应该依据生产品种及品种的多少、生产规模、装备水平等因素综合考虑。原则上讲多品种、大规模生产应当以湿法为主，单一品种、大规模生产应以干法为主，投资不大的小规模装置则十分灵活。一般来说，生产品种和品种的多少是选择何种生产方法的先决条件。

1. 干法生产变性淀粉

干法是在"干"的状态下完成变性反应的，所以称为干法。

所说的"干"的状态并不是没有水，因为没有水（或有机溶剂）存在，变性反应是无法进行的。干法用了很少量的水，通常在 20%左右，含水 20%以下的淀粉，几乎看不出有水分存在。也正因为反应系统中含水量很少，所以干法生产中一个最大的困难是淀粉与化学试剂的均匀混合问题，工业上除采用专门的混合设备以外，还采用在湿的状态下混合，干的状态下反应，分两步完成变性淀粉的生产方法。

采用干法生产的变性淀粉的类别比较少，其中产量最大、应用最普遍的是白糊精、黄糊精及其酸降解的变性淀粉。由于干法生产的黄、白糊精及酸解淀粉等产量大、应用范围广，加之干法是一种很有前途的方法，特别是随着干法生产的不同深度的酸降解淀粉的广泛应用和干法生产变性淀粉品种的增加，干法生产将越来越引起人们的重视。

2. 湿法生产变性淀粉

湿法也称为浆法，是将淀粉分散在水或其他液体介质中，配成一定浓度的悬浮液，在中等温度条件下与化学试剂进行氧化、酸化、酯化、醚化、交联等改性反应，生成变性淀粉。由于是在湿的条件下进行反应，所以称湿法。如果采用的分散介质不是水，而是有机溶剂，或含水的混合溶剂时，为了区别水又称为溶剂法，其实质与湿法相同。由于有机溶剂的价格昂贵，多数又有易燃易爆的危险，回收起来又很麻烦，所以只有生产高取代度、高附加值产品时才采用。

3. 干法与湿法的比较

干法和湿法是变性淀粉生产中最常采用的方法，各有各的优缺点。

（1）湿法应用普遍，几乎任何品种的变性淀粉都可以采用湿法生产；干法则仅仅适用于生产少数几个品种，如糊精、酸降解淀粉、磷酸酯淀粉等，尽管产量不小，但品种不多。

（2）湿法生产的反应条件温和，反应温度不高于 60 ℃，压力为常压。干法反应温度高，通常为 140~180 ℃，有的要在真空条件下进行反应。

（3）湿法反应时间长，一般为 24~48 h；干法反应时间短，一般为 1~4 h。

（4）湿法生产流程长，要经洗涤、脱水、干燥等几个工序；干法流程短，无需进行洗涤、脱水、干燥等工序，因此干法生产成本低。

（5）湿法收率低，一般为 90%~95%；干法几乎没有损失，收率多在 98%以上。

（6）湿法耗水，有污染，通常每生产 1 t 变性淀粉可产生 3~5 m³ 污水；而干法则不使用水，也没有污水排放。

（7）湿法反应器结构简单，可以采用搪瓷、玻璃钢和钢衬玻璃钢，反应器可以做成较大的，最大可达 70 m³。干法反应器结构比较复杂，需用特殊材料制造，反应器的体积不能太大，最大不超过 10 m³。

四、变性条件与变性程度的衡量

（一）变性条件

1. 浓　度

干法生产一般水分控制在 5%~25%；湿法生产淀粉乳浓度一般为 35%~40%。

2. 温　度

根据淀粉的品种以及变性要求不同而不同，一般为 20～60 ℃，反应温度一般低于淀粉的糊化温度（糊精、酶法除外）。

3. pH

除酸水解外，pH 控制在 7～12。pH 的调节，酸一般采用稀 HCl 或稀 H_2SO_4，碱一般采用 3% NaOH 或 Na_2CO_3 或 $Ca(OH)_2$。

在反应过程中为避免 O_2 对淀粉产生的降解作用，可考虑通入 N_2。

4. 试剂用量

试剂用量取决于取代度（DS）要求和残留量等卫生指标。不同试剂用量可生产不同取代度的系列产品，食品用变性淀粉对试剂用量及残留物质有具体要求。

5. 反应介质

一般生产低取代度的产品采用水作为反应介质，成本低；高取代度的产品采用有机溶剂作为反应介质，但成本高。另外可添加少量盐（如 NaCl、Na_2SO_4 等），其作用主要为：① 避免淀粉糊化；② 避免试剂分解，如 $POCl_3$ 遇水分解，加入 NaCl 可避免其在水中分解；③ 盐可以破坏水化层，使试剂容易进去，从而提高反应效率。

6. 产品提纯

干法改性，一般不提纯，但用于食品的产品必须经过洗涤，使产品中残留试剂符合食品卫生质量指标。湿法改性，根据产品质量要求，反应完毕用水或溶剂洗涤 2～3 次。

7. 干　燥

脱水后的淀粉水分含量一般在 40% 左右，高水分含量的淀粉不便于贮藏和运输，因此在它们作为最终产品之前必须进行干燥，使水分含量降到安全水分以下。目前一般工业生产采用气流干燥，一些中小型工厂也有采用烘房干燥或带式干燥机干燥。

（二）变性程度的衡量

一般预糊化（α-化）淀粉评价指标为糊化度；酶法糊精评价指标为 DE 值，DE 值越高，酶解程度越高；酸解淀粉一般用黏度或分子量来评价水解程度，一般水解程度越高，其黏度越低，分子量越小；氧化淀粉用羧基含量或羰基含量或双醛含量来评价其氧化程度，一般羧基含量或羰基含量或双醛含量越高，氧化程度越高；接枝淀粉用接枝率来评价接枝程度；交联淀粉则用溶胀度或沉降体积来表示交联程度，溶胀度或沉降体积越小，表示交联程度越高；其他变性淀粉用取代度 DS 或摩尔取代度 MS 来表示，DS 或 MS 值越大，表示变性程度越高。

DS 是指每个 D-吡喃葡萄糖残基（AGU）中羟基被取代的平均数量。淀粉中大多数 D-吡喃葡萄糖残基上有 3 个可被取代的羟基，所以 DS 的最大值为 3，其计算公式如下：

$$DS = \frac{162W}{100M - (M-1)W}$$

式中　W——取代基的质量分数，%；

　　　M——取代基的分子量。

当取代基进一步与试剂反应产生聚合取代物时，摩尔取代度（MS）就用来表示平均每摩尔的 AGU 中结合的取代基的物质量，这样 MS 便可大于 3，即 MS≥DS。

工业上生产的重要变性淀粉几乎都是低取代的产品，取代度一般在 0.2 以下，即平均每10 个葡萄糖单位有 2 个以下被取代，也就是平均每 30 个羟基中有 2 个以下羟基被取代，反应程度很低。也有高取代产品，如取代度为 2～3 的淀粉醋酸酯，但未能大发展。这种情况与纤维素不同，工业上生产的纤维素醋酸酯多为高取代衍生物。

五、变性淀粉的发展现状

变性淀粉的生产历史从 1811 年 Kirchoff 创立酸糖法，西欧 1840 年制造出淀粉胶开始，到 19 世纪后半叶又生产出糊精等，这些奠定了变性淀粉的生产基础。20 世纪初，可溶性淀粉开始被应用，同时 α-淀粉在荷兰工业化生产，但大部分变性淀粉工业化是 1940 年始于荷兰和美国。20 世纪 50 年代，羟乙基淀粉、阳离子淀粉以及直链淀粉等分离成功，60～70 年代出现了以接枝共聚的方法来改性淀粉，这些都促进了变性淀粉工业的发展。

工业化较早的是欧美国家，变性淀粉产品种类有 2000 多种。美国作为淀粉深加工大国，淀粉年产量约为 2000 万吨，占世界总产量的 55%～60%。除淀粉糖和发酵酒精外，美国变性淀粉消耗淀粉总量居第 3 位，占淀粉总量的 10%以上。美国变性淀粉年产量为 300 万吨左右。全世界生产变性淀粉较大的公司有 CPC 国际公司，拥有 41 家工厂。美国国家淀粉和化学公司（NSCC）是美国最大的变性淀粉加工厂。日本 CPC-NSK 技术株式会社在日本玉米湿磨工业领域中有很高的技术水平，是最大规模的 CPC 国际公司。法国的 Lille 玉米淀粉工厂是 CPC集团在欧洲的第二大工厂，每年产生 5 万吨变性淀粉。荷兰的 AyEBE 公司、德国的汉高公司、丹麦的 DDS-克罗耶公司均生产各种变性淀粉。

变性淀粉的开发应用不但有助于改进加工过程、提高产品质量、降低环境污染，还能解决农产品出路，提高附加值。目前，欧美等西方发达国家变性淀粉年产量近 600 万吨。亚洲的日本、泰国和中国也是变性淀粉的主要生产国。随着中国经济增长，工业产品规模不断扩大，变性淀粉的需求量也将不断增加。同时，它也是很多石油化工产品的替代品，石油的逐渐减少势必给变性淀粉带来发展空间。

我国于 20 世纪 60 年代开始生产白糊精，70 年代有了氧化淀粉、酸变性淀粉，80 年代初变性淀粉的研究才得到科技界的重视，现在已研究出 300 种左右，投入工业化生产的约 80 种。但是我国变性淀粉产业仍处于起步阶段，除部分企业引进技术设备水平可达到国外先进水平外，大部分企业由于生产设备落后、生产成本较高、产品品种少、质量不稳定等缺点，很难与国际知名变性淀粉生产商抗衡，缺乏一定的市场竞争力。我国在变性淀粉的开发和应用方面与发达国家还有很大的差距。

目前国内市场的需求量在 40 万吨左右，方便面行业居首，需求量在 10 万吨左右。变性淀粉生产企业已形成了一定格局，第一类企业占了市场份额的 80%，淀粉价格近年来在不断上涨。现在食用变性淀粉生产企业已分出不同的等级，但有一个共同之处，在技术研发上都十分重视产品复配，而且产品主要是以醋酸酯淀粉和交联淀粉为主。

根据变性淀粉生产和应用的特点，今后变性淀粉发展会表现出以下几个方面的趋势：① 变性淀粉生产企业将更注重技术的开发；② 适合不同要求的变性淀粉品种将不断增加；③ 变性淀粉之间或与其他组分的混合制备成更能满足用户需求的"预混料"将是变性淀粉生产的趋势之一；④ 使用面广、量大的变性淀粉的生产将走向集中和垄断，新品种开发是小企业发展的主流。

第二节　预糊化淀粉

淀粉的应用，普遍是加热淀粉乳使糊化，应用所得淀粉糊。为避免这种加热糊化的麻烦，工业上有预糊化淀粉生产，用冷水能调成糊使用。

预糊化淀粉也称为 α-淀粉，是一种物理变性淀粉，是将原淀粉在一定量的水存在下进行加热处理后，淀粉颗粒溶胀成糊状，规则排列的胶束结构被破坏，分子间氢键断开，水分子进入其间，结晶构造消失，并且容易接受酶的作用。生产预糊化淀粉的原理就是在热滚筒表面使淀粉乳充分糊化后，迅速干燥；或在挤压设备内淀粉受到高温高压作用，从微细的喷嘴喷出，压力骤降，淀粉颗粒瞬间膨化，由原 β-结构转为 α-结构。马铃薯淀粉的糊化温度低，糊很透明，有很好的成膜性和胶粘力，因此是一种制作预糊化淀粉的理想原料。

一、预糊化淀粉生产工艺

预糊化淀粉的生产工艺包括加热原淀粉乳使淀粉颗粒糊化、干燥、磨细、过筛、包装等工序。生产方法有滚筒干燥法、喷雾干燥法、挤压法、脉冲喷气法等。

（一）滚筒干燥法

滚筒干燥法是传统生产预糊化淀粉的方法。滚筒干燥机有单滚筒和双滚筒二种，双滚筒干燥机剪力大，能耗也大，但容易操作。单滚筒干燥机剪力、能耗都较低，但不易控制，在大生产中单滚筒具有优势（图5-1）。

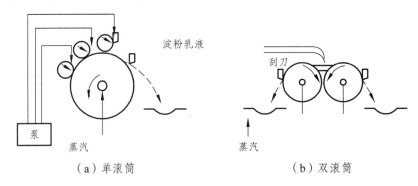

（a）单滚筒　　　　　　　　　　　（b）双滚筒

图 5-1　单滚筒和双滚筒干燥机结构示意图

通蒸汽于滚筒内加热，双滚筒相反方向旋转，原淀粉乳浓度可高达 44%，分布于鼓表面上，形成薄层，受热（150～180℃）糊化，干燥到水分约 5%，被刮刀刮下。操作似乎很简单，但保持淀粉乳进料均匀地分布于滚筒表面上，糊化，干燥，刮下，需要严格地控制操作，有时还可能遇到困难。滚筒表面上的膜厚度要适当，过薄则生产能力低，产品视比重低，过厚则较难干燥，可能局部未干燥好，黏住刮刀。进料量、鼓旋转速度、温度等重要因素都要配合适当。

预糊化滚筒的进料可用来自淀粉乳过滤机或离心机的淀粉湿饼或现调配的淀粉乳，也可先用喷射器或热交换器将淀粉乳糊化，再将糊引向滚筒表面。淀粉乳也可先经化学法或酶法处理变性，或添加其他物料，如盐、碱性物为糊化助剂、表面活性剂以防止黏辊，改进产品的复水性。

（二）喷雾干燥法

应用喷雾干燥法生产预糊化淀粉，是先加热淀粉乳使糊化，将所得糊喷入干燥塔，淀粉浓度一般为 6%～10%，糊黏度在 0.2 Pa·s 以下。浓度过高，糊黏度太高会引起泵输送和喷雾操作困难。应用这种低浓度乳粉，水分蒸发量高，生产成本也高。采用高压和高温工艺能提高浓度到 10%～40%，最好到 20%～35%。普通喷雾干燥工艺所得预糊化淀粉的溶解度较低，在 30% 以下，视比重在 0.5 g/mL 以下。喷雾干燥器结构示意图见图 5-2。

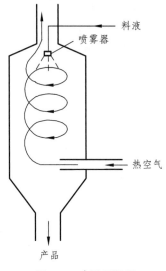

图 5-2　喷雾干燥器

（三）挤压法

挤压法一般先将淀粉调整水分含量至 20% 左右，然后通过进料装置将调整好水分的淀粉引入挤压机，在温度为 120～200 ℃，压力为 $(30～100)×10^5$ Pa 的条件下挤压处理，使淀粉在高温、高压条件下迅速糊化，再通过孔径为一至几毫米的小孔挤出。由于压力急速降低，立即膨胀，使水分蒸发而干燥，最后经破碎、筛分获得成品。常见的单螺杆挤压机结构见图 5-3。

挤压法生产预糊化淀粉具有投资少、动力消耗小、生产成本低的特点。但此法获得的预糊化淀粉由于受高强度剪切力作用，黏度低，弹性差。挤压法生产预糊化淀粉的影响因素包括进料水分含量、挤压温度、螺旋转速、压力等。

（四）脉冲喷气法

此法是一种生产预糊化淀粉的新方法。主要工作部件的核心是一个频率为 250 次/s 的脉冲喷气式燃气机。该机产生 137 ℃ 的喷气，将喂入的水分为 35% 的淀粉在几毫米之内雾化、糊化和干燥，成品在通过一个扩散器后，用成品收集器收集，见图 5-4。

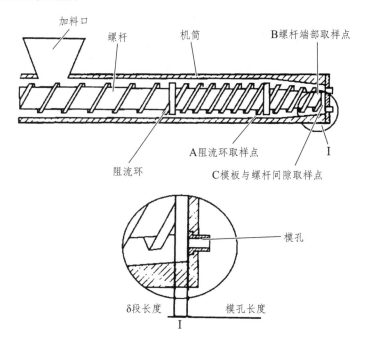

图 5-3　单螺杆挤压机结构

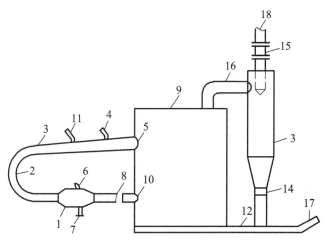

图 5-4　脉冲喷气法生产预糊化淀粉示意图

1—燃烧腔；2—弯管；3—气流管；4—喂料口；5—气体扩散口；6—点火装置；7—燃料进口；
8—空气进口；9—集料箱；10—空气增压器；11—喷水器；12—输送带；13—集料筒；
14—闭风器；15—抽风扇；16—出风管；17—包装器；18—抽风管

该系统中，通过改变喷气管的尺寸形状、喂入量、喂料口的位置、喷气量可调整淀粉的温度、含水量、停留时间等，从而保证最终产品的质量。这种方法具有热效率高、生产率高、适应性广、产品黏度稳定等特点。

二、预糊化淀粉的性质

预糊化淀粉经磨细，过筛，呈细颗粒状，但因工艺不同，颗粒形状存在差别。将样品悬于甘油中，用显微镜（放大 100 ~ 200 倍）观察，滚筒干燥法的产品为透明薄片状，有如破碎的玻璃片，喷雾干燥法产品为空心球状。

糊化度（α 化度）指一定数目产品中预糊化淀粉所占比例。α 化度值直接影响产品质量。α 化度值的测定主要采用双折射法和酶分析法。淀粉在预糊化过程应全部糊化，糊化比例愈高，则预糊化淀粉的性能愈优良，但通常工业化生产的预糊化淀粉仍保留少部分未糊化的淀粉。

预糊化淀粉的复水性是影响应用的重要性质。粒度细的产品溶于水生成的糊，具有较高冷黏度，较低热黏度，表面光泽也好，但是复水太快，易凝块，中间颗粒不易与水接触，分散困难。粒度粗的产品溶于冷水速度较慢，没有这种凝块困难，生成的糊冷黏度较低，热黏度较高。为防止粒度细的产品复水凝块，可加入少量卵磷脂或植物油、表面活性剂。预糊化淀粉的应用，常与多种其他物料混合，如各种布丁粉、汤料和调味粉等，这些物料的存在能大大抑制复水时发生的凝块现象。

预糊化淀粉溶于冷水成糊，其性质与新加热原淀粉而得的糊比较，增稠性和凝胶性稍有所降低，这是由于湿糊薄层在干燥过程中发生凝沉的缘故。

三、预糊化淀粉的应用

预糊化淀粉广泛应用于各种方便食品中，食用时省去蒸煮操作，起到增稠、改进口感和其他作用。例如，用预糊化淀粉配制的布丁粉，用冷牛奶搅匀即可食用。蛋糕粉中加用预糊化淀粉，制蛋糕时加水易混成面团，包含水分和空气多，体积较大。食品中加预糊化淀粉有抑制蔗糖结晶效果。鱼、虾饲料用预糊化淀粉为黏合剂。预糊化淀粉冷冻稳定性好，可用于稳定冷冻食品的内部结构。速冻食品中加入适量预糊化淀粉，可避免产品在速冻过程中裂开，提高成品率，从而降低生产成本。预糊化淀粉吸水性强，黏度及黏弹性都比较高。用在鱼糜系列产品、火腿、腊肠等食品中，可提高成型性，增强弹性，并防止失水，使产品饱满滑嫩。在面条中添加适量预糊化淀粉可减少面条断头，并可快速煮熟。

预糊化淀粉在非食品工业中的应用很广泛。预糊化淀粉具有抗高温和耐高压的特性，用作石油钻井中泥浆的降失水剂，能有效地控制泥浆水分的滤失。预糊化淀粉在高温状态下失去黏性并碳化为粉末，这一特性使其在铸造上得到广泛应用。用预糊化淀粉作为黏结剂制作的砂芯不仅清砂容易，而且具有表面光洁等特点。国外已广泛采用此技术，国内也开始应用。纺织工业应用预糊化淀粉于织物整理，家庭用衣物浆料也用预糊化淀粉配制。造纸工业用预糊化淀粉为施胶料等。

第三节　抗性淀粉

一、抗性淀粉的定义与分类

（一）抗性淀粉的定义

长期以来，淀粉一直被认为能够在人体内完全消化、吸收，因为人体的排泄物中未曾测得淀粉质的残留。然而，当以 AOAC（1985）的酶-重力法进行膳食纤维的定量分析时，发现有淀粉成分包含在不溶性膳食纤维（IDF）中，Englvst 等学者首先将这部分淀粉定义为抗性淀粉。1993 年，Euresta 将抗性淀粉定义为：不被健康人体小肠所吸收的淀粉及其分解物的总称。还有学者将抗性淀粉定义为：一种不能在人体小肠中消化、吸收，而可以在大肠中被微生物菌丛发酵的淀粉。上述两种定义虽然略有差异，其本质具有共同性，即说明了此种淀粉的抗酶解特性。抗性实际指的就是抗小肠内淀粉酶的作用。

（二）抗性淀粉的分类

目前国际上对抗性淀粉主要分为如下4类。

1. RS₁ 物理包埋淀粉颗粒

RS₁类型抗性淀粉的形成是因为淀粉质被包埋于食物基质中，一般为存在于细胞壁内较大的淀粉颗粒，一旦淀粉颗粒被破坏，抗性淀粉即转变为可消化淀粉。例如，淀粉颗粒因细胞壁而受限于植物细胞中；或因蛋白质成分的遮蔽而使小肠淀粉酶不易接近，因此发生酶抗性。通常研磨、粉碎即可破坏淀粉颗粒。

2. RS₂ 抗性淀粉颗粒

RS₂为有一定粒度的淀粉，在结构上存在特殊的晶体构象，对淀粉酶具有高度抗性，通常存在于生的薯类、香蕉中，与淀粉颗粒大小无关。一般当淀粉颗粒未糊化时，对 α-淀粉酶会有高度的消化抗性；此外天然淀粉颗粒，如绿豆淀粉、马铃薯淀粉等，其结构的完整和高密度性以及高直链玉米淀粉中的天然结晶结构都是造成酶抗性的原因。如图5-5所示，马铃薯淀粉颗粒内较完整、排列规律、密度较高，酶不易作用在它的结构上，因而对酶产生抗性，属于天然的抗性淀粉（RS₂）。当马铃薯加热烹调后，对酶的敏感性大大增加，马铃薯淀粉不再是抗性淀粉，但经冷却放置一段时间后，马铃薯淀粉对酶敏感性会降低，部分淀粉又回归成抗性淀粉。

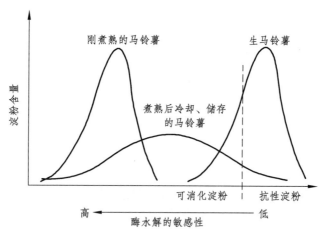

图5-5 马铃薯淀粉烹饪前后与酶水解敏感性的关系

3. RS₃ 回生淀粉

RS₃是在加工过程中因淀粉结构等发生变化由可消化淀粉转化而成。如煮熟的米饭在4℃下放置过夜后可产生RS₃。RS₃回生淀粉即老化淀粉，广泛存在于食品中。利用示差扫描热分析仪（DSC）对RS₃型结构进行分析，在140~150℃出现吸收峰，这主要由老化的直链淀粉引起。老化的直链淀粉极难被酶作用，而老化的支链淀粉抗消化性小一些，而且通过加热能逆转。老化淀粉是抗性淀粉的重要成分，由于它是通过食品加工形成的，因而是最具有工业化生产及应用前景的一类。

4. RS₄ 化学改性淀粉

RS_4 为通过基因改造或物理化学方法引起分子结构变化而衍生的抗性淀粉，如高交联淀粉。一般将其归为化学改性淀粉，故通常意义上的 RS 指前三类。

二、抗性淀粉的生理功能

1. 抗性淀粉与降低血糖

高抗性淀粉饮食与低抗性淀粉饮食相比，具有较少的胰岛素反应，这对糖尿病患者餐后血糖值有很大影响，尤其对于非胰岛素依赖型病人，经摄食高抗性淀粉食物，可延缓餐后血糖上升，将有效控制糖尿病病情。

2. 抗性淀粉与肠机能失调及结肠癌发病率

抗性淀粉能有助于稀释致癌的有毒物。抗性淀粉不论类型皆不被小肠吸收，但能为肠内细菌发酵利用而产生短链脂肪酸。与直肠癌防治密切相关的短链脂肪酸-丁酸，其经肠内细菌进行发酵作用获得的产量以抗性淀粉为最高，足见抗性淀粉为体内丁酸良好来源。

3. 抗性淀粉与减少血清中胆固醇和甘油三酯

Britto 等人用豚鼠进行的试验结果表明 RS 降低胆固醇的作用主要是低密度脂蛋白（LDL）的降低，LDL 颗粒中主要是甘油三酯的数量减少。Dedckere 等人以不同抗性淀粉含量的饮食进行动物试验，发现高抗性淀粉含量的饮食可减低血中总胆固醇值与三羧酸甘油酯。

4. 抗性淀粉与控制体重

抗性淀粉对体重的控制来自两方面：一是增加脂质排泄，减少热量摄取；二是抗性淀粉本身几乎不含热量。已有明确的证据表明 RS 对人体的体重控制有作用，经选择的高抗性淀粉含量的谷物食品可以通过某种与增加脂肪排泄有关的机制对能量平衡产生影响，从而控制体重。由于在被调查者中普遍反映摄食 RS 后能产生持久的饱腹感，因此 RS 可以作为一种很有前途的减肥食品。

5. 抗性淀粉与无机盐吸收

现代研究发现，膳食纤维对食品中的矿物质、维生素的吸收有阻碍作用，主要因为膳食纤维含量高的饮食，其植酸含量相对也高，从而影响吸收。而抗性淀粉则不具此效果。研究发现，饮食中天然抗性淀粉（RS_2）能在肠中经肠内菌发酵而使 pH 降低，促使钙、镁变成可溶性而易通过上皮细胞为人体所吸收，RS_3 则不具此功能。

三、抗性淀粉的生产方法

1. 压热法

压热处理（或称湿热处理）方法是：将淀粉和水混合，高温高压处理，最高温度达 170 ℃，最高压力达到 5.0 MPa 左右，恒温 0.5～6.0 h，冷却，恒温储存 12 h 以上，烘干，粉碎。秦阳等人以马铃薯淀粉为原料，对马铃薯抗性淀粉形成的主要影响因素进行多项回归模型建立和

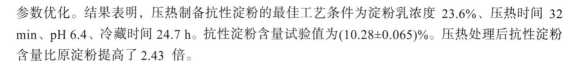

参数优化。结果表明，压热制备抗性淀粉的最佳工艺条件为淀粉乳浓度 23.6%、压热时间 32 min、pH 6.4、冷藏时间 24.7 h。抗性淀粉含量试验值为(10.28 ± 0.065)%。压热处理后抗性淀粉含量比原淀粉提高了 2.43 倍。

2. 微波辐射法

微波辐射法制备抗性淀粉的机理是：淀粉乳在受到微波辐射作用时，温度迅速上升，淀粉糊化，改变了淀粉的结晶结构；当温度下降时，糊化淀粉发生老化，从而生成抗性淀粉。由于此法是一种新工艺，研究相对较少，并未形成工业化生产。连喜军等以马铃薯淀粉为原料，研究微波处理功率、处理时间对马铃薯抗性淀粉产率的影响。研究表明，马铃薯抗性淀粉最佳制备工艺为：料水比 10 g/100 mL，pH 为 6.0，α-淀粉酶加量 0.6 mL/100 mL，在 95 ℃条件下酶解 30 min，微波处理功率和时间分别为 400 W 和 4 min，最后在 4 ℃冷藏 24 h。在此工艺条件下，马铃薯抗性淀粉制备的产率为 9.03%。

3. 螺杆挤压法

挤压作用的高压、高温和高剪切力能使淀粉发生理化变化，使部分糖苷键断裂，造成分子大小和分子量发生变化，从而促进抗性淀粉的形成。但此法制得的抗性淀粉含量较低，通常难以超过 6%。挤压作用时添加柠檬酸能促进抗性淀粉形成。

4. 酶解压热法

普鲁兰酶是一种来自芽孢杆菌属的热稳定性较高的酶，不仅能水解支链结构中的 α-1, 6 糖苷键，也能水解直链结构中的 α-1, 6 糖苷键，因此它能水解含 α-1, 6 糖苷键的葡萄糖聚合物。在压热处理前，用普鲁兰酶进行脱支处理，可以得到更高的抗性淀粉含量。也可以用其他酶内切 α-1, 6 糖苷键，如异淀粉酶，但异淀粉酶只能水解支链结构中的 α-1, 6 糖苷键，不能水解直链结构中的 α-1, 6 糖苷键。此外，纤维素酶处理可破坏纤维素等阻碍淀粉分子聚集的非淀粉物质，也可提高抗性淀粉的得率。

李光磊等以马铃薯淀粉为原料，采用压热法研制了抗性淀粉的制备条件。分析了淀粉乳浓度、压热时间、pH 以及冷藏时间对抗性淀粉产率的影响。在压热法制备的基础上，进行酶法处理，确定了耐热 α-淀粉酶、普鲁兰酶的最佳用量，使抗性淀粉产率得到极大提高。结果表明：淀粉乳浓度为 250 mg/g，调 pH 至 6.0，121 ℃热处理 30 min，4 ℃放置 12 h；在压热法制备马铃薯抗性淀粉时，进行酶法处理，在耐热 α-淀粉酶用量为 1 U/g 干淀粉，普鲁兰酶用量为 2.4 NPUN/g 干淀粉时，可进一步增加抗性淀粉的产率，其产率可由 6.8%上升到 22%。

章丽琳等采用纤维素酶-压热法制备马铃薯抗性淀粉，研究淀粉乳浓度、酶添加量、酶解时间、压热温度、压热时间 5 个因素对马铃薯抗性淀粉得率的影响，优化得出马铃薯抗性淀粉的最佳制备工艺条件，即淀粉乳含量 25%、淀粉乳 pH 5.0、纤维素酶用量 30 U/mL、酶解时间 50 min、压热温度 125 ℃、压热时间 30 min、老化温度 4 ℃、老化时间 18 h，在此条件下抗性淀粉的得率为 30.33%。

5. 超声波处理法

超声波制备抗性淀粉的原理包括两个方面，一是超声波加剧了溶剂分子和聚合物分子的摩擦，引起 C—C 键断裂；二是超声波空化效应所产生的高温高压环境引起淀粉链的断裂。超声波制备抗性淀粉，降解物分子量分布窄、产品纯度高，提高了酶解速度，从而缩短了抗性淀粉制备的时间。

四、抗性淀粉的性质

1. 颗粒结构

马铃薯抗性淀粉的扫描电子显微镜照片如图 5-6 所示。从图 5-6 可以看出马铃薯抗性淀粉的微观结构发生显著变化，其颗粒状结构消失，呈不规则块状堆积结构，表面粗糙，有不规则的凸起。

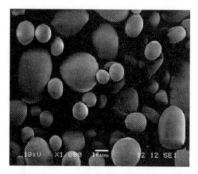 

（a）马铃薯原淀粉　　　　　　　　　　（b）马铃薯抗性淀粉

图 5-6　马铃薯抗性淀粉的扫描电子显微镜照片

2. 结晶结构

马铃薯抗性淀粉 X 射线衍射图谱如图 5-7 所示，其各型晶体的质量分数及结晶度如表 5-1 所示。从表中可看出，马铃薯抗性淀粉的结晶结构发生了变化，马铃薯原淀粉的晶体类型为 A 型，抗性淀粉的晶体类型为 B 型；相比原淀粉，抗性淀粉的 A 型及 V 型晶体所占比例减少，B 型晶体的比例显著增加；且抗性淀粉的整体结晶度升高，为 29.64%，原淀粉的整体结晶度为 22.82%。B 型晶体相比 V 型晶体更为稳定，由此可知，马铃薯抗性淀粉的晶体结构更加稳定。这是因为抗性淀粉的制备过程中，其分子链通过断裂、重组，趋向于形成更为稳定的晶体结构。

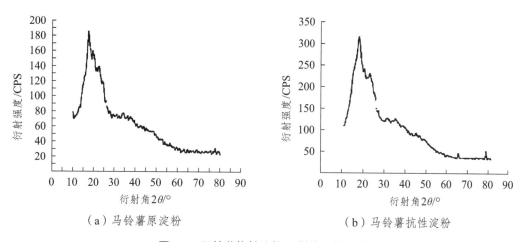

（a）马铃薯原淀粉　　　　　　　　　　（b）马铃薯抗性淀粉

图 5-7　马铃薯抗性淀粉 X 射线衍射图谱

表 5-1　马铃薯抗性淀粉 X 射线衍射图谱数据分析

振动形式	马铃薯原淀粉	马铃薯抗性淀粉
A 型晶体占比/%	13.32	9.28
B 型晶体占比/%	6.62	18.62
V 型晶体占比/%	2.88	1.56
结晶度/%	22.82	29.64

3. 糊化特性

马铃薯抗性淀粉的快速黏度仪（RVA）图谱如图 5-8。抗性淀粉 RVA 曲线随温度升高，黏度变化不明显，说明马铃薯抗性淀粉在 95 ℃ 以下没有发生糊化，淀粉分子在不断加热搅拌过程中只发生了吸水溶胀，没有经历崩解、直链淀粉聚合等过程。这表明马铃薯抗性淀粉分子间及分子内部的相互作用力较大，显著大于马铃薯原淀粉。

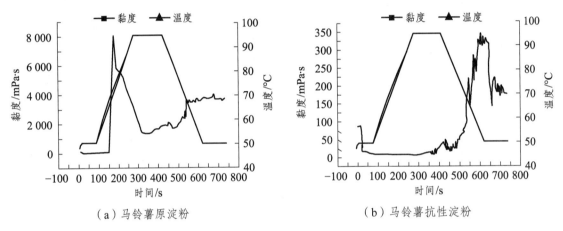

（a）马铃薯原淀粉　　　　　　　　　　（b）马铃薯抗性淀粉

图 5-8　马铃薯抗性淀粉 RVA 图谱

4. 溶解度及膨润度

马铃薯抗性淀粉的溶解度大大低于马铃薯原淀粉的溶解度，这是因为压热处理使直链淀粉从淀粉颗粒中游离出来，且部分支链淀粉发生降解，增加了淀粉乳液中直链淀粉的含量。在冷却阶段，直链淀粉分子又重新取向排列，形成致密的结晶结构。这种致密的结晶结构使得淀粉溶解度减小。

马铃薯抗性淀粉的膨润度优于原淀粉，但随着温度的升高，原淀粉的膨润度增大幅度较大，原因可能是抗性淀粉中直链淀粉的含量较大，使得膨润度较大。但抗性淀粉结构较稳定，在温度升高的情况下结构变化不明显，膨润度变化不明显。

5. 持水性

持水性表示羟基与淀粉分子链由共价结合所产生的结合水量的大小。马铃薯抗性淀粉的持水性优于马铃薯原淀粉；但随温度升高，马铃薯原淀粉的持水性升高幅度更明显。原因可能是原淀粉经压热处理形成抗性淀粉过程中，短直链淀粉分子增多，葡萄糖单元上外侧的亲水性羟基也增加，且糊化后淀粉分子在凝沉过程中分子重新聚集成有序结晶，使得持水性增强。

6. 透明度

马铃薯抗性淀粉的透明度大大低于原淀粉的透明度。有研究表明，直链淀粉含量影响着淀粉糊的透明度，直链淀粉含量高更易促使淀粉糊回生，降低透光率。可能是因为马铃薯抗性淀粉中的直链淀粉含量高于马铃薯原淀粉，前者中的直链淀粉分子相互缔合使光线散射的能力更强，从而导致透明度下降。

五、抗性淀粉的应用

抗性淀粉特殊的理化性质及类似于膳食纤维的生理功能，使其在食品工业中的应用越来越广泛，具体包括以下几个方面：

1. 在面类食品中的应用

目前，国外已将抗性淀粉作为食品原配料或膳食纤维的强化剂，应用到面类食品中，如面包、馒头、包子、通心面、饼干等面类制品。最引人注目的是抗性淀粉在面包中的应用，因为面包已成为世界性的大众食品，销售量大，人们一直试图将非淀粉多糖类膳食纤维添加到面包中，以生产膳食纤维强化面包，来提高人们的膳食纤维摄入量低于营养要求的水平。许多面包与糕点中，添加 RS 后面团质地和结构良好，添加抗性淀粉的面包不仅膳食纤维成分得到了强化，而且在气孔结构、均匀性、体积和颜色等感官品质方面均比添加其他传统膳食纤维的营养强化面包好。

2. 在焙烤食品中的应用

抗性淀粉已应用于许多面筋蛋白食品中，如饼干、蛋糕等。抗性淀粉不仅可作为膳食纤维的强化剂，也是一种良好的结构改良剂，赋予食品令人喜爱的柔软性。所制成的含 RS 的蛋糕在焙烤后，其水分损失量、蛋糕的高度、体积、密度与为加入膳食纤维和加入燕麦纤维的蛋糕相似。饼干类食品加工是对面粉筋力质量要求较低，可较大比例的添加抗性淀粉，这样稀释的面粉面筋，因此，焙烤时就减少了褐变机会，使含抗性淀粉的饼干柔软、疏松、色泽光亮。这都有利于制作抗性淀粉功能为主的多种保健饼干。另外抗性淀粉能在小食品表面形成一层光滑、透明、有光泽的薄膜。这是因为 RS_3 中的直链淀粉聚合体沉淀于产品表面，产品表面脱水后便形成一层光滑薄膜；又由于直链淀粉有较强的抗拉伸性，因此抗性淀粉可降低表面涂层的易脆性，有较好的作用。

3. 在饮料及发酵制品中的应用

抗性淀粉因具有较好的黏度稳定性、很好的流变特性及低持水性，所以可以作为食品增稠剂使用。抗性淀粉不溶于冷水，用在不透明的黏稠性饮料中能增加饮料的不透明度和悬浮度，而且不会产生砂状感，不会掩盖饮料原有风味，还能使饮料具备抗性淀粉的生理功能。抗性淀粉不仅是双歧杆菌、乳酸杆菌等益生菌繁殖的良好基质，还可以作为菌体保存剂，加有 RS 的酸奶，乳酸杆菌的数量明显高于对照，饮用后，通过菌体的存活率大为提高。

4. 在保健食品中的应用

由于抗性淀粉具有良好的生理功能，因此可广泛用于开发功能食品。

第四节　糊　精

淀粉经不同方法降解的产物统称为糊精，但不包括单糖和低聚糖。工业上生产的糊精产物有麦芽糊精、环状糊精和热解糊精三大类。

淀粉经用酸、酶或酸与酶合并催化水解，DE 值在 20% 或以下的产物称为麦芽糊精。淀粉经用嗜碱芽孢杆菌发酵发生葡萄糖基转移反应得环状分子，称为环状糊精，有三种产品，分别由 6、7 和 8 个脱水葡萄糖单位组成，称为 α-、β- 和 γ-环状糊精，具有独特的包接功能。麦芽糊精和环状糊精生产上采用用湿法工艺。

利用干热法使淀粉降解所得产物称为热解糊精，有白糊精、黄糊精和英国胶三种。白糊精和黄糊精是加酸于淀粉中加热而得，前者温度较低，颜色为白色，后者温度较高，颜色为黄色。英国胶是不加酸，加热到更高温度而得，颜色为棕色。热解糊精是最早生产的一种变性淀粉，产量较大，应用广。一般所说的"糊精"就是指这一类糊精，其他类糊精需要加"麦芽"或"环状"等形容词进行区别。

一、热解糊精

（一）转化过程中的化学反应

糊精转化过程中发生的化学反应主要为水解反应、复合反应和葡萄糖基转移反应，前者是淀粉水解成较小分子，后二者是分子之间又重新聚合生成较大的支链分子，也称为重聚合反应。这三种反应发生的相对程度因转化条件不同而不同。在糊精转化初阶段，水解反应是主要的，也可能发生复合反应；当温度增高，复合反应增加；温度更高，则葡萄糖转移反应成为主要的反应。

水解反应程度基本决定糊精产品的黏度，水解程度高，黏度低。糖苷键水解产生更多还原性尾端基，还原性增加。水解反应主要发生在预干燥工艺和糊精化工序初始阶段。生产白糊精是在较低温度加热，水解反应是主要的。在糊精化过程中，取样分析还原性，先增高，到达最高值后又降低。这是由于水解反应先发生，以后又发生复合反应的缘故。水解和复合是相反的化学反应，水分促进前者，少水和高温度促进后者。生产黄糊精有复合反应发生。

葡萄糖基转移反应是葡萄糖单位间 α-1, 4 糖苷键断裂，又生成 α-1, 6 键支链分子，不放出水分子，这与复合反应不同。直链和支链分子间在糊精转化过程中都发生这种糖基转移反应，使支叉程度增高，但分子量变化不大。

（二）热解糊精生产工艺

糊精的生产工艺流程为：淀粉→预处理→预干燥→热转化→冷却→糊精

生产糊精的工艺条件及产品性能见表 5-2。

1. 原料的要求

不同品种淀粉都能用为生产糊精的原料，但在转化难易、产品性质方面存在差异。木薯、马铃薯淀粉最易糊精化，产品水溶液透明度和稳定性都高。玉米、小麦淀粉较难糊精化，需要较高温度和较长时间，产品的胶黏力强，水溶液的透明度和稳定性较差，储存过程中黏度会增高。黏玉米和黏高粱淀粉的糊精化难易和产品性质与木薯、马铃薯淀粉大约相同。

表 5-2　生产糊精的工艺条件及产品性能

生产条件及产品性能	白糊精	黄糊精	英国胶
反应温度/°C	80～130	135～160	150～180
反应时间/h	3～7	8～14	10～14
催化剂用量	高	中	低
溶解度	从低到高	低	从低到高
黏度	从低到高	低	从低到高
颜色	白色至乳白色	米黄至深棕色	浅棕至棕色

2. 预处理

预处理过程通常是把酸性催化剂，氧化性催化剂或碱性催化剂的稀溶液喷于含水 5%以上的淀粉上，再过滤或脱水，保证催化剂均匀分布于淀粉中。

常用的酸催化剂有盐酸、硝酸、一氯醋酸等；碱性催化剂有氨水、碳酸铵、尿素、碳酸钠等；氧化性催化剂有氯气。生产中常用酸催化剂盐酸。盐酸是强酸，催化效率高，用量少，价格低廉，易混合均匀，产品中残留量较小。一氯醋酸除起酸化作用外，还起到氧化作用，制得的产品稳定性好，不易沉凝。在制备英国胶时，常用碱性催化剂或缓冲剂，如磷酸三钠、磷酸二钠、碳酸氢钠、碳酸氢铵、三乙醇胺等缓冲剂。

该工序的关键是要把催化剂混合均匀，常用的方法是喷洒法。

3. 预干燥

通常用于转化的淀粉含水量在 1%～5%，淀粉中含水量过高会加剧淀粉水解，抑制缩合反应。有些干燥过程十分必要，有些不需要严格的干燥过程。如在白糊精生产中由于水解作用有助于获得所需性能，无需十分严格的干燥程序；而制备黄糊精时十分必要，该过程的水解程度应该最小，常用气流干燥、真空干燥，快速去除水分达到干燥目的。

4. 热转化

热转化作用常在带有夹套的混合器中进行，要得到满足性能要求的糊精，必须要做到受热均匀，防止局部过热。局部过热会引起淀粉焦化，甚至会引起粉尘爆炸，因此整个转化过程的关键是保持良好的搅拌及热量的均匀分布。

热转化的设备有间歇操作和连续操作两类。振动床和流动床设备被认为可缩短转化时间，提高产品质量。在转化过程中应有可控制的空气流或采取惰性气体保护，使得水分在初始阶段就能快速除去，使温度达到要求。转化温度和时间差异较大，取决于所制产品的类型和设备，一般在 100～200 °C，加热时间从几分钟到几小时。

5. 冷　却

转化温度在 100～200 °C，冷却的目的是快速终止反应。转化终点要根据色泽、黏度或溶解度来确定，此时糊精正处于转化的活化状态，需要快速冷却的办法停止转化作用。

（三）热解糊精的性质

热解糊精的物理和化学性质和原淀粉相比有较大的差异，主要表现在以下方面。

1. 颗粒结构

在显微镜下放在甘油中观察时，糊精和原淀粉相似，但在水和甘油混合液中用显微镜观察时，对较高转化度的热解糊精有明显的结构弱点及外层剥落现象。

2. 外　观

糊精的外观颜色受转化温度、pH 及时间的影响。转化温度越高，转化时间越长，颜色越深；pH 越高，颜色越深，且加深的速度越快。

3. 水　分

在干燥和转化过程中，糊精的含水量逐渐降低。如果不通过吸湿处理，一般情况下，白糊精的含水量为 2%~5%，黄糊精和英国胶的含水量少于 2%。糊精的吸水性较强，吸湿处理后的含水量约 12%。

4. 溶解度

随着转化程度不断增加，糊精在冷水中的溶解度逐渐增加，白糊精在高黏度时的溶解度为 60%，高转化率时低黏度类型的溶解度约为 95%，黄糊精的溶解度几乎都是 100%，英国胶的溶解度为 70%~100%。对相同转化度的糊精而言，英国胶的溶解度大于白糊精。

5. 还原糖含量

在转化过程中，还原糖含量随转化度的提高逐步上升直到最高值，越到后期，还原糖含量增长越慢。品种不同，还原糖含量也不同，白糊精为 10%~12%，黄糊精为 1%~4%，英国胶更低。

6. 黏　度

糊精的黏度用热黏度和冷黏度表示。基本上是随着转化深度的加深黏度逐渐降低。在高转化度的黄糊精和英国胶中，后期也可观察到黏度上升的现象。

7. 水溶液的稳定性

糊精水溶液的稳定性取决于原淀粉的种类、糊精的品种及转化的程度。在制备过程中，由于分解及苷键转移再聚合的作用，形成更多支链结构，故水溶液稳定性大大提高。由于白糊精制备中水解占主导地位，支链化程度较低，因此其水溶液的稳定性较差，浆液不透明。英国胶水解反应最小，在相同转化度情况下较白糊精稳定。黄糊精水溶液比英国胶更稳定。

8. 薄膜的性能

制备糊精主要是水解和聚合反应，随着转化程度的提高，糊精膜的拉伸强度逐渐下降，但其在水中的固含量有所增加，膜的干燥速度更快，黏着性能提高。对同一转化度的糊精而言，黏度越低，薄膜越容易溶解。黄糊精溶解性最大，白糊精次之。

（四）热解糊精的应用

1. 在黏合工业中的应用

糊精的主要用途为胶粘剂，糊精溶液干燥后成膜的性质很重要。原淀粉糊形成的膜强度高，糊精膜的抗张强度低很多。糊精转化的程度越高，黏度越低，膜强度也越低。但是糊精的黏度低，能配制成高浓度胶液，形成高浓度膜，黏合力强，黏合快，干燥快，适于高速机械生产应用，这是糊精的一大优点。同一类糊精不同产品间比较，转化程度越高，黏度越低，膜水溶性越高。

糊精可单独用为胶黏剂，或为胶黏剂的主要成分。可根据其溶解度和黏度性质推断应用效果，还可添加增韧剂、保潮剂或滑润剂，改善膜性质，提高应用效果。糊精也能掺入聚醋酸乙烯树脂、聚乙烯醇、天然橡胶、动物胶和其他天然或人工合成树脂胶粘剂中应用，改变黏度性质或降低成本，有时也与原淀粉合用。糊精作为胶黏剂还适用于许多纸制品，如波纹纸板、纸盒、纸袋、墙纸、邮票、信封、标签、胶带等。

2. 在造纸工业中的应用

造纸工业应用糊精于纸张表面施胶和涂布。低溶解度白糊精适于高级纸辊施胶或压光机施胶，使纸张具有光滑表面，强度高，书写和印刷性质好等优点。低溶解度、中等黏度糊精特别适于纸张涂布用，对于白土和颜料具有强悬浮力和黏合力，能配制较高浓度涂布料。这种涂布料具有触变性，受涂布辊的作用流动性好，又能在纸张上形成光滑表面。

3. 在纺织工业中的应用

纺织工业应用糊精于上浆、印染和织物整理。白糊精和英国胶生成的膜强度高，适于棉纱、人造纤维和玻璃纤维上浆用，又易于退浆。高黏度糊精适用于印染糊用。与原淀粉比较，糊精印染后易被水洗掉，若不洗掉也不影响印染织物的手感。织物整理是改善光滑度，增加质量、抗水性或减少透光率，不同溶解度、黏度的白糊精适于这种应用，加用合成树脂能提高抗水性。窗帘布料需要减少透光率，是用糊精为胶黏剂，配制含有白土、无机盐和其他颜色涂料处理而得。

4. 其他应用

食品工业用糊精为香料、色素冲淡剂和载体。医药工业用糊精为片剂黏合剂和若干种抗生素发酵的营养料。铸造工业用糊精为铸模砂心黏合剂。

二、麦芽糊精

麦芽糊精主要组分为聚合度在 10 或 10 以上的糊精和少量聚合度在 10 以下的低聚糖。该产品和淀粉经干法热解得到的糊精（白糊精或黄糊精）在性质和结构上有较大区别，因此麦芽糊精又称为酶法糊精。

（一）麦芽糊精的糖分组成

表 5-3 是不同 DE 值的马铃薯麦芽糊精糖分组成。可以看出，随着 DE 值的增大，单糖、二糖及七糖以下低聚糖等小分子糖含量明显增多，而大分子组分逐渐减小。DE 值为 5.01 时，七糖及其以上的组分占 91.46%,，单糖、二糖含量几乎没有，3～6 糖含量也非常少；DE 值为 12.31 和 15.82 时，七糖及其以上的组分分别为 75.33% 和 62.22%，二糖到六糖含量开始明显增多；DE 值为 20.18 时，小分子糖含量已经明显超过七糖以上组分。

表 5-3　不同 DE 值的马铃薯麦芽糊精糖分组成

糖分	DE 值				
	5.01	9.97	12.31	15.82	20.18
G_1	0.15	0.31	0.40	0.69	1.10
G_2	0.87	2.20	2.84	4.88	7.54
G_3	1.68	3.39	4.23	6.04	7.67
G_4	1.86	3.91	4.99	7.28	10.12
G_5	1.96	4.17	5.31	8.28	11.37
G_6	2.01	5.14	6.91	10.60	20.83
G_7 及以上	91.46	80.89	75.33	62.22	41.37

（二）麦芽糊精的生产方法

麦芽糊精生产，按照工艺流程来分，有单阶段工艺和双阶段工艺。具体如下。

1. 单阶段法

淀粉乳+酶/酸→液化→反应至合适 DE 值→灭酶→中和→加硅藻土真空过滤→活性炭脱色→过滤→蒸发→喷雾干燥→包装。

2. 双阶段法

淀粉乳+酶/酸→液化至较低 DE 值→灭酶→中和→调 pH→二次酶解→灭酶→中和→加硅藻土真空过滤→活性炭脱色→过滤→蒸发→喷雾干燥→包装。

双阶段法的优点在于可以精确控制产品的 DE 值。因为发现液化后产品酶解时，DE 值与作用时间在一定范围内呈线性关系。但也有研究表明，第二阶段的高温灭酶处理会导致副反应的增加，影响产品质量；同时由于设备的增加也导致费用的增加和操作的复杂性，可能弊大于利。故采用单阶段还是双阶段工艺往往取决于原料的性质。一般而言，对于较易处理的淀粉原料可选用单阶段工艺，而对于含有蛋白质、脂肪等其他成分的粗粮则采用双阶段法。

按照作用机理来分，分为酸法、酶法或酸酶法三种。早期生产中，酸法一直占据主导地位，多采用柠檬酸、盐酸等。当淀粉悬浮液在高于糊化温度下与酸一起加热时，就会迅速水解。一般操作条件为：135～150 ℃下处理 5～8 min。酸法工艺中淀粉 α-1, 4 糖苷键和 α-1, 6 糖苷键被随机打断，因此在生产中存在水解反应速度太快，工艺操作难以控制，过滤困难，产品溶解度低，易发生浑浊或凝沉、生产成本高等缺点，而且必须采用精制淀粉为原料。酶法生产工艺主要采用 α-淀粉酶水解淀粉，具有高效、温和、专一等特点，相比酸法，更易于产生低转化率的淀粉水解产品或适合于进一步处理的淀粉液化产物，而且副反应少，易于控制。目前，国内外生产麦芽糊精均采用的是酶法工艺。

麦芽糊精的生产，无论是酸法还是酶法，第一步糊化是必不可少的。因为淀粉颗粒中结晶区的存在阻止了酸和酶的进一步作用。淀粉水解的第二步是液化，即利用酸法、酶法或热力学的方法将淀粉长链分子切断变为可溶状态的过程。酶法液化方法有 3 种，即升温液化法、高温液化法和喷射液化法。其中，喷射液化法可在短时间内实现淀粉彻底均匀糊化，为达到淀粉均匀水解得到具有各种不同 DE 值的淀粉水解产品奠定基础。液化喷射器是酶法生产工艺的关键设备（图 5-9）。在喷射时，高压蒸汽与薄膜状淀粉浆料直接混合，蒸汽在高物料流速和局部强烈湍流作用下迅速凝结，释放出大量潜热，并在较高的传热速率下使淀粉快速、均匀受热糊化。

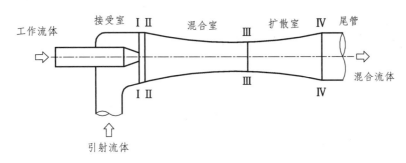

图 5-9　喷射液化器的原理示意图

α-淀粉酶属内切型淀粉酶，它作用于淀粉时从淀粉分子内部以随机的方式切断 α-1, 4 糖苷键，但水解位于分子中间的 α-1, 4 键的概率高于位于分子尾端的 α-1, 4 键。α-淀粉酶不能水解支链淀粉中的 α-1, 6 键，也不能水解相邻分支点的 α-1, 4 键；不能水解麦芽糖，但可水解麦芽三糖及以上的含 α-1, 4 键的麦芽低聚糖。由于在其水解产物中，还原性尾端葡萄糖分子中 C_1 的构型为 α-型，故称为 α-淀粉酶。来源于枯草杆菌或芽孢杆菌的 α-淀粉酶水解淀粉分子中的 α-1, 4 键时，最初速度很快，淀粉分子急速减小（当淀粉分子中 α-1, 4 键有 0.1% 被切开时，淀粉分子已降至原分子大小的 1/100），淀粉浆黏度迅速下降，流动性大大增加，淀粉糖工业上称之为"液化"。随后，水解速度变慢，分子继续断裂、变小，产物的还原性也逐渐增高，用碘液检验时，淀粉遇碘变蓝色。糊精随分子由大至小，分别呈紫、红和棕色，到糊精分子小到一定程度（聚合度小于 6 个葡萄糖单位时）就不起碘色反应，因此实际生产中，可用碘液来检验 α-淀粉酶对淀粉的水解程度。

（三）麦芽糊精的性质

1. DE 值

DE 值反映了淀粉水解程度，可以间接指示平均分子量的大小。随着水解程度的增加，各组分向分子量减小的方向移动，而 DE 值升高。

2. 黏　　度

在正常浓度下，黏度较低。溶液黏度随着 DE 值的降低迅速增加。当 DE 值为 3～5 时形成凝胶。

3. 褐变反应

含有还原糖和蛋白质的体系在加热时会发生褐变。由于麦芽糊精还原糖含量较低，其褐变反应不明显。

4. 黏结性能

随着 DE 值的升高，麦芽糊精的结合/黏合能力下降，这与平均分子大小有关。DE 值较低的麦芽糊精，平均分子量较大，具有较强的成膜或涂抹性能。

5. 冰点降低

体系冰点与溶液中的分子数目有关。随着 DE 值的降低，平均分子量增加，溶液中分子数目下降，冰点降低。

6. 吸水性能

尽管随着 DE 值的升高麦芽糊精的吸水性能逐渐增加，但就整体而言，麦芽糊精的吸水性较低。

7. 渗透性

较低 DE 值的麦芽糊精，由于在水中的分子数目少，具有较低的渗透压，易透过半透膜，可作为病人营养液的碳源。

8. 防止粗结晶生成

利用低 DE 值的麦芽糊精可以防止冷冻食品中粗大冰晶的生成，保证产品质量。

9. 溶解性

相对于淀粉而言麦芽糊精是可溶的。随着 DE 值的升高，麦芽糊精的溶解度逐渐增加。

10. 甜　度

随着 DE 值的升高，麦芽糊精的甜度也逐渐增加。由于麦芽糊精是低 DE 值的淀粉水解产物，其甜度都不高，接近于无味。

（四）麦芽糊精的应用

麦芽糊精具有许多独特的功能性，在食品工业中广泛应用。

（1）改变体系的黏度，有较好的乳化作用和增稠效果。当 DE 值为 3~5 时，可产生脂肪的质构和口感，常用作沙拉、冰淇淋、香肠等的脂肪替代品。

（2）抑制褐变反应。当食品体系中有大量还原糖和蛋白质存在时，高温容易引起褐变。由于麦芽糊精 DE 值较低，所以褐变反应的程度较小，可作为一种惰性壁材用于敏感性化学物质，如香精香料、药物等的微胶囊化。

（3）结合/黏合作用好，为各种甜味剂、香味剂、填充剂和色素的优良载体。麦芽糊精在防止包埋香精氧化方面差异很大，一般随着 DE 值的增加而降低。由于其成膜性能较差，在喷雾干燥过程中麦芽糊精并不能有效地持留挥发性成分，常与蛋白质混合使用作为壁材。较低 DE 值的麦芽糊精具有较强的成膜或涂抹性能，可促进产品成型，改善产品外观、同时还有一定的隔绝氧气的作用，可用于水果涂膜保鲜。

（4）降低冰点。在冷冻甜点和某些糖果中，冰点降低具有重要的意义。在冰淇制品中加入麦芽糊精替代部分蔗糖，可以在不改变体系可溶性固型物含量的情况下，改变产品的冰点，抑制冰晶生长。

（5）降低体系甜度。在糖果中加入麦芽糊精可以降低甜味，预防牙病、高血压和糖尿病等。

（6）防结块、增加产品分散性能和溶解性能等。用于制备固体酒、速溶饮品，可保持产品风味、改善产品外观以及增进溶解性能。

（7）易于被人体吸收，可用作运动员、病人和婴幼儿配方食品。

（8）麦芽糊精在医药工业也具有广泛的应用价值，作为一种重要的药用辅料，麦芽糊精具有赋型、充当载体、提高稳定性、缓控释等作用。

第五节　酸变性淀粉

用酸在糊化温度以下处理淀粉改变其性质的产品称为酸变性淀粉，也称酸转化淀粉、酸解淀粉、易煮淀粉等。在糊化温度以上酸水解产品和更高温度酸热解糊精产品都不属于酸变性淀粉。用酸变性淀粉已有很久的历史，早在 1886 年就已开始用盐酸处理得可溶性淀粉，直到现在仍有小量生产用为碘量滴定法指示剂。研究与探索这类变性淀粉的主要目的有两个：① 降低黏度，以增加工业上可应用的浓度范围；② 改变流变性能，以扩大淀粉在工业上应用的功能性。

一、酸对淀粉的作用机理

淀粉分子中的糖苷键在酸性条件下，极易水解断裂，使淀粉大分子聚合度降低。在此水解反应中，酸是起着催化剂作用，即反应过程中酸不被消耗。因此，只要有少量酸存在，水解反应可继续不断地反应下去，直至淀粉全部水解成葡萄糖，即糖苷键完全被水解。因此，在实际应用的制取中，当达到所希望的水解程度后，应立即用碱中和所含的酸，以便及时中止水解反应。

一般认为，酸对淀粉颗粒的水解作用有两个阶段。

第一阶段：酸刚加入淀粉乳中发现直链组分的含量有明显的增加，颗粒没有明显的膨胀，颗粒的双折射现象没有消失。这表明酸优先水解更易接近的支链淀粉，而且主要发生在无定形区。这一阶段的水解速率较快。

第二阶段：随着酸与淀粉接触时间的延长，颗粒的双折射现象逐渐减退，但是淀粉液的黏度下降速率却是缓慢的。说明酸已攻击结晶区中的直链淀粉与支链淀粉，由于结晶区中大分子本身的强有力的缔合，因此水解速率不可能很快。

二、酸变性淀粉的生产工艺

通常生产酸变性淀粉的生产工艺流程如图 5-10 所示：

$$无机酸　　　　碱$$
$$\downarrow　　　　　\downarrow$$
淀粉乳→配料→反应→中和→洗涤→脱水→干燥→成品

图 5-10　酸变性淀粉生产工艺流程

具体操作为：将 200 g 干淀粉与 300 mL 水调成质量分数为 40% 的淀粉乳，加入 0.5% 的盐酸在 35～45 ℃下进行酸解反应，反应结束后用 5% 的碳酸钠溶液中和至 pH 为 7.0，然后经水洗、离心沉淀、干燥得水分含量小于 17% 的马铃薯酸解淀粉，其黏度为原淀粉的 1/30，热糊稳定性是原淀粉的 2 倍。

控制反应一般是取样测定流度，工业上也习惯用流度表示不同酸变性淀粉。流度是黏度的倒数，流度越高黏度越小。为了有利于反应的顺利进行，降低水溶性物质的生成，制备高流度的酸变性淀粉，通常向反应体系中加入少量水溶性六价铬。

工艺条件对酸变性淀粉的质量十分重要。酸通常情况下用盐酸，盐酸易控制，易去除。反应温度一般是 40 ~ 60 ℃，过高淀粉就糊化了。表 5-4 反映了温度对黏度的影响。

表 5-4　温度对盐酸变性淀粉黏度的影响

温度/℃	常温	37	40	45	50	55	65	70
黏度/mPa·s	3.341	1.300	1.123	0.844	0.733	0.667	0.650	糊化

淀粉种类、酸种类和浓度、温度和时间对反应都有影响，表 5-5 为盐酸和硫酸处理玉米和马铃薯淀粉，不同反应时间所得产品的流度。

表 5-5　酸变性淀粉流度

淀粉	酸	酸浓度/%（重量）	反应时间/h	流度
玉米	硫酸	0.06	24	13.0
		0.13	24	32.0
		0.22	24	53.0
		0.29	24	64.0
		0.44	24	72.0
		0.61	24	74.0
玉米	盐酸	2.05	0.25	10.0
			0.47	20.0
			0.67	30.0
			0.87	40.0
			1.13	50.0
			1.50	60.0
			2.25	70.0
马铃薯	盐酸	2.05	0.67	3.0
			1.33	8.0
			2.0	15.5
			2.67	25.0
			3.33	37.0
			4.0	52.8

生产高浓度酸变性淀粉，如 70 流度以上，生成的水溶物量较大，在过滤、水洗工序中易随废水流掉。生产 90 流度产品水溶物生成量可达 10% ~ 15%。水溶物流失降低产率，但保证产品质量还是好的，因为水溶物存在对产品的胶黏力有降低影响。还可采用干法工艺，混酸于淀粉乳中，过滤，将带有酸的湿饼置于干燥器中加热，反应完成后不中和水洗，水溶物存留在产品中。这种工艺较难控制反应程度。还有一种工艺是用二氧化硅粉末作为载体吸收酸，与干淀粉混合，所得产品性质与湿法工艺相同。二氧化硅粉末具有强吸收能力，能吸收酸达本身重量 2.5 倍仍保持流动性。

酸变性处理常与其他种化学变性合用提高产品质量，如醚化、交联等，产品具有高流度和其他优良性质。可先进行酸处理，后醚化或先醚化后酸处理。有的化学变性，如用酸酐起反应，会同时发生酸的作用，若这是不利的，则应采取措施避免之。

三、酸变性淀粉的性质

生产酸变性淀粉的主要目的是降低淀粉糊的黏度。降低黏度通过酸解断链，降低分子量完成。因此酸变性淀粉基本保持原淀粉颗粒的形状，但在水中受热时情况就不同了，原淀粉受热后膨胀系数很大，而酸变性淀粉受热后破裂程度加剧，最后导致裂成碎片，流度越大，裂解程度亦越大。

酸变性淀粉由于其分子变小，在水中分散程度超过原淀粉。酸变性淀粉由于支链解聚较快，因此酸变性淀粉中直链淀粉含量增加，导致其凝沉作用增强，在热糊时酸变性淀粉是较透明的流体，一旦冷却由于其老化，失去透明度，便形成浑浊的坚实凝胶。例如，80~90 流度的产品，凝沉性较强，稳定性下降，糊在室温下过夜形成不透明的凝胶。当然使用新配糊液，稳定性还是可以的。此外，由于酸变性淀粉黏度较原淀粉低，在高浓度下可成糊，而且可吸水膨胀，形成的薄膜干燥速度较快，而且比原淀粉形成的薄膜厚。

四、酸变性淀粉的应用

1. 在纺织工业中的应用

由于酸变性淀粉黏度低，能配制高浓度浆料，渗透力强，成膜性好，水溶性高，又易于退浆，被广泛用于棉、人造棉、合成纤维或混纺制品的上浆和整理。

2. 在造纸工业中的应用

利用其特性作为特种纸张表面涂胶剂，改善纸张的耐磨性、耐油性，并可提高印刷质量。

3. 在食品工业中的应用

主要用来制糖果及果冻食品，酸变性淀粉制作的糖果，质地紧凑，外形柔软，富有弹性，耐咀嚼，不黏纸，高温下不收缩，不起砂，提高了食品的稳定性。

第六节　氧化淀粉

氧化淀粉是原淀粉在酸、碱、中性介质中，与氧化剂作用，使淀粉氧化从而得到的一种化学变性淀粉。氧化淀粉具有黏度低、固体分散性高、凝胶化作用极小等特点。反应过程中淀粉分子链上引入了羰基和羧基，使直链淀粉的凝沉作用降到最低，大大提高了糊液的稳定性，成膜性，黏合性和透明度。氧化程度主要取决于氧化剂的种类和介质的 pH。所用的氧化剂一般可分为三类：

（1）酸性氧化剂：硝酸、铬酸、高锰酸盐、过氧化氢、卤化物、卤氧酸（次氯酸、氯酸、高碘酸）、过氧化物（过硼酸钠、过硫酸铵、过氧乙酸、过氧脂肪酸）和臭氧等。

（2）碱性氧化剂：碱性次卤酸盐、碱性亚氯酸盐、碱性高锰酸盐、碱性过氧化物、碱性过硫酸盐等。

（3）中性氧化剂：过氧化物、溴、碘等。

氧化剂的主要作用是漂白作用和氧化作用。工业上也应用过氧化氢、高锰酸钾、高醋酸盐和高硫酸盐等处理淀粉，但用量很低，主要是漂白和消毒，除去霉菌、杂质，淀粉未被氧化，产品不属于变性淀粉。制备氧化淀粉最常用，经济效果又好的氧化剂主要是次氯酸钠、双氧水和高锰酸钾。目前，工业生产中最常用的是碱性次氯酸盐。

一、次氯酸钠氧化淀粉

应用碱性次氯酸钠氧化淀粉，是工业上生产变性淀粉的重要方法。所得到的氧化淀粉颜色洁白，糊化容易，糊黏度低，稳定性高，透明度高，成膜性好，胶黏力强，在造纸、纺织、食品和其他工业上应用效果很好。

（一）氧化机理

组成淀粉分子的脱水葡萄糖单位中不同醇羟基都能被氧化，但氧化的难易存在差别。C_1碳原子的半缩醛羟基最易被氧化成羧基，其次是 C_6 的伯醇羟基，被氧化成醛基，最后成羧基。C_2，C_3 和 C_4 碳原子被氧化成羰基，最后成羧基。C_2 和 C_3 碳原子的两个仲醇羟基是乙二醇结构，被氧化成羰基、羧基，C_2 和 C_3 间的键开裂。这几种氧化反应是复杂的，没有一定的相互关系和规律性。C_1 和 C_4 碳原子羟基分别存在于淀粉分子的还原尾端和非还原尾端，量很少，氧化反应改变淀粉性质的影响小，虽然随氧化反应进行，发生分子降解，尾端量会增多。C_2，C_3 和 C_6 碳原子羟基量多，主要是这些羟基的氧化反应改变淀粉性质。

次氯酸钠淀粉的氧化主要发生在葡萄糖单位 C_2 和 C_3 碳原子仲醇羟基，生成羰基、羧基，环形结构开裂。氧化成羰基，再氧化成羧基有两个不同的过程：一是经过 α, α-二羰结构，二是烯二醇结构，加上 HOCl。这与高碘酸的氧化相似，将 C_2 和 C_3 碳原子的羟基氧化成醛基，得双醛淀粉，醛基进一步能被氧化成羧基，成双羧淀粉。

次氯酸钠氧化淀粉的反应速度在 pH 为 7 最高，在较低和较高 pH 都低，在 pH 为 10~13 的速度很慢。温度增高促进反应速度增快。次氯酸钠氧化属于淀粉的一级化学反应。

通过氧化反应生成羰基和羧基，生成量和相对比例因反应条件而定。在较低 pH 有利醛基生成，在接近中性 pH 有利酮基生成，在高 pH 有利羧基生成。因为羧基能降低链淀粉的凝沉性，起到改进淀粉性质的主要作用，工业生产是在弱到中等碱性条件下氧化，促进羧基生成。氧化程度高低也影响羧基和羰基生成量，随氧化程度增高，二者生成量都增加，但羧基生成量增加远超过羰基。

（二）次氯酸钠氧化淀粉生产工艺

氧化过程中的次氯酸钠一般是新配制的，通常是把氯气通入冷氢氧化钠溶液中，吸收温度不超过 30 ℃，根据氧化工艺的要求控制通入氯气的量。吸收过程为

$$2NaOH + Cl_2 \longrightarrow NaOCl + H_2O + NaCl + 103\ kJ$$

淀粉氧化属温和氧化反应，常见的氧化工艺流程如图 5-11 所示：

```
    次氯酸钠  碱    还原剂  酸
      ↓      ↓      ↓      ↓
淀粉→淀粉乳→氧化→中和→洗涤→脱水→干燥→成品
```

图 5-11　氧化淀粉工艺流程

常用的生产方法是碱性氧化：向反应釜加入浓度 35%~40% 淀粉乳，保持不停搅拌，搅拌器速度 60 r/min 较适当。加 2% 氢氧化钠调 pH 到 8~10，缓慢加入次氯酸钠液，并加稀盐

酸保持要求的反应 pH。在氧化过程中，羧基生成影响 pH 下降，应加稀碱液保持 pH 恒定。次氯酸钠用量随要求的氧化程度而定，氧化程度高，需要用量高。用量是用有效氯占绝干淀粉的比例表示，一般为 5%～6%。加完次氯酸钠液，达到要求的氧化程度后，中和到 pH 6.0～6.5，羧基约 90% 时与钠结合，少量为游离酸基。再加亚硫酸钠或通二氧化硫气还原剩余的次氯酸钠。用真空过滤机过滤，用水清洗，或采用多级旋液分离器清洗。水洗除去淀粉降解产生的水溶物和氯化钠等。于 65 ℃ 以下干燥到水分含量 10%～12%，即为氧化淀粉产品。氧化淀粉对热的作用敏感，干燥温度过高会引起颜色发黄，这是由于含有醛基。

氧化反应放热，引起温度上升，应当控制加次氯酸钠液速度，反应桶备有冷却管，流通冷水，反应温度一般在 30～50 ℃。温度若上升过高会引起淀粉颗粒膨胀，促进水溶物增加，以后过滤也困难。

随氧化程度增高，糊黏度降低。控制氧化程度，工业上是取样测定黏度或流度变化。氧化程度越高，则流度越高。流度与黏度相反，流度高则黏度低。工业生产习惯用此流度表示不同氧化程度的产品，如 "80" "60" "40" 等。根据流度的定义，水的流度为 100。

淀粉的氧化受若干因素影响，如淀粉品种、次氯酸钠用量、pH、温度、时间等。工业上便是控制这些因素，生产不同氧化淀粉产品，在性质方面存在差别，适合不同应用要求。

次氯酸钠氧化分别与环氧氯丙烷交联，与环氧丙烷醚化，与醋酸酐酯化，进行复合变性，能使产品具有更优良的性质。

（三）次氯酸钠氧化淀粉的性质

氧化淀粉除了在结构上和遇碘显色等方面与原淀粉相似外，在许多方面都发生了较大的变化，主要表现在以下几个方面：

（1）氧化淀粉随着氧化程度的加深，颜色显得越白。这主要是氧化过程中含氮杂质，脂肪酸杂质及其他有色物质被去除，而有些物质被氧化漂白，因此颜色比原淀粉白许多。

（2）氧化淀粉相比原淀粉尽管在结构上无大的变化，但分子颗粒有明显差异。颗粒呈放射状裂纹，在水中加热时不像原淀粉那样膨胀而是破碎。

（3）氧化淀粉由于存在断链使得分子量和黏度都有所降低，氧化程度越高，降低得越多。由此带来的结果是糊化温度下降，稳定性增强，糊的透明度提高，还能形成稳定、透明的膜。

（4）由于氧化使氧化淀粉带有负电荷，容易吸收阳离子染料而上色，如甲基蓝就可和氧化淀粉吸附上色，也可以用此性质鉴别原淀粉中是否存在氧化淀粉。

（四）次氯酸钠氧化淀粉的应用

1. 在造纸工业中的应用

氧化淀粉具有流动性好，黏度低，胶黏能力强等特点，适合快速机械中的涂布操作，使其成为造纸工业中的主要涂布纸胶黏剂。氧化淀粉作为造纸湿部添加剂，可增强纤维间的结合力，提高纸页的物理强度、耐折度和表面强度；同时可减少细小纤维和填料的过度流失，提高纸页的平滑度及平整度，改善工艺操作流程。

2. 在纺织工业中的应用

纺织工业用氧化淀粉做上浆剂，适用于棉、合成纤维、混纺纤维等。氧化淀粉糊稳定性、流动性、渗透性均较好，并可低温上浆，不仅减少浆斑，而且可提高纤维的耐磨性。由于氧化淀粉水溶性好，退浆也容易，且和其他上浆剂如羧甲基纤维素、聚乙烯醇等有好的兼容性。

3. 在食品工业中的应用

氧化淀粉通常作为增稠剂或稳定剂运用于各类食品的生产中。氧化淀粉在软糖加工中可用作明胶、琼脂等食用胶的替代品，从而提高产品安全性、降低生产成本。在冰淇淋、速冻水饺等冷冻食品中添加氧化淀粉，可提高其冻融稳定性。在鸡、鸭及和各种肉排表面涂抹氧化淀粉，可提高调料的附着力，改善食品味道。氧化淀粉作为冷菜乳剂，可用于色拉油、蛋黄酱的增稠剂。在面制品加工中，添加氧化淀粉等，可以改良面团的物理特性，增大发酵制品的体积，缩短发酵时间，改良面包内部的组织结构，抗老化，增加韧性，延长货架期。

4. 在建筑工业的应用

氧化淀粉具有强烈的粘附性，在工业中用于墙板材料、黏合剂、胶黏材料、绝缘材料和音响贴纸胶桨料等装饰方面、建筑装潢的非结构胶黏剂，环保指标和涂膜性能等也可满足建筑装潢的需求。

二、双醛淀粉

高碘酸和其钠盐氧化淀粉反应具有专一性，脱水葡萄糖单位的 C_2 和 C_3 碳原子羟基被氧化成醛基，C_2—C_3 键断裂，得双醛淀粉。很早就被用于研究淀粉结构化学，后来发明了电解工艺，将反应后生成的碘酸再氧化成高碘酸重复使用，大大降低了成本。工业上已开始生产双醛淀粉，主要用于造纸工业增强纸张湿强度，其他可能用途也很多。

（一）氧化机理

在氧化过程中，氧化产物并不都是以（a）的形式存在，而是以苯醇伯基的半醛醇结构（b）、半缩醛结构（c）或者以与水分子相结合的半醛醇结构（d）的形式存在。但不论是半醛醇结构还是半缩醛结构都不稳定，易断裂形成（a）结构形式。

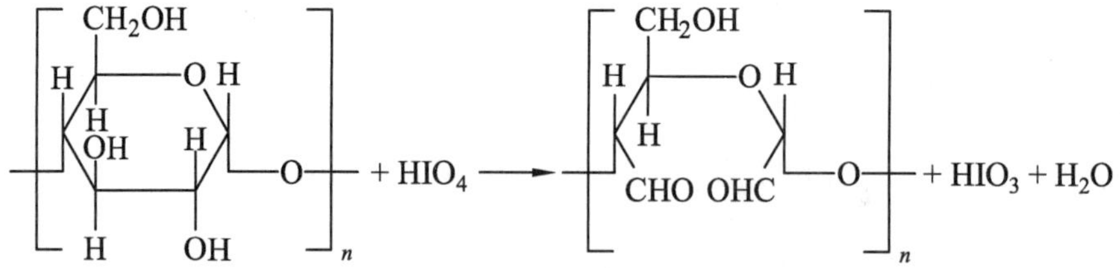

（a）

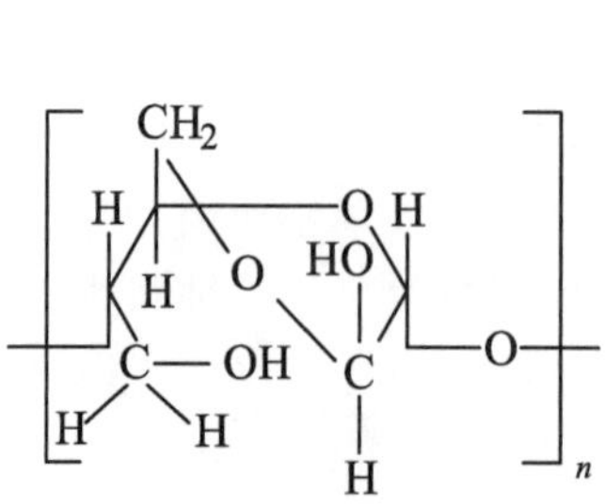

（b）

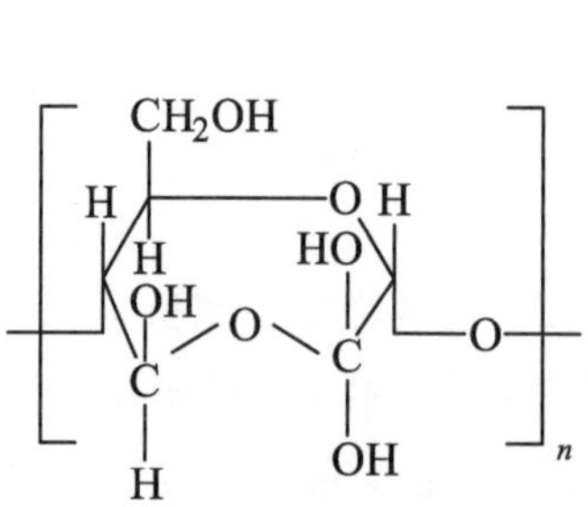

（c）

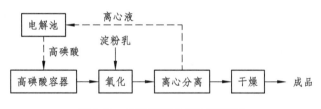

（d）

双醛结构具有较高的化学活性，可被水解或还原成赤丁四醇、乙二醇、乙二醛等衍生物，自身也可作为天然或合成高分子的交联剂。

（二）双醛淀粉生产工艺

高碘酸的价格贵，氧化淀粉后被还原成碘酸，电解氧化成高碘酸，重复使用。最初使用一步工艺，淀粉的氧化和碘酸的氧化在同一个反应器中进行。以后采用二步工艺，淀粉的氧化和碘酸的氧化分别进行。此二步工艺的优点是操作简单，易于控制，产品质量高，氧化剂损失也少。其生产工艺流程如图 5-12 所示：

图 5-12 双醛淀粉生产工艺流程

具体生产工艺条件为：控制高碘酸和淀粉的摩尔比为 $1.0 \sim 1.2$，反应温度控制在 $35\ ^\circ C$ 左右，pH 在 $1.0 \sim 1.5$，反应 $2 \sim 4$ h，可得到醛基含量大于 90%，收率为 98% 的双醛淀粉。高碘酸氧化淀粉的反应速度很快，反应最初 1 h 达到约 90%。因为高碘酸渗入淀粉颗粒结构内部较难，氧化程度达到 95% ~ 100% 需要较长反应时间。氧化程度 90% 以上已符合工业应用，工业上生产的产品一般在此程度。高碘酸和淀粉的摩尔比对氧化进程的影响见表 5-6。

表 5-6 高碘酸和淀粉的摩尔比对氧化进程的影响

高碘酸和淀粉的摩尔比	氧化效率/%	双醛含量/%
1.0	95	92
1.1	95	94
1.2	93	94
1.4	87	93
1.6	81	92

由表 5-6 可看出，高碘酸和淀粉的摩尔比增大对产品的双醛含量影响不大，但氧化效率明显降低，从经济高效的角度出发工业上一般选择高碘酸和淀粉的摩尔比为 $1.0 \sim 1.2$。

因为不锈钢设备会引起高碘酸液的金属污染，影响氧化反应和产品质量，全部设备应用聚乙烯、聚氯乙烯塑料制造，或用不锈钢制造，再用玻璃衬里。

（三）双醛淀粉的性质

双醛淀粉为多聚醛化合物，虽然仍保持有淀粉颗粒的原形状，但在物理和化学性质方面差别大，无偏光十字，遇碘不着色。醛基很少是游离状态存在，反应活性与醛基化合物相同，易与亚硫酸氢盐基起加成反应，与多糖分子中羟基、氨基起交联反应等。造纸工业应用双醛淀粉增强纸张的湿强度，便是由于醛基与纤维素中羟基起交联作用。

（四）双醛淀粉的应用

1. 在造纸工业中的应用

双醛淀粉主要应用于造纸工业中作为湿端添加剂，增高卫生纸、面巾纸和其他纸张的湿强度。分散双醛淀粉于纸张中，醛基与纤维素的羟基经由半缩醛基起交联反应与纤维结合，大大提高湿强度。双醛淀粉能与淀粉、干酪素和其他天然或人工合成含有羟基、氨基或酰胺基化合物合并，用作纸张涂布胶黏剂。双醛淀粉的若干衍生物，如尿素、三聚氰酰胺、丙烯酰胺、亚硫酸氢盐等都是造纸工业有用的添加剂。

2. 在纺织工业中的应用

双醛淀粉能交联棉纤维，对黏土、颜料等纺织助剂具有较好的黏结能力。在纺织工业用作上浆剂和交联剂，来提高纺织品的抗皱缩、抗折痕、抗磨、抗拉性能，从而提高纺织品耐洗、耐烫性能，使纺织品具有更好的耐用性。将聚乙烯醇和双醛淀粉配合，可以得到耐洗涤性能良好的防皱无毒的纤维制品上浆剂。由于低双醛含量的双醛淀粉同时具有多羟基和多醛基的特点，因而低含量的双醛淀粉常用作纺织工业上的上浆剂或织物整理剂。一些双醛淀粉的衍生物如与尿素、三聚氰胺加合物在纺织工业上也具有广阔的应用潜力。

3. 在制革工业中的应用

双醛淀粉能与皮革中蛋白质骨胶原的氨基和亚氨基起交联反应，为良好的鞣革剂。鞣革作用与氧化程度有关，双醛含量为90%以上时效果较好。

4. 在食品工业中的应用

双醛淀粉用作食品添加剂加入糖中，能防止糖在口腔中发酵形成乳酸，进而避免蛀牙和牙石的形成。双醛淀粉与可溶性蛋白质反应，对酶进行酶固定化，具有操作简单易控制、成本低、酶不易失活及脱离等优点。

5. 在医药工业中的应用

双醛淀粉可用作药物载体磁性淀粉微球，在外磁场的作用下，将载药微球控制在指定的组织位置。双醛淀粉可制成尿毒症病人肠胃中吸附氨和脲的口服剂，用于治疗肾衰竭的尿毒症病人。

6. 在其他工业中的应用

双醛淀粉能与明胶起交联反应变不溶解，照相胶片生产用为明胶硬化剂；与亚硫酸氢盐加成物能用为树脂乳液的增稠剂；能与尿素、尿醛树脂和其他许多种物料合用生产塑料和树脂。

第七节　交联淀粉

交联淀粉是变性淀粉主要品种之一，是淀粉的醇羟基与具有二元或多元官能团的化学试剂形成二醚键或二酯键，使两个或两个以上的淀粉分子"架桥"在一起，呈多维空间网状结构的淀粉衍生物。凡具有两个或多个官能团，能与淀粉分子中两个或多个羟基起反应的化学试剂都能作为交联剂。

交联剂的种类很多，归纳起来有五大类：① 双或三盐基化合物：如三聚磷酸盐、三偏磷酸盐、乙二酸盐、柠檬酸盐、多元羧酸咪唑盐、多羧酸胍基衍生物、丙炔酸酯等；② 卤化物：如环氧氯丙烷、磷酰氯、碳酰氯、二氯丁烯、β,β-二氯二乙醚，脂肪族二卤化物、氰尿酰氯等；③ 醛类：如甲醛、丙烯醛、琥珀醛、蜜胺甲醛等；④ 混合酸酐：如碳酸和有机羧酸的混合酸酐等；⑤ 氨基亚氨基化合物：如醇二羟甲基脲、二羟甲基乙烯脲，N,N-亚甲基二丙烯酰胺，尿素甲醛树脂等。

交联剂的种类的确不少，但是工业生产中普遍应用的并不多。工业生产中主要应用的有环氧氯丙烷、三偏磷酸钠和三氯氧磷等，前者具有两个官能团，后二者具有三个官能团。淀粉交联的形式有酰化交联、酯化交联、醚化交联等。交联后的淀粉，由于引入了新的化学键，分子间结合的程度进一步加强，颗粒更坚韧，糊化时分子的润胀受到一定的限制。但当交联淀粉在水中加热时，可以使氢键变弱甚至破坏，而这种新化学键使颗粒仍保持着一定的完整性。由于交联反应是以颗粒状淀粉进行处理，引入淀粉的化学键相对来说十分少，一般是每100~3000 个脱水葡萄糖单元含一个交联化学键。

一、交联反应机理

常见淀粉的交联是通过醚化或酯化进行的，淀粉和三偏磷酸钠及三氯氧磷的交联反应为酯化反应，淀粉和甲醛或环氧氯丙烷的交联反应是醚化反应。

（一）酯化交联反应机理

1. 三氯氧磷交联

三氯氧磷是在 pH 为 10~12 的条件下于 20~30 ℃ 的温度和淀粉发交联反应。反应温度不能太高的原因是三氯氧磷易分解。在反过程中为防止三氯氧磷分解，阻止淀粉糊化，提高交联程度，常向体系中加入氯化钠、硫酸盐等。

$$Cl-\overset{\overset{O}{\|}}{\underset{\underset{Cl}{|}}{P}}-Cl + 2淀粉-OH \xrightarrow[pH=10\sim12]{NaOH} 淀粉-O-\overset{\overset{O}{\|}}{\underset{\underset{Cl}{|}}{P}}-O-淀粉 + 2NaCl + 2H_2O$$

2. 三偏磷酸钠或六偏磷酸钠交联

三偏磷酸钠或六偏磷酸钠为固体，使用方便，反应速度适中，易于控制，是非常适合制造食用变性淀粉的安全交联剂。三偏磷酸钠或六偏磷酸钠是在 pH 为 9~12，温度 50 ℃ 左右和淀粉反应得到产品。

$$2\text{淀粉}\text{—OH} + \overset{\displaystyle\text{NaO}\quad\text{O}}{\underset{\displaystyle\underset{\text{ONa}}{|}}{\underset{\displaystyle O=P-O-P=O}{\underset{\displaystyle|}{\overset{\displaystyle|}{\underset{\text{ONa}}{|}}}}}\overset{\displaystyle P}{\underset{|}{}}\;\;\xrightarrow{\;\text{Na}_2\text{CO}_3\;}\;\text{淀粉}-\overset{\displaystyle O}{\underset{\displaystyle\underset{\text{ONa}}{|}}{\underset{\displaystyle P}{||}}}-O-\text{淀粉} + \text{Na}_2\text{H}_2\text{P}_2\text{O}_7$$

（二）醚化交联反应机理

1. 环氧氯丙烷交联

环氧氯丙烷分子中具有活泼的环氧基和氯基，是一种交联效果极好的交联剂。其反应条件温和，易于控制，是经常采用的交联剂。但环氧氯丙烷具有毒性，摄取，吸入及皮肤吸收都有毒。刺激性强烈，有致癌、致畸、致突变的危害，且易燃，有中度着火危险性。若遇高热可发生剧烈分解，引起容器破裂或爆炸事故。故不宜用于食用变性淀粉的生产。

环氧氯丙烷和淀粉的交联较慢，通常采用在碱性条件下，较高的反应温度来提高反应速率。

$$2\text{淀粉}\text{—OH} + \text{H}_2\text{C}\overset{\displaystyle O}{\overbrace{\quad}}\text{CH—CH}_2\text{Cl}\;\xrightarrow{\;\text{OH}^-\;}\;\text{淀粉—O—H}_2\text{C}\overset{\displaystyle\text{OH}}{\underset{|}{\text{—CH—CH}_2}}\text{—淀粉} + \text{HCl}$$

在整个反应过程中，有少量环氧氯丙烷和水起反应水解成甘油或氯丙醇，这是不利的副反应。交联淀粉的生成可能有如下三个步骤。

第一步：

$$\text{淀粉—OH} + \text{H}_2\text{C}\overset{\displaystyle O}{\overbrace{\quad}}\text{CH—CH}_2\text{Cl}\;\xrightarrow{\;\text{OH}^-\;}\;\text{淀粉—O—H}_2\text{C}\overset{\displaystyle\text{OH}}{\underset{|}{\text{—CH—CH}_2\text{Cl}}}\longrightarrow$$

$$\text{淀粉—O—H}_2\text{C—CH}\overset{\displaystyle O}{\overbrace{\quad}}\text{CH}_2$$

第二步：

$$\text{淀粉—O—H}_2\text{C—CH}\overset{\displaystyle O}{\overbrace{\quad}}\text{CH}_2 + \text{淀粉—OH}\;\xrightarrow{\;\text{OH}^-\;}\;\text{淀粉—O—H}_2\text{C}\overset{\displaystyle\text{OH}}{\underset{|}{\text{—CH—CH}_2}}\text{—O—淀粉}$$

$$\Big\downarrow \text{H}_2\text{O}$$

$$\text{淀粉—O—H}_2\text{C}\overset{\displaystyle\text{OH}}{\underset{|}{\text{—CH—CH}_2\text{OH}}}$$

第三步：

$$\text{淀粉—O—H}_2\text{C}\overset{\displaystyle\text{OH}}{\underset{|}{\text{—CH—CH}_2\text{OH}}} + \text{H}_2\text{C}\overset{\displaystyle O}{\overbrace{\quad}}\text{CH—CH}_2\text{Cl}\longrightarrow$$

$$\text{淀粉} \left[\text{O} - \text{H}_2\text{C} - \overset{\displaystyle \overset{\text{OH}}{|}}{\text{CH}} - \text{CH}_2 - \text{O} \right] \text{H}_2\text{C} - \overset{\displaystyle \overset{\text{O}}{\diagup}}{\text{CH}} - \text{CH}_2 + \text{淀粉} - \text{OH} \xrightarrow{\text{OH}^-}$$

$$\text{淀粉} \left[\text{O} - \text{H}_2\text{C} - \overset{\displaystyle \overset{\text{OH}}{|}}{\text{CH}} - \text{CH}_2 - \text{O} \right]_2 \text{淀粉}$$

2. 甲醛交联

甲醛和淀粉的反应过程分两个阶段。第一阶段是和淀粉的醇基形成半缩醛。该反应在酸性条件下有利，因此低浓度的质子（H^+）对甲醛的交联反应有催化作用，可能是由于能降低羰基电子浓度的关系，pH 高时，反应被抑制。第二阶段半缩醛进一步生成缩醛。由于反应生成水，应及时脱水，以免水解。

$$2\text{淀粉} - \text{OH} + \text{CH}_2 =\!\!= \text{O} \longrightarrow \text{淀粉} - \text{O} - \text{CH}_2 - \text{O} - \text{H} +$$
$$\text{淀粉} - \text{OH} \longrightarrow \text{淀粉} - \text{O} - \text{CH}_2 - \text{O} - \text{淀粉} + \text{H}_2\text{O}$$

二、交联淀粉生产工艺

制备交联淀粉的方法一般是加交联剂于碱性淀粉乳中，在 $20 \sim 50\ ℃$ 起反应，达到要求的反应程度后，中和、过滤、水洗和干燥。

1. 用三氯氧磷酯化交联淀粉的工艺

具体操作如下：马铃薯淀粉 200 g（干基）与 250 mL 水混合，用 NaOH 溶液调到 pH 约为 11，加入 1 g NaCl。加入少量 NaCl 是为了防止 $POCl_3$ 水解，使能较深地进入颗粒内部，获得均匀的反应。保持缓慢搅拌，加入 $POCl_3$，在室温条件下保持搅拌反应 2 h。用质量分数为 2% 的 HCl 液调 pH 到 5，停止反应，过滤、水洗、干燥。增加 NaCl 用量能提高酯化交联程度。$POCl_3$ 用量为淀粉的 0.015% ~ 0.030%，所得交联淀粉具有高凝胶强度。

2. 用三偏磷酸钠交联淀粉的工艺

具体操作如下：水为反应溶剂，将 8.0 g NaOH、500 g Na_2SO_4、0.05 ~ 1.0 g 三偏磷酸钠、2000 g 马铃薯淀粉分别加入反应器中，充分搅拌均匀后移入自循环反应器中，加热夹套循环水，将物料升温到 42 ℃，在保温条件下进行反应 4 h。反应结束后加入盐酸调 pH 至 5.5 ~ 6.5，过滤，洗涤，干燥，得到粉末状的马铃薯交联淀粉。

3. 用六偏磷酸钠交联淀粉的工艺

具体操作如下：称取 25 g 马铃薯淀粉置于 250 mL 烧瓶中，分散到水中，在一定温度和 pH 下，先搅拌半小时，然后在淀粉乳中加入 1% 六偏磷酸钠（以淀粉干基计）和 2.5% Na_2SO_4，在 50 ℃ 下用碳酸钠维持 pH 为 10，交联时间 3.5 h。反应结束后，用质量分数 5% 的盐酸将 pH 调到 6.5 左右，用蒸馏水洗涤几次，将产品在 40 ℃ 烘箱烘干，粉碎，过筛，即得交联淀粉。

经六偏磷酸钠交联后所生成的交联淀粉磷酸酯，其糊的透光率下降，凝沉性增强，热稳定性提高，抗酸性增强，对介质（蔗糖，食盐）的敏感性下降。交联淀粉与原淀粉相比，膨胀度和溶解度降低，原因是：一方面水分的吸收主要发生在非晶区，而交联反应产生的交联键也主要存在于非晶区，增强了淀粉颗粒的强度，抑制膨胀，降低淀粉粒在水中的溶解力，随交联度的增加，这种影响越大；另一方面，分子链间的交联增加了淀粉的有序性，膨胀要破坏原有的组织结构就需要更高的能量。

4. 用环氧氯丙烷交联淀粉的工艺

具体操作如下：量取 300 mL 蒸馏水 1000 mL 颈烧瓶中，开启搅拌器，加入 9.0 g NaCl 和 2.0 ~ 3.0 g NaOH，待完全溶解后，加入 200 g 马铃薯淀粉，水浴加热至 30 ~ 40 ℃，加入 10 ~ 30 μL 环氧氯丙烷，反应一定时间后，用质量分数 5%的 HCl 溶液调 pH 至 6.5，离心、洗涤 5 次，在 55 ℃ 干燥，粉碎，过 80 目筛。交联改性能显著提高淀粉的黏度热稳定性、耐酸性、耐碱性和抗剪切能力。

5. 用甲醛交联淀粉的工艺

具体操作如下：加甲醛或多聚甲醛于淀粉乳中，甲醛用量为淀粉绝干重量的 0.077% ~ 0.155%，用酸调到 pH 为 1.6 ~ 2.0，加热到 38 ~ 40 ℃，反应 3 ~ 6 h 达到要求的反应程度，用碳酸钠中和到 pH 为 7，加氢氧化铵或亚硫酸氢钠与剩余的甲醛起反应，过滤、水洗、干燥至无游离甲醛味道。

三、交联淀粉的性质

1. 偏光十字和颗粒形貌

交联淀粉的偏光十字和颗粒形貌未发生明显的变化，但颗粒出现凹痕和破损的痕迹。图 5-13、图 5-14 是马铃薯与三偏磷酸钠发生交联反应后 SEM 与偏光十字照片，可以看出发生交联反应后，颗粒出现凹痕和破损的痕迹，大部分颗粒保持完好，随取代度增大，淀粉中受侵蚀的颗粒增多，颗粒表面的小凹痕数量明显增加，部分颗粒表面变粗糙，颗粒内部出现凹陷甚至爆裂，这进一步证明了马铃薯淀粉颗粒表面小凹痕是由三偏磷酸钠与淀粉颗粒间发生化学反应而形成的推断。通过偏光显微镜观察发现，马铃薯交联淀粉的偏光十字和颗粒形貌未发生明显的变化，说明了交联淀粉的有序结构保持不变，低取代度并未明显破坏其颗粒的晶体结构。

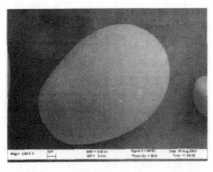 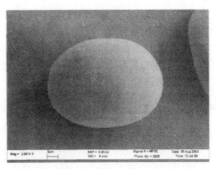

（a）原淀粉（×2500）　　　　　　　（b）取代度 4.29×10⁻³（×2000）

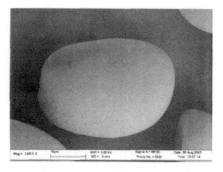

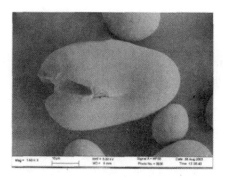

（c）取代度 6.17×10^{-3}（×2000）　　　　（d）取代度 7.69×10^{-3}（×1500）

5-13　马铃薯与三偏磷酸钠发生交联反应后 SEM 照片

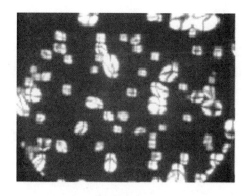

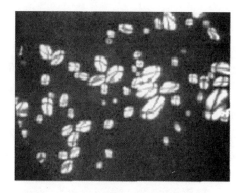

（a）原淀粉　　　　　　　　　　　（b）取代度 4.29×10^{-3}

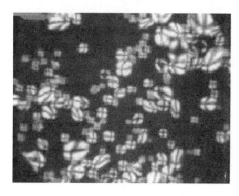

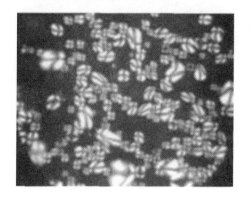

（c）取代度 6.17×10^{-3}　　　　　　　　（d）取代度 7.69×10^{-3}

5-14　马铃薯与三偏磷酸钠发生交联反应后偏光十字照片

2. 糊的性质

交联淀粉受热膨胀糊化和糊的性质发生很大变化。淀粉颗粒中淀粉分子间经由氢键结合成颗粒结构，在热水中受热，氢键强度减弱，颗粒吸水膨胀，黏度上升，达到最高值，继续受热氢键破裂，颗粒破裂，黏度下降。交联化学键的强度远高过氢键，增强颗粒结构的强度，抑制颗粒膨胀、破裂，使其黏度下降。随交联程度增高，淀粉分子间交联化学键数量增加，约 100 个脱水葡萄糖单位有一个交联键，这种抑制作用增强到一定程度能抑制颗粒在沸水中膨胀，不能糊化。

交联淀粉的糊黏度对于热、酸和剪切力影响具有高稳定性，在食品工业中用为增稠剂、稳定剂是很大优点。应用热交换器连续加热糊化，罐头食品的高温加热杀菌都要求淀粉具有抗热影响的稳定性。高温快速杀菌，有的温度高达 140 ℃。有的食品是酸性，需要淀粉具有抗酸稳定性。

3. 冷冻稳定性和冻融稳定性

交联淀粉具有较高的冷冻稳定性和冻融稳定性，特别适于在冷冻食品中应用。在低温下较长时间冷冻或冷冻、融化重复多次，食品仍能保持原来的组织结构，不发生变化。工业上采用不同的交联剂和工艺条件，生产各种交联变性淀粉，适合不同食品和不同加工操作的要求，效果很好。

4. 其 他

交联能抑制膨胀度，降低热水溶解度，随交联程度的增高，这种影响越大。原淀粉糊化制成薄膜置于沸水中加热，强度不断降低，而通过交联则能减少水溶性，保持膜强度不变。交联淀粉的抗酸、碱和剪切影响的稳定性随交联化学键的不同存在差别。环氧氯丙烷交联为醚键，化学稳定性高，所得交联淀粉抗酸、碱、剪切和酶作用的稳定性高。三偏磷酸钠和三氯氧磷交联为无机酯键，对酸作用的稳定性高，对碱作用的稳定性较低，中等碱度能被水解。根据不同交联键的性质差别，可以先进行双重交联，再除去稳定性较低的交联键，控制淀粉黏度性质，更符合应用的要求。

四、交联淀粉的应用

1. 在医药工业中的应用

高程度交联淀粉受热不糊化，颗粒组织紧密，流动性高，适于橡胶制品的防黏剂和滑润剂；能用为外科手术橡胶手套的滑润剂，无刺激性，对身体无害，在高温消毒过程中不糊化，手套不会黏在一起。交联淀粉可作为排汗剂，含羧甲基或羟烷基的交联淀粉醚适合作为人体卫生吸收剂，吸湿能力达 20 倍，在卫生纸中，外科用棉塞、病人体液的吸收剂中广泛应用。淀粉磷酸酯可以提高前列腺素对热的稳定性，可作为标记放射性的诊断剂。用甘油-山梨醇混合物增塑过的淀粉磷酸酯薄膜包扎皮肤创伤和烧伤，能促进伤口愈合，减少感染等。

2. 在食品工业中的应用

交联后的淀粉一般都具有较强的糊化稳定性和较强的对热、冷冻、酸性的耐受力而在食品工业中具有广泛的应用。适度交联的淀粉糊的黏度比原淀粉的黏度高且稳定，抗热和抗剪切力强，因此适合用作增稠稳定剂，它能使食品组织和品质更加稳定。如在饮料生产中应用三偏磷酸钠磷酸二酯交联淀粉与琼脂可制成粒粒橙饮料的复合增稠稳定剂，使果粒均匀悬浮不下沉。用六偏酸钠做交联剂的交联羟丙基二淀粉磷酸酯制得的果冻和果酱，无论口感、风味还是稠度均与市售的产品相似。其强度与果胶或明胶做胶凝剂的产品相似，并且使用简单，原料易得、价格便宜，同时具有良好的涂布性，还能使冷冻布丁结构稳定，组织柔软。

3. 在其他工业中的应用

交联淀粉对酸、碱和氯化锌作用的稳定性高，用于在干电池中做电解液的增稠剂，能防止黏度降低、变稀、损坏锌皮外壳，而发生漏液，并能提高电池保存性和放电能。交联淀粉在常压下受热，颗粒膨胀但不破裂，用于造纸打浆机施胶效果很好，因为被湿纸页吸着的量多。交联淀粉抗机械剪力稳定性高，为波纹纸板和纸箱类产品的好胶黏剂。用交联淀粉浆纱，易于附着在纤维面上而增加摩擦抵抗性，也适用于碱性印花糊中，具有较高的黏度，悬浮颜料的效果好。铸造砂芯、煤砖、陶瓷用为胶黏剂，石油井钻泥也用交联淀粉。双醛淀粉能与皮革中蛋白质骨胶原的氨基和亚氨基起交联反应，为良好的鞣革剂。

工业上常应用交联与其他化学反应如氧化、酯化、醚化或酸处理等制造复合变性淀粉，具有更优良的性质。例如，应用环氧氯丙烷交联和次氯酸钠氧化淀粉能制得黏度稳定性高的复合变性淀粉产品，热黏度稳定高；冷却后，冷黏度的稳定性也高。在室温条件下存放一个星期，黏度基本保持不变，也不发生凝沉现象，若再加热仍能恢复原来的热黏度，耐剪切的稳定性也高。

第八节　酯化淀粉

酯化改性淀粉是淀粉葡萄糖单元结构上的醇羟基被酯化剂（有机酸或无机酸）取代而得到的一类变性淀粉。淀粉是多羟基化合物，表现一定的亲水性，这种亲水性和弱的机械性限制了其应用尤其是在潮湿的环境中，而酯化修饰能克服这些缺点。经酯化后的淀粉不仅降低了老化回生、糊凝胶化、脱水缩合现象，也改变了淀粉糊透明度、光泽度、黏度特性、凝胶质构、成膜性、热稳定性、乳化及乳化稳定性，广泛应用于食品、药品、纺织、造纸等行业。

在淀粉分子单元中有三个游离的羟基，因此可形成单酯、双酯和三酯化物。酯化淀粉分无机酸酯和有机酸酯两类。无机酸酯主要是淀粉磷酸酯、硫酸酯、硝酸酯等；有机酸酯有淀粉醋酸酯、淀粉顺丁烯二酸酯、淀粉乙酸乙烯酯、淀粉琥珀酸酯等。

一、淀粉醋酸酯

淀粉醋酸酯是酯化淀粉中出现较早，较普遍的一种，有高取代度醋酸酯和低取代度醋酸酯两种，最早出现在 1900 年前，主要是为了替代乙酸纤维素而研究的。工业生产主要为取代产品，取代度在 0.2 以下，应用于食品、造纸、纺织和其他工业。高取代度的淀粉醋酸酯（取代度 2~3）的性质与纤维素醋酸酯相似，能制成薄膜、纤维、塑料等，这些产品的性质也相同，但无特别优点，未能发展。

（一）低取代淀粉醋酸酯

1. 酯化反应机理

制备淀粉醋酸酐使用酯化剂主要为醋酸酐、醋酸乙烯、醋酸等。醋酸酐是最常用的酯化剂。工业生产低取代度产品是用淀粉乳在碱性条件下进行，反应表示如下：

$$\text{淀粉}-OH + (CH_3CO)_2O \xrightarrow{NaOH} \text{淀粉}-O-\overset{\displaystyle O}{\overset{\displaystyle \|}{C}}-CH_3 + CH_3COONa + H_2O$$

在反应过程中，醋酸酐和生成的淀粉醋酸酯受碱的作用发生水解反应，如下面反应式所示，这是不利的副反应，选择生产条件应尽量抑制其反应程度。

$$H_2O + (CH_3CO)_2O \xrightarrow{NaOH} 2CH_3COONa$$

$$淀粉 - O - \overset{\overset{\textstyle O}{\|}}{C} - CH_3 + H_2O \xrightarrow{NaOH} 淀粉 - OH + CH_3COONa$$

2. 生产工艺

反应的适当 pH 为 7~11，一般用质量分数为 3% 的氢氧化钠溶液调整。分批，交换加入氢氧化钠、醋酸酐，保持淀粉乳碱性在此范围内。淀粉乳浓度一般为 35%~40%，加入碱液，使 pH 上升到 11，加入醋酸酐使 pH 降到 7，再加入碱液、醋酸酐，保持在 pH 为 7~9 范围内。除最常用的氢氧化钠外，氢氧化钾、氢氧化锂、氢氧化镁、碳酸钠、磷酸三钠都能调节 pH。

反应最好在室温（25~30 ℃）进行。在较高温度下醋酸酐和淀粉醋酸酯的水解温度都较高，这是不利的。反应温度与 pH 有关：在室温 25~30 ℃ 时，适当的 pH 为 8~8.4；在 38 ℃ 时适当的 pH 为 7；在 20 ℃ 以下，pH 可在 8.4 以上。反应效率一般约 70%，较低取代程度的效率较高，较高取代程度的效率较低。反应时间一般 1~6 h，因为碱的消耗慢或很少。

3. 低取代淀粉醋酸酯的性质

低取代淀粉醋酸酯颗粒形状未发生改变（图 5-15），低取代度的酯化反应发生在淀粉颗粒表面，乙酰化没有破坏淀粉的颗粒结构。个别淀粉颗粒表面的亮点，有可能为反应过程中被碱腐蚀的结果。因为在淀粉分子内引入了乙酰基，淀粉醋酸酯糊化温度下降，糊化容易，黏度热稳定性增加，不易老化，其糊液黏度可根据用途调整。淀粉醋酸酯是非离子型的，不带电荷，溶液呈电中性，即使冷却也不形成凝胶。淀粉醋酸酯有抗凝沉性能，糊液稳定，呈膜性很好，形成的薄膜的柔软性、耐折度均佳。淀粉醋酸酯在水中分散度好，糊透明度好，回生程度减少。

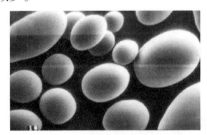

（a）原淀粉　　　　　　　　　（b）低取代度淀粉

图 5-15　低取代马铃薯淀粉醋酸酯 SEM 照片（1000 倍）

4. 低取代淀粉醋酸酯的应用

淀粉醋酸酯被广泛用于食品、纺织和造纸工业。

食品工业主要是用作食品增稠剂。它具有爽口清淡的滋味，并能给予食品良好的外观形态。在食品制作和消毒中，能经受不同条件的影响，如酸碱度变化，高度的剪切作用，温度的大幅度变化。食品中使用较多的是乙酰基含量为 0.5%~2.5% 的淀粉醋酸酯。除增稠之外，还可作为婴儿食品、水果和奶乳馅食品的填充剂，稳定剂，亦可作为烘烤食品、冷冻食品的助剂。

低取代淀粉醋酸酯在水中易于分散形成稳定的糊状物，并且不凝结，被广泛用于造纸和纺织工业。在纺织行业主要用作经线上浆，具有良好的纱线黏附力，抗拉强度和柔韧性。此外浆膜可溶性好，使其易脱浆。

在造纸业主要用作表面施胶，以改善适应性，赋予低而均匀的透气性、表面强度、耐磨性、油墨覆盖性、耐溶剂等性能。在胶带纸配制中，它的柔韧性、高光泽和再润湿对它特别有用。用含有 0.5% ~ 2% 乙酰基和 0.3% ~ 0.5% 羧基的氧化淀粉醋酸酯制备的胶带类似于和动物胶制备的产品性能。

（二）高取代淀粉醋酸酯

1. 生产工艺

制备高程度取代的淀粉酯需要在无水介质中进行，但是反应速度慢，取代也不完全，这是因为淀粉颗粒中氢键结合强，试剂进入颗粒结晶区和无定形区都困难，应当进行活化处理，破坏颗粒结构以提高反应活性。

研究表发现，应用氮杂苯的活化效果较好。混淀粉于无水氮杂苯中，在 155 ℃ 加热回流 1 h，淀粉不糊化，仍保持颗粒状，但反应活性大大提高。有一种方法是加淀粉于质量分数为 60% 的氮杂苯中，加热到 80 ~ 90 ℃ 淀粉糊化，共沸蒸馏（沸点 93 ℃）除去水分，加无水氮杂苯补充，温度上升到 115 ℃，水分全部被除去。加入醋酸酐保持在 115 ℃ 起反应，速度快，约 5 min 反应完成约 95%，反应物变成清澄透明的浅草色胶体，1 h 内得取代度 2 ~ 3 的醋酸酯。

另一种活化方法是先糊化淀粉，强剪力搅拌破坏颗粒结构，再用无水酒精沉淀，能大大提高反应活性，用此工艺所得产物的酯化反应更均匀，比用氮杂苯活化的效果好。

工业上生产高取代淀粉醋酸酯可用醋酸酐和醋酸为混合酯化剂。无催化剂条件下，用醋酸酐与醋酸于较低温度下处理，玉米淀粉酯化反应较慢，50 ℃，6 h，产物乙酰含量只达到 4.1%。但加用 1% 硫酸为催化剂，酯化速度大增，同样条件下乙酰含量达到 40.9%。酯化反应速度随硫酸用量的增高和温度的上升而加快，但较快增加到乙酰含量 35% ~ 40%，以后速度增加变慢。随酸浓度、反应温度和时间的增加，淀粉降解也增加。不用催化剂，在回流温度加热醋酸酐和醋酸酯化反应速度快。

2. 性质和应用

取代度为 2 ~ 3 的淀粉醋酸酯的熔点随直链淀粉含量降低，溶解度随乙酰基含量增加而降低。15% 乙酰基含量的产品可溶解于 50 ~ 100 ℃ 水中，而乙酰基含量大于 40% 时，则不溶于水、乙醚、脂肪醇等，而能溶于丙酮、乙二醚、苯等溶剂中。

直链淀粉三醋酸酯在抗张强度和伸长率方面和醋酸纤维素相近，但增塑性大于醋酸纤维素，因此薄膜耐折叠。而且薄膜耐水，部分溶剂及耐候性较好，但膜的附着力较差。

二、淀粉磷酸酯

淀粉易与磷酸盐起反应得磷酸酯，很低程度的取代就能改变原淀粉的性质。磷酸为三价酸，能与淀粉分子中一、二和三个羟基起反应生成淀粉磷酸一、二和三酯。淀粉磷酸一酯也简称为淀粉磷酸酯，在工业中用途最广。磷酸与来自不同淀粉分子的两个羟基起酯化反应得到的二酯属于交联淀粉，二酯的交联反应也同时有少量一酯和三酯反应并行发生。

原淀粉颗粒中含有少量磷，马铃薯淀粉的磷含量为 0.07%～0.09%。磷酸一酯与支链淀粉结合，相当于每 212～273 葡萄糖单位含有一个正磷酸基，60%～70% 是与 C_6 碳原子结合。几种原淀粉的磷含量经分析为：马铃薯淀粉 0.083%（取代度 4.36×10^{-2}），玉米淀粉 0.015%（取代度 7.86×10^{-4}），黏玉米淀粉 0.004%（取代度 2.13×10^{-4}），小麦淀粉 0.055%（取代度 2.89×10^{-4}）。原淀粉是天然存在的磷酸酯，虽然取代度很低，对淀粉的胶体性质仍具有一定的影响。

（一）酯化反应机理

淀粉能与多种水溶性磷酸盐起反应，如正磷酸盐（NaH_2PO_4，Na_2HPO_4），焦磷酸盐（$Na_4P_2O_7$）、三偏磷酸盐[$(NaPO_3)_3$]、三聚磷酸盐（$Na_5P_3O_{10}$），还有三氯氧磷（$POCl_3$）等。不同磷酸盐的酯化反应存在差别。应用正磷酸盐、焦磷酸盐和三聚磷酸盐得淀粉磷酸一酯，应用三偏磷酸盐和三氯氧磷得到的淀粉磷酸二酯，属交联淀粉。

磷酸是五氧化二磷（P_2O_5）的水化物，正磷酸（H_3PO_4）的水化程度高，三聚磷酸（$H_5P_3O_{10}$）和焦磷酸（$H_4P_2O_7$）的水化程度都低于正磷酸。P_2O_5 又被称为磷酸酐，三聚磷酸和焦磷酸被称为部分磷酸酐，即脱水不完全的磷酸酐。

焦磷酸盐（$Na_4P_2O_7$）酯化淀粉的反应方程式如下：

$$\text{淀粉} - OH + Na_3HP_2O_7 \longrightarrow \text{淀粉} - O - \overset{\overset{\displaystyle O}{\|}}{\underset{\underset{\displaystyle OH}{}}{P}} - ONa + Na_2HPO_4$$

三聚磷酸盐（$Na_5P_3O_{10}$）做酯化剂时，在低水分存在条件下受热，淀粉分子中的羟基与三聚磷酸钠起水解反应，得淀粉磷酸酯，即

$$\text{淀粉} - OH + Na_5P_3O_{10} \longrightarrow \text{淀粉} - O - \overset{\overset{\displaystyle O}{\|}}{\underset{\underset{\displaystyle ONa}{}}{P}} - ONa + Na_3HP_2O_4$$

含有三聚磷酸钠的湿淀粉滤饼在低温干燥时形成 $Na_5P_3O_{10} \cdot 6H_2O$，再在 110～120 ℃ 条件下加热，又发生如下分解反应：

$$Na_5P_3O_{10} \cdot 6H_2O \longrightarrow Na_5P_3O_{10} + 6H_2O$$

$$Na_5P_3O_{10} \cdot 6H_2O \longrightarrow Na_4P_2O_7 + NaH_2PO_4 + 5H_2O$$

$$2Na_5P_3O_{10} + 6H_2O \longrightarrow Na_4P_2O_7 + 2Na_3HP_2O_7$$

分解得到的焦磷酸钠和淀粉反应得淀粉磷酸单酯，该方法生成的淀粉酯降解很少，基本不发生，取代度也低（DS=0.02）。

正磷酸盐磷酸二氢钠和磷酸氢二钠通常混合做酯化剂，氢离子对其酯化有催化作用。pH 在 6.5 以上反应效率很低，在 155 ℃ 条件下加热时二者都会受热脱水分解生成焦磷酸盐，酯化剂中酸性较强的磷酸二氢盐比例提高，有利于磷酸一氢盐的分解，分解反应方程式如下：

$$2Na_2HPO_4 \longrightarrow Na_4P_2O_7 + H_2O$$

$$2NaH_2PO_4 \longrightarrow Na_2H_2P_2O_7 + H_2O$$

由此看来，磷酸二氢钠和磷酸氢二钠的酯化是通过焦磷酸盐这一中间体反应完成的。该

混合盐酯化后的淀粉取代度可达 0.2 以上。

（二）生产工艺

制备淀粉磷酸酯方法有湿法和干法两种。干法是把磷酸盐粉末和干淀粉混合，直接加热制得淀粉磷酸酯。湿法是把淀粉分散于磷酸盐水溶液中，在一定的温度、酸碱度条件下反应制得淀粉磷酸酯。

由于湿法在水分散相中进行反应，淀粉分子和磷酸盐混合比较均匀，一方面反应较快，另一方面产品性质均匀稳定。干法中原料混合的均匀程度和反应的均匀度都较差，不论是反应效率还是产品性能都不理想，现在已很少使用，但干法用药量少，无三废污染。

湿法工艺的具体流程如图 5-16 所示：

淀粉→打浆→脱水→干燥→酯化→冷却→调湿→成品
　　　　↑
　　磷酸盐溶液

图 5-16　湿法工艺流程

干法工艺的具体流程如图 5-17 所示：

淀粉→混合→干燥→酯化→冷却→调湿→成品
　　　↑
　磷酸盐溶液喷洒

图 5-17　干法工艺流程

两种方法基本都包括三个阶段：前处理、酯化反应和后处理。下面主要介绍湿法工艺。

把淀粉分散在磷酸盐溶液中，将混合物搅拌 10～30 min，在搅拌下将 pH 调至 5.0～6.5，水分约 40%，过滤，滤饼采用气流干燥或在 40～45 ℃下干燥到含水率 10%以下，然后加热酯化。酯化分两个阶段。开始阶段淀粉在较低温度下干燥除去多余水分，即滤饼干燥。后面阶段是在高温下加热反应即磷酸酯化，一般在 120～170 ℃的温度条件下加热 0.5～6 h。这两个阶段在连续带式干燥机中完成。在这两个阶段的加热过程中，在淀粉和磷酸盐混合物湿度减少到 20%之前，温度不应超过淀粉的糊化温度即 60～70 ℃。这样可防止凝胶化和其他副反应的发生。湿法生产磷酸淀粉的工艺参数如表 5-7 所示。

表 5-7　湿法制备磷酸淀粉的工艺参数

	NaH_2PO_4（g）/ Na_2HPO_4（g）	淀粉质量（g）/ 水体积（mL）	温度（℃）/ 时间（h）	含磷量/取代度
1	2～3.2	162/240	160/0.5	0.45%/—
2	34.5～96	186/190	150/4.0	1.63%/—
3	57.7～83.7	100/106	155/3.0	2.5%/0.15
4	7.5～11.2	50/65	145/2.5	0.56%/0.03

注：1，4 采用 $NaH_2PO_4 \cdot H_2O$，2 采用 $NaH_2PO_4 \cdot 12H_2O$，3 采用 $Na_2HPO_4 \cdot 7H_2O$。1，2，4 的滤饼采用空气干燥，3 的滤饼先在 40～45 ℃下强制通风干燥，然后再在 65 ℃下干燥 90 min。2，4 在真空炉中加热反应，1，3 是连续搅拌加热

（三）产物质量影响因素

影响产物质量的主要因素有 pH、反应温度、磷酸盐用量、催化剂等。

1. pH 的影响

pH 不但影响酯化剂在水中的溶解度，而且影响酯化的方式。pH 低时有利于磷酸盐的溶解。如 25 ℃时三聚磷酸钠在水中的溶解度为 13%，pH 在 4.2～4.8 时，溶解度提高到 20%～36%，而且生成单酯，但 pH 太低会加剧淀粉的水解。

2. 磷酸盐的种类和加入量

不同磷酸盐酯化效果差异明显，由于氢离子浓度不同，二氢盐的反应效果和取代度明显高于一氢盐。磷酸盐用量越大，反应效率和取代度越高，但特性黏度反而下降。

3. 温度和时间的影响

不同的磷酸盐要达到相同的酯化效果所需要的温度和时间不同。一般情况下，温度越高，反应时间越长，反应效率和取代度越大，但温度太高会导致淀粉降解，反应时间也不宜太长。

4. 催化剂

磷酸酯化反应中常加入适量尿素起催化作用，能提高反应效率，缩短反应时间，降低反应温度，提高产品白度和糊的透明度与黏度。

除无机磷酸盐酯化剂外，还可用有机含磷试剂做酯化剂。在生产低取代度非交联的淀粉磷酸酯及高取代度淀粉磷酸酯时，有机磷酯化剂优于无机磷酯化剂。有机含磷酯化剂主要有水杨基磷酸酯，N-苯酰磷酸铵及 N-磷酰基-N-甲基咪唑盐等几种生产低取代度，非交联的淀粉磷酸酯试剂。一般是将淀粉和有机磷试剂悬浮液在 30～50 ℃，pH 为 3～8 的条件下进行。N-磷酰基-N-甲基咪唑盐则在 pH 为 11～12 条件下进行。

（四）淀粉磷酸酯的性质

淀粉磷酸酯具有电荷，为阴离子高分子电解质，与原淀粉比较，糊黏度、明度和稳定性都较高，很低的酯化程度便能使糊性质改变很大。淀粉磷酸酯还具有很好的冻融稳定性，添加淀粉磷酸酯的食品经多次冷冻和融化，食品性质不发生变化。

淀粉磷酸酯仍为颗粒状，其水溶性质因酯化程度和生产方法而不同。取代度约 0.07，颗粒遇冷水膨胀，大多数离子型淀粉衍生物都是如此。与其他高分子电解质性质相似，糊黏度受 pH 影响，并能被钙、镁、铝、钛等离子沉淀。

淀粉磷酸酯能被带正电荷的亚甲蓝显色，颜色深浅能表示阴离子强度，用显微镜观察样品颜色分布的均匀程度能了解酯化反应发生的均匀程度。

（五）淀粉磷酸酯的应用

淀粉磷酸酯是较好的食品乳化剂、增稠剂和稳定剂，适用于不同食品加工工业。糊的冷冻和冻融稳定性都高，在低温长期储存或重复冷冻，融化，食品组织结构保持不变，也无水分析出，特别适于冷冻食品中用。

用质量分数为 8%～10% 的正磷酸盐溶液酯化，产品能溶于冷水，制成薄膜，透明，柔软，具有水溶性。这种产品能代替阿拉伯树胶类植物胶用于许多种食品中为增稠剂，与明胶和甘油制成薄膜或与甘油和山梨醇制成薄膜，具有黏合性，适于外科敷于伤口或烧伤皮肤面上，能减少感染，促进组织生长，治愈快。

造纸工业用淀粉磷酸酯作为纸浆施胶剂，能提高白土或碳酸钙保留率，增强纸张强度。纺织工业将淀粉磷酸酯用于上浆、印染和织物整理，效果比原淀粉好，用量也省。机械铸造工业应用淀粉为砂芯胶黏剂，淀粉磷酸酯的效果较原淀粉好，砂芯强度高。淀粉磷酸酯还是良好的沉降剂，适用于工厂废水处理，浮游选矿和由洗煤水收回细煤粉等。

三、淀粉黄原酸酯

纤维素和淀粉都易与二氧化碳起反应，生成黄原酸酯，前者在工业上应用于生产再生纤维和玻璃纸薄膜，已有很久历史。近年来对淀粉黄原酸酯研究工作有很多，将促进其生产和应用的发展。

（一）酯化反应机理

二硫化碳（CS_2）可以认为是黄原酸（$HO—CS—SH$）的酸酐，在碱性（常用氢氧化钠或氢氧化钾）条件下易与淀粉分子中的羟基起酯化反应得淀粉黄原酸酯，化学方程式如下所示，产物不是游离淀粉黄原酸酯（淀粉—$O—CS—SH$），而是以钠盐存在，为淀粉黄原酸钠。

$$\text{淀粉}—OH + CS_2 \xrightarrow{NaOH} \text{淀粉}—O—\overset{\displaystyle S}{\overset{\|}{C}}—S^-Na^+ + H_2O$$

与纤维素比较，淀粉更易被酯化，这是因为淀粉颗粒的结晶性结构强度较纤维弱的缘故。黄原酸酯化取代度随反应时间、温度、碱浓度的增高而上升，如表 5-8 所表示。取代度最高能达 0.65，但工业上的不同应用都是较低取代产品。

在黄原酸酯化反应中，葡萄糖单位 C_6 伯醇羟基的被取代活性最高，其次是 C_2 仲醇羟基，C_3 仲醇羟基最低。反应时间，温度和其他因素都对取代度和不同位置羟基取代比例有影响。

表 5-8　淀粉黄原酸酯化反应

温度/℃	碱/（mol/葡萄糖电位）	反应时间/min			
		15		30	
		取代度	CS_2 反应比例/%	取代度	CS_2 反应比例/%
14	0.2	0.02	19	0.04	31
26	0.3	0.08	56	0.09	65
	0.5	0.11	73	0.11	79
38	0.2	0.08	57	0.09	63
	0.3	0.10	67	0.10	71
	0.5	0.10	69	0.10	50

（二）生产工艺

淀粉黄原酸酯的制备方法很多，最简单的是把氢氧化钠溶液加入淀粉和二硫化碳的混合物中反应，然后干燥得产品。工业上生产黄原酸酯的方法是把计量后的干淀粉、氢氧化钠和二硫化碳连续不断地加入螺旋挤压机中，反应 2 min，生成的黏糊卸出后干燥得产品。生产工艺流程如图 5-18 所示。

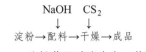

图 5-18　淀粉黄原酸酯生产工艺流程

具体的方法为：

1. 工业上挤压法制备淀粉黄原酸酯

应用搅拌机式反应器，干淀粉、二硫化碳和氢氧化钠溶液分别连续引入，反应 2 min，产物呈黏稠糊状连续卸出，浓度为 53%～61%，取代度为 0.07～0.47。试验的物料量比例（摩尔比）：淀粉、NaOH、CS_2 之比为 1∶1∶1～1∶（1/4）∶（1/6）。人们对反应温度、物料添加次序、出料孔大小、反应时间、物料起反应效率、动力消耗等因素都进行过研究。卸料后 10 min 进行分析，取代度 0.07 和 0.17，得二硫化碳转变成黄原酸酯反应效率分别为 80% 和 87%。卸料后放置 1 h，取代度分别为 0.10 和 0.29，二硫化碳的反应效率达 90% 和 93%。增高反应温度，先加二硫化碳，后加氢氧化钠于淀粉，增加 NaOH-CS_2，减小出料孔一般能提高二硫化碳的反应效率。

2. 交联淀粉黄原酸酯的制备

应用高程度交联淀粉为原料，进行黄原酸酯化反应，并加硫酸镁得不溶性淀粉黄原酸钠镁盐，在室温稳定性较高，适于生产，运输和应用。淀粉黄原酸的不同盐具有不同稳定性，镁盐最高，大大超过其他种类的盐，呈下列次序：$Mg^{2+} > Ca^{2+} > Na^+ > NH_4^+$。应用市售环氧氯丙烷交联淀粉为原料，100 g（0.56 mol，45 g），搅拌 30 min。加入二硫化碳 30 mL，盖住烧杯搅拌 1 h。加入 400 mL 硫酸镁溶液（含 $MgSO_4$ 19 g），再搅拌 5 min，过滤，用 1 L 水洗。湿滤饼浓度 25%，用丙酮、乙醚洗，真空干燥 2 h，得淀粉黄原酸钠镁盐 120 g。

（三）淀粉黄原酸酯的性质

淀粉黄原酸酯溶液是深黄色带有浓重硫味的黏滞溶液。水溶性的淀粉黄原酸酯不易从水溶液中分离，加酒精后能沉淀出来。在空气中淀粉黄原酸酯能被氧化转化成多种含硫单体，因此淀粉黄原酸酯溶液是不稳定的。

淀粉黄原酸酯和重金属离子能发生离子交换。如和锌离子通过交联反应生成配合结构。由于淀粉黄原酸酯具有还原性，它可以和铜离子发生氧化还原反应，把铜离子还原成亚铜离子，形成配合结构，自身被氧化成黄原酸物。

（四）淀粉黄原酸酯的应用

淀粉黄原酸酯的可能用途很多，有的已进行不同程度的研究，有的已在工业上应用，如除去工业废水中的重金属，增强纸张强度，包埋农药，橡胶增强等。这些应用都是较低取代产品，DS 为 0.05～0.3。

不溶性淀粉黄原酸钠镁盐能与许多重金属离子生成配合结构，用于处理工业废水排除重金属效果好。淀粉黄原酸钠用于造纸添加剂能提高纸的湿强度和干强度，其效果有如人工合成树脂。淀粉黄原酸钠能取代炭黑为橡胶增强剂，用于生产粉末状橡胶。与块状橡胶对比，这种粉末橡胶具有很大的优点，能应用粉末塑料成型机加工成橡胶制品，操作简单，并大大降低动力消耗。利用淀粉黄原酸钠的交联反应能包埋除草农药，降低其挥发性，使用安全，储存稳定，避免环境污染，并控制使农药缓慢放出，延长有效期。

四、其他淀粉酯

（一）淀粉硫酸酯

淀粉硫酸酯的酯化方法很多，最早用硫酸，后来使用发烟硫酸和溶于 CS_2 中的 SO_3 做淀粉硫酸酯化剂，这些酯化剂均使淀粉降解。淀粉与硫酸酯化剂的反应在淀粉分子中葡萄糖残基上的 C_3、C_6 上都能进行，形成硫酸单酯、双酯或多酯。目前最常用的硫酸酯化剂有如下几种。

（1）在含水介质中，亚硝酸钠与亚硫酸盐、叔胺与 SO_3 配合物做酯化剂，叔胺包括三甲胺、二乙胺及吡啶。此类酯化剂制得的产品难于消除它们的气味。

（2）有机溶剂中用 SO_3 做酯化剂，有机溶剂有 N,N-二甲基苯胺、二噁烷、甲酰胺、二甲基甲酰胺（DMF）、二甲基亚砜（DMS）。

（3）在有机溶剂中用氯磺酸做酯化剂，有机溶剂有吡啶、甲基吡啶、吡啶和苯、氯仿、甲酰胺等。

（4）在碱性介质中用氟磺酸盐做酯化剂。

（5）碱性介质中用 N-甲基咪唑-磺酸盐做酯化剂。

（6）在干法反应中，氨基磺酸做酯化剂，同时加入尿素。

（7）在干法反应中亚硫酸氢钠做酯化剂，同时加入亚硝酸钠。例如，用叔胺-SO_3 配合物进行淀粉硫酸酯化的最佳溶剂是二甲基甲酰胺。随着温度从 35 ℃ 升高至 90 ℃，取代度从 0.5 增加到 2.0，反应 1 h，反应效率为 80%。用三乙胺-SO_3 配合物可制得高取代度的产品，三甲胺-SO_3 配合物效果最差。

淀粉硫酸酯是一种重要的淀粉衍生物，具有高黏度和其他变性淀粉少见的生理活性，在医药工业中用作胃蛋白酶抑制剂、肝素代用品；利用其降低血液中胆甾醇、防动脉硬化、抗凝血、抗酯血清、抗炎症等功能，可作为血浆代用品、肠溃疡的治疗剂以及药物和抗生素的载体。

（二）淀粉烯基琥珀酸酯

淀粉烯基琥珀酸酯（丁二酸）是淀粉与烯基丁二酸酐反应而得。在碱性催化剂的作用下，反应生成淀粉烯基琥珀酸酐。

制备淀粉烯基琥珀酸酯的方法有三种：湿法、有机溶剂法和干法生产。

1. 湿　法

在一定的温度条件下，用氢氧化钠或碳酸钠调淀粉乳至 pH 为 8~10，向淀粉乳中加入烯基琥珀酸酐（可先用有机溶剂稀释，如乙醇、异丙醇等），反应体系在反应过程调至微碱性，反应一段时间后调至 pH 在 6~7，过滤，水洗，干燥得成品。

2. 干　法

淀粉和一定量的碱混合，再喷水至淀粉含水 15%~30%，然后喷入用有机溶剂事先稀释的烯基琥珀酸酐，混匀后加热反应。

另一种方法是先将淀粉悬浮于 0.7%~1%的氢氧化钠溶液中，过滤，待淀粉干至所需水分，喷入烯基琥珀酸酐，混匀后加热反应。

3. 有机溶剂法

把淀粉悬浮于惰性有机溶剂介质中（或有机溶剂的水溶液，如苯、丙酮），再加入烯基琥珀酸酐进行反应，同时加入吡啶等碱性有机溶剂或无机碱溶液维持反应的 pH，反应一段时间后，中和，洗涤，干燥得成品。

淀粉的烯基琥珀酸酐的衍生作用能使淀粉液黏度升高，胶凝温度下降，稳定性提高。这种衍生作用还可改善淀粉的组织结构。如玉米淀粉蒸煮后冷却时会老化，搅拌又会使凝块分解，而烯基丁二酸能使其稳定，蒸煮物犹如橡胶一般。这类淀粉酯能稳定水包油型乳浊液，但它不是乳化剂，在许多方面和表面活性剂不同，使用前需经蒸煮才能溶解在水中，或借助于预糊化作用使它们直接分散在水中。

由于烯基丁二酸淀粉酯只能作为稳定剂使用，用它稳定的乳浊液必须首先通过胶体磨或剧烈搅拌形成。一旦形成乳浊液，烯基丁二酸淀粉酯能阻止颗粒凝聚而起到稳定作用。如用烯基琥珀酸酯乳液中加入松节油通过胶体磨乳化得到的乳化液和纯淀粉分散液相比，松节油不会分层而后者很快分离。

由于以上特性，烯基丁二酸淀粉酯在食品、制药等行业得到广泛的应用。在制药行业主要是用来改善某些药物和工业粉末的流动性，以替代无机的流动添加剂，用作药片粉末的润滑剂。在饮食行业主要用作饮料乳浊液、食用香精、混浊剂，包括调味品、奶油、香料。

（三）淀粉硝酸酯

淀粉和硝酸、硫酸的混合物，淀粉和五氧化二氮或四氧化二氮反应可以制得淀粉硝酸酯。该产品可安全地贮存在蒸馏水或质量分数为 50%的乙醇中。在含水碱液或含水醇中煮沸都是稳定的。低取代度的淀粉硝酸酯可用于蜂窝煤中引火和制造花炮焰火。取代度 2.6（约含氮13.2%）以上的淀粉硝酸酯可用作炸药。含氮量越高，爆炸效能越强。制备方法如下：

（1）25 份淀粉和 100 份含有 32.5%的硝酸，64.5%的硫酸及 3%的水的混合物反应制得淀粉硝酸酯。

（2）五氧化二氮与淀粉在氯仿中 0～15 ℃下反应。

（3）四氧化二氮与淀粉在二甲基甲酰胺中室温下反应，得到取代度为 1.5～2.8 的淀粉亚硝酸酯，再在甲醇中加热可得到淀粉硝酸酯。

第九节　醚化淀粉

醚化淀粉是淀粉分子中的羟基与反应活性物质反应生成的淀粉取代基醚，包括羧甲基淀粉、羟烷基淀粉、阳离子淀粉等。由于淀粉的醚化作用提高了黏度稳定性，且在强碱性条件下醚键不易发生水解，醚化淀粉在许多工业领域中得以应用。

一、羧甲基淀粉

淀粉在碱性条件下与一氯醋酸或其钠盐起醚化反应生成羧甲基淀粉，工业生产主要为低取代产品，取代度在 0.9 以下，应用于食品、纺织、造纸、医药和其他工业。

（一）羧烷化反应机理

淀粉与一氯醋酸在氢氧化钠存在下起醚化反应，为双分子亲核取代反应，葡萄糖单位中醇羟基被羧甲基取代，所得产物是羧甲基钠盐，为羧甲基淀粉钠，但习惯上被称为羧甲基淀粉，将钠字省掉。反应方程式如下：

$$淀粉 —OH + NaOH \longrightarrow 淀粉—O—Na^+ + H_2O$$

$$淀粉—ONa + ClCH_2COOH \longrightarrow 淀粉—O—CH_2COONa + NaCl + H_2O$$

羧甲基化反应主要发生在 C_2 和 C_3 碳原子的羟基上，随着取代度的提高，反应逐步发生在 C_6 碳原子上。这可用淀粉和高碘酸钠反应测定羧甲基在 C_2 和 C_3、C_6 上的取代比例。羧甲基取代优先发生在 C_2、C_3 碳原子上。C_2 和 C_3 碳原子上的羟基能被高碘酸钠定量地氧化成醛基，被羧甲基取代后则不能被氧化，如表 5-9 所示。

表 5-9　羧甲基化取代比例

取代度	$NaIO_4$ 消耗量/mol	C_2 和 C_3 取代	C_1 取代	羧甲基淀粉钠平均分子量
0.25	0.65	0.79	0.21	182.6
0.50	0.52	0.70	0.30	202.7
0.96	0.28	0.55	0.45	239.0

（二）生产工艺

羧甲基淀粉在取代度约为 0.1 或以下不溶于冷水。用碱性淀粉乳制备，加氢氧化钠溶液（50%浓度）、一氯醋酸于淀粉乳中。在低于糊化温度条件下保持搅拌起反应，过滤，清洗、干燥。一氯醋酸为结晶固体，熔点为 63 ℃，溶于水、己醇和苯。为了提高醚化取代度，可先用环氧氯丙烷或三氯氧磷处理淀粉，使其发生适度交联，提高其糊化温度，再进行醚化，所得产物仍能保持颗粒状，不溶于冷水，易于过滤，清洗。

应用能与水混溶的有机溶剂为介质，在少量水分存在的条件下进行醚化，能提高取代度和反应效率，产品仍保持颗粒状态。有机溶剂的作用是保持淀粉不溶解。一氯醋酸和氢氧化钠都是水溶性，还必须有少量水分存在。常用有机溶剂有甲醇、乙醇、丙酮、异丙醇等。实验人员曾于不同条件下比较甲醇、丙酮和异丙醇对取代度、产率、纯度和黏度的关系。试验结果表明，甲醇浓度较差，丙酮和异丙醇较好，二者效果相同。异丙醇不挥发，更适用，在30 ℃ 反应 24 h，反应效率>90%，在 40 ℃ 时反应只需几小时。反应时间过长，产物变黏，过滤、清洗困难。

制备冷水能溶解的羧甲基淀粉用半干法，使用少量水溶解氢氧化钠和一氯醋酸，喷回淀粉，成均匀混合物，得到的产物仍能保持原淀粉颗粒结构，流动性高，易溶于冷水，不结块。玉米淀粉 100 份，含有一般水分，先通氮气，喷 24.6 份的质量分数为 40%的氢氧化钠碱液，23 ℃，5 min。再喷 16 份的质量分数为 75%的一氯醋酸液，34 ℃，4 h 后，温度自行上升到48 ℃。在此期间保持通入氮气，控制速度使反应物水分降低到约 18.5%。在 60～65 ℃ 反应 1 h，70～75 ℃ 反应 1 h，80～85 ℃ 反应 2.5 h，冷却至室温，得羧甲基淀粉，含水分 7%，浓度为8%，pH 为 9.7。

（三）羧甲基淀粉的性质

羧甲基淀粉为阴离子型高分子电解质，白色或淡黄色粉末，无色无臭，具有吸湿性，必须贮存在密闭的容器内。不溶于乙醇、乙醚、丙酮等有机溶剂，与重金属离子、钙离子能生成白色混浊至沉淀，从而丧失功能：

工业品羧甲基淀粉取代度一般在 0.9 以下，以 0.3 左右居多。取代度 0.1 以上的产品，能溶于冷水，得澄清透明的黏稠溶液，与原淀粉相比，黏度高、稳定件好，适于用作增稠剂和稳定剂。随取代度增加，糊化温度下降，在水中的溶解度也随之增加。羧甲基淀粉具有较高的黏度，黏度随取代度的提高而增加，但二者并不存在一定的比例关系。黏度受若干因素的影响，与盐类的含量有关，盐类除去越彻底，黏度越高；与温度有关，随温度升高，比黏度值下降；与 pH 有关，一般情况下，受 pH 影响小，在强酸下能转变成游离酸型，使溶解度降低，甚至析出沉淀。

羧甲基淀粉有优良的吸水性能，溶于水充分膨胀，其体积为原来的 200 ~ 300 倍。羧甲基淀粉还具有良好的保水性、渗透性和乳化性。

（四）羧甲基淀粉的应用

在食品工业中，羧甲基淀粉可作为增稠剂，比其他增稠剂具有更好增稠效果。加入量一般为 0.2% ~ 0.5%。羧甲基淀粉还可作为稳定剂，加入果汁、乳或乳饮料中，加入量为乳蛋白的 10% ~ 12%，可以保持产品的均匀稳定，防止乳蛋白的凝聚，从而提高乳品饮料的质量，并能长期、稳定地储存不腐败变质。用作冰淇淋稳定剂，冰粒形成快而小，组织细腻，风味好。羧甲基淀粉可作为食品保鲜剂，将羧甲基淀粉稀水溶液喷洒在肉类制品、蔬菜水果等食物表面，可以形成一种极薄的膜，能长时间储存，保持食品的鲜嫩。

在医药工业，羧甲基淀粉可用作为药片的黏合剂和崩解剂，能加速药片的崩解和有效药物的溶出。石油钻井中，羧甲基淀粉作为泥浆失水剂在油田得到广泛使用，它具有抗盐性、防塌效果和一定的抗钙能力，被公认为优质的降滤失剂。纺织工业用羧甲基淀粉为上浆剂，成膜性好，渗透力强，织布效率高，水溶性高，退浆容易，不需要加酶处理。羧甲基淀粉在造纸工业中可作为纸张增强剂及表面施胶剂，并能与 PVC 合用形成抗油性及水不溶性薄膜。羧甲基淀粉在日化工业中用作肥皂、家用洗涤剂的抗污垢再沉淀剂、牙膏的添加剂，化妆品加入羧甲基淀粉可保持皮肤湿润。经交联的羧甲基淀粉可用作面巾、卫生餐巾及生理吸湿剂。农业上可用羧甲基淀粉作为化肥控制释放和种子包衣剂等。羧甲基淀粉可作为絮凝剂、螯合剂和黏合剂，用于污水处理和建筑业。

二、羟烷基淀粉

淀粉与环氧烷化合物起反应生成羟烷基淀粉醚衍生物，工业上生产羟乙基和羟丙基淀粉，应用于食品、造纸、纺织和其他工业。

（一）羟乙基淀粉

1. 醚化反应机理

常见的羟乙基淀粉通常是分子取代度（MS）小于 0.2 的低取代度产品，是由淀粉和环氧乙烷在碱性条件下反应制得的，反应方程式如下：

$$淀粉—OH + H_2C\overset{O}{\underset{}{—}}CH_2 \xrightarrow{OH^-} 淀粉—O—CH_2—CH_2—OH$$

该反应是淀粉的羟乙基化亲核取代反应。首先氢氧根离子从淀粉羟基中夺取一个质子，带有负电荷的淀粉作用于环氧乙烷使环开裂，生成一个烷氧负离子，烷氧负离子再从水分子中吸引一个质子形成羟乙基淀粉。游离的氢氧离子继续反应。

在这个反应过程中，环氧乙烷能和淀粉分子单元三个羟基中的任何一个羟基反应，还能和已取代的羟乙基进一步反应生成多氧乙基侧链。反应方程式为：

$$淀粉—O—CH_2—CH_2—OH + nH_2C\overset{O}{\underset{}{—}}CH_2 \xrightarrow{OH^-} 淀粉—O—(CH_2CH_2O)_n—CH_2CH_2OH$$

因此该反应的反应程度一般不用取代度表示，而是用分子取代度表示，即每个脱水葡萄糖单元和环氧乙烷反应的分子数有可能高于 3。但由于工业上通常生产低取代度产品，即 MS < 0.2 的产品，因此 MS=DS。

环氧乙烷做醚化试剂的副反应如下：

$$H_2C\overset{O}{\underset{}{—}}CH_2 + H_2O \longrightarrow HOCH_2CH_2OH$$

$$H_2C\overset{O}{\underset{}{—}}CH_2 + OH^- + H_2O \longrightarrow HOCH_2CH_2OH + OH^-$$

环氧乙烷水解生成乙二醇的反应和碱的浓度密切相关，一般情况下有 25% ~ 50%的环氧乙烷发生水解。

2. 生产工艺

淀粉颗粒和糊化淀粉都易与环氧乙烷起醚化反应生成部分取代的羟乙基淀粉衍生物。羟乙基淀粉的制备方法分为：湿法、干法和有机溶剂法。

工业上生产低取代度产品（0.1 MS 以下）是用湿法，其优点是能在较高浓度（35% ~ 45%）进行，控制反应容易，产品仍保持颗粒状，易于过滤、水洗和干燥。若糊化淀粉再进行反应，收回产品困难，取代程度增高，淀粉颗粒变得易于膨胀，水溶性增高，在 MS 为 0.5 以上产品能溶于冷水。制备较高取代度产品，不宜用湿法工艺，用有机溶剂或干法工艺。

（1）湿法

工业上生产的羟乙基淀粉主要为 MS 在 0.05 ~ 0.1 低取代度产品,羟乙基含量 1.3% ~ 2.6%。来自淀粉车间的淀粉乳，浓度为 35% ~ 45%，加入氢氧化钠，其量为干淀粉的 1% ~ 2%。为避免局部过碱可能引起淀粉颗粒糊化，还须加硫酸钠或氯化钠，才能加较高量的氢氧化钠以提高反应效率。硫酸钠或氯化钠可先加入淀粉乳，再加入碱，也可与碱同时加入。先配制成含 30%氢氧化钠和 26%氯化钠盐的混合溶液，加入淀粉乳中，有利于混合均匀。环氧乙烷的沸点低（10.7 ℃），易于挥发，与空气混合又可能引起爆炸，所以用密闭反应器，以避免损失和危险。加环氧乙烷用管引入淀粉乳中，有利于促进溶解，加入环氧乙烷之前先通氮气于淀粉乳，排除空气，防止在反应器顶部形成爆炸性混合气体，有利于保障安全。反应在低于糊化温度（25 ~ 50 ℃）进行，温度过高可能引起淀粉颗粒膨胀，反应完成后过滤困难；温度过低则反应速度慢，时间太长。反应完成后，中和、过滤、水洗、干燥。反应效率为 70% ~ 90%，

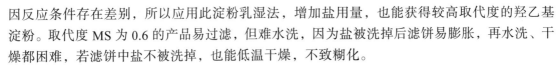

因反应条件存在差别，所以应用此淀粉乳湿法，增加盐用量，也能获得较高取代度的羟乙基淀粉。取代度 MS 为 0.6 的产品易过滤，但难水洗，因为盐被洗掉后滤饼易膨胀，再水洗、干燥都困难，若滤饼中盐不被洗掉，也能低温干燥，不致糊化。

（2）有机溶剂法

制备较高取代度羟乙基淀粉能在醇液中进行。醇分子虽然也有羟基，但因为淀粉吸收碱，羟基反应活性高，环氧乙烷优先与淀粉起醚化反应。有一种实验室制备 MS 为 0.5 的羟乙基淀粉方法：于密闭反应器中搅拌，混合淀粉（含水分 10%）100 g，氢氧化钠 3 g，水 7.7 g，异丙醇 100 g，环氧乙烷 15 g，44 ℃反应 24 h。用醋酸中和，真空抽滤，用 80%乙醇洗涤到不含醋酸钠和其他有机副产物为止。分散滤饼，室温干燥。环氧乙烷的反应效率为 80% ~ 90%。提高环氧乙烷的用量比例，能得取代度更高的产品。因为取代度增高，产品在低脂肪醇中的溶解度也增高，并且具有热塑性和水溶性，应当用较高脂肪醇或在混合有机液中制备。

制备较高取代度的羟乙基淀粉能在脂肪酮液中进行，如丙酮或甲基乙基酮。玉米淀粉（含水分 5%）混于丙酮中，浓度 40%，保持搅拌，加入质量分数为 15%的氢氧化钠液，到氢氧化钠添加量达淀粉重量的 2.5%为止。陆续加入环氧乙烷，在 50 ℃反应。在反应过程中，添加丙酮保持流动性，易于搅拌。用酸中和，过滤除去丙酮，干燥。产品含羟乙基可达 38%，MS 为 2.2，仍保持颗粒状，但遇冷水立即糊化。

（3）干法

用环氧乙烷气体压力下作用于含有少量碱性催化剂的干淀粉是常用制备较高取代程度羟乙基淀粉方法，称为干法工艺。工业干淀粉含有 10% ~ 13%水分，催化剂易于渗透到颗粒内部。催化剂用氢氧化钠与氯化钠，也能单独使用氯化钠，起到"潜在"碱催化作用。氯化钠与环氧乙烷和水分起反应生成氯乙醇和氢氧化钠，后者起碱性催化作用。反应完成后用有机溶剂清洗，产品仍保持颗粒状，甚至取代度高到冷水能溶解程度也是如此。也能用叔胺或季胺碱为催化剂。叔胺与环氧乙烷起反应生成季胺碱，具有强催化作用。

应用干法工艺还能制备低取代度羟乙基淀粉或谷物粉。配制浓碱液，喷入干淀粉或谷物粉，也可搅拌混合，再进行羟乙基化。也可混合干氢氧化钠粉于淀粉或谷物粉，放置一定时间后，进行羟乙基化。这种羟乙基谷物粉的成本便宜，适于造纸、纺织和其他工业。

3. 羟乙基淀粉的性质

低取代程度（MS 为 0.05 ~ 0.1）羟乙基淀粉的颗粒形状与原淀粉相同，但很多重要性质发生很大变化。羟乙基的存在增高了亲水性，糊化淀粉分子间氢键的结合，使较低的能量就让淀粉颗粒膨胀、糊化，生成胶体糊。随取代度增高，糊化温度降低越大。由于羟乙基的存在，羟乙基淀粉水溶液中淀粉分子链间再经氢键重新结合的趋向被抑制，黏度稳定，透明度高，胶黏力强，凝沉性弱，凝胶性弱，冻融稳定性高，储存稳定性高。

较高取代度羟乙基淀粉，MS 在 0.5 或以上，具有冷水溶解性，黏度稳定，对于 pH、剪力、盐和酶等影响的抵抗力强。随取代度的增高，冻融稳定性增高，生物分解性降低。

4. 羟乙基淀粉的应用

羟乙基淀粉主要用在造纸工业和纺织工业。

造纸工业广泛应用羟乙基淀粉为施胶剂和涂料胶黏剂。用于表面施胶，糊化温度低是优点，能保证在纸张完成干燥以前糊化完全，增高纸张强度，并能提高纸机的速度。羟乙基淀粉糊的蓄水性和胶黏性都高，生成均匀的膜，光泽好，柔软，干燥收缩小，纸张具有良好的印刷性和书写性。羟乙基淀粉糊的流动性高，凝沉性弱，黏度稳定，有利于施胶和涂布均匀，效果好。

纺织工业广泛用于羟乙基淀粉于经纱上浆，浆膜的强度高，柔软，纱的抗耐磨性高，织布断头少，效率高。糊黏度稳定，能保证上浆均匀。羟乙基淀粉对于棉纤维和人工合成纤维，如聚酯、丙烯酸和尼龙等都具有高黏合力和好成膜性，适合棉、混纺和人工合成纤维上浆中应用。羟乙基淀粉还用于织物整理和印染。较高取代度羟乙基淀粉在医药界用作代血浆和冷冻保存血液的血细胞保护剂。

（二）羟丙基淀粉

1. 醚化反应机理

羟丙基淀粉的醚化机理和羟乙基淀粉类似，是环氧丙烷在碱性条件下与淀粉反应制得的。由于环氧丙烷环张力大，易发生开环反应，其活性大于环氧乙烷。该反应也是亲核取代反应。取代反应也主要发生在淀粉分子中脱水葡萄糖单元的 C_2 原子的仲羟基上，C_3 和 C_6 碳原子上羟基的反应程度较小。C_2，C_3，C_6 各碳原子羟基的反应常数为 33∶5∶6。反应方程式如下：

$$淀粉—OH + NaOH \longrightarrow 淀粉—O—Na + H_2O$$

$$淀粉O^-Na^+ + CH_2—CHCH_3 \xrightarrow{NaOH} 淀粉\ OCH_2CHCH_3 + NaOH$$

除上述主要反应外还有副反应发生，已取代的羟丙基淀粉和环氧丙烷反应可生成多氧丙基侧链，反应方程式如下：

$$淀粉\ OCH_2CHCH_3 + nH_2C—CHCH_3 \xrightarrow{OH^-} 淀粉\ O(CH_2CH—O)_n—CH_2CH—OH$$

2. 生产工艺

羟丙基淀粉的制备方法与羟乙基淀粉相似，归纳起来有湿法、干法和溶剂法工艺。

工业上普遍应用淀粉乳湿法生产，取代度 MS 在 0.1 或以下。此方法的优点是淀粉能保持颗粒状态，反应完成后易于过滤，水洗后得到纯度高的产品。来自淀粉车间的淀粉乳浓度为 35%～45%，加入硫酸钠抑制淀粉颗粒膨胀，用量为干淀粉重的 5%～10%。加入氢氧化钠，其量约为干淀粉重的 1%，配成质量分数为 5% 的溶液，保持激烈搅拌淀粉乳加入碱液。也可混些硫酸钠于碱液中以防止加碱液时引起淀粉颗粒膨胀。加环氧丙烷入淀粉乳，其量为干淀粉重 6%～10%，密封反应器，保持搅拌，在 40～50 ℃ 反应 24 h，环氧丙烷反应效率约 60%。因环氧烷烃与空气混合有引起爆炸的可能，故需通氮气排除空气，并在密闭反应器中进行。

碱性淀粉乳经加入环氧丙烷后，于 18 ℃ 保持 30 min，再升高反应温度到 49 ℃，提高醚化效率，得较高取代产品。玉米淀粉乳含淀粉 500g（水分 10%），800 mL 水，5g 氢氧化钠和 70 g 硫酸钠，50 mL 环氧丙烷，18 ℃ 保持搅拌 30 min。升温到 49 ℃，反应 8 h，盐酸中和到 pH 为 5.5，过滤，水洗，干燥，得羟丙基淀粉，DS 为 0.050。重复此反应（不需要 18 ℃ 保持 30 min 的步骤），所得羟丙基淀粉 DS 为 0.035。

羟丙基淀粉主要应用在食品工业中，对所使用的试剂和产品质量，《食品卫生法》都有严格规定。氯化钠与环氧丙烷起反应生成氯丙醇，美国食品法规定氯丙醇残余量在 $5×10^{-6}$ 以下。

制备较高取代度（羟丙基含量 20%～30%）马铃薯羟丙基淀粉能通过预热淀粉乳，提高淀粉的膨胀糊化稳定性，再进行碱性醚化而得，所得产品仍保持颗粒状，易于过滤、水洗、干燥。马铃薯淀粉乳浓度 35%，pH 为 6.5，保持搅拌于 55 ℃ 加热 20 h，淀粉糊化稳定性增高。糊化温度提高约 10 ℃，再加环氧丙烷，用量为淀粉的 30%，分两次加。氢氧化钠为淀粉的 1.5%，硫酸钠为水的 20%，淀粉与水之比为 30：70，38 ℃ 反应 24 h，所得产品含羟丙基 17.6%，MS 为 0.7。

制备更高取代程度、冷水溶解的羟丙基淀粉，可用干法工艺。磨氢氧化钠成粉末，与淀粉混合均匀，含水分为干淀粉的 7% ~ 10%。先通氮气于压力反应器中，再引入环氧丙烷气，压力为 3×10^5 Pa，温度为 85 ℃ 时起反应。加完环氧丙烷后压力降低。反应完成后再引入氮气，用干柠檬酸调 pH。若产品供食品应用则用水与乙醇混合液清洗，水与乙醇之比为 0.1：1 ~ 0.7：1，能除去副产物，得无味、无臭产品。

羟丙基醚化能在有机溶剂中进行，为制备高取代度产品的常用方法，常用的有机溶剂为低级脂肪醇、甲醇、乙醇、异丙醇，还有丙酮及其他有机溶剂。一种实验室制备 MS 为 0.5 羟丙基淀粉的方法为：混合玉米淀粉（水分 10%）100 g，氢氧化钠 3 g，水 7.7 g，2-异丙醇 100 g，环氧丙烷 25 g，在密闭反应器中于 50 ℃ 反应 48 h。提高环氧丙烷的用量比例，能获得更高取代度产品。

3. 羟丙基淀粉的性质

羟丙基具有亲水性，能减弱淀粉颗粒结构的内部氢键强度，使其易于膨胀和糊化，取代度增高，糊化温度降低，最后能在冷水中膨胀。取代度 MS 由 0.4 增加到 1.0，在冷水中分散好，更高取代度产品的醇溶解度增高，能溶于甲醇或乙醇。羟丙基淀粉糊化容易，所得糊透明度高，流动性高，凝沉性弱，稳定性高。冷却黏度虽然也增高，但重新加热后，仍能恢复原来的热黏度和透明度。糊的冻融稳定性高，在低温存放或冷冻再融化，重复多次，仍能保持原来胶体结构，无水分析出，这是因为羟丙基的亲水性能保持糊中水分。糊的成膜性好，膜透明、柔韧、平滑、耐折性都好。羟丙基为非离子性，受电解质的影响小，能在较宽 pH 条件下使用。取代醚键的稳定性高，在水解、氧化、交联等化学反应过程中取代基不会脱落，这种性质有利于复合变性加工。

4. 羟丙基淀粉的应用

羟丙基淀粉糊黏度稳定是最大优点，主要用于许多食品中作为增稠剂，特别是用于冷冻食品和方便食品中。羟丙基淀粉也是好的悬浮剂，加于浓缩橙汁中，流动性好，放置也不分层或沉淀。因为对电解质和不同 pH 影响的稳定性高，羟丙基淀粉适用于含盐量高和酸性食品。由于其较好的相容性，还能与其他增稠剂共用，如与卡拉胶共用于乳制品中，与汉生胶共用于沙拉油中。

有若干种复合变性羟丙基淀粉产品具有更好性质，可应用于食品加工中，特别是用三氯氧磷，环氧氯丙烷，偏磷酸钠的交联复合变性产品。这类交联复合变性产品在常温下受热黏度低，在高温受热黏度高，并且稳定，特别适于罐头类食品中应用为增稠剂和胶黏剂。羟丙基醚化再经乙酰化的复合变性产品为口香糖的好基料，弹性和口嚼性好，羟丙基和乙酰基 MS 分别为 3 ~ 6 和 0.5 ~ 0.9。

羟丙基淀粉的非食品工业的应用，主要是利用其良好的成膜性。如用于纺织和造纸工业上浆和施胶；用于洗涤剂中防止污物沉淀；用于石油钻泥中防止失水；并用作建筑材料的黏合剂，涂料、化妆品或有机液体的凝胶剂。

三、阳离子淀粉

淀粉与胺类化合物反应生成含有氨基和铵基的醚衍生物，氮原子上带有正电荷，称为阳离子淀粉，再造纸、纺织、食品和其他工业都有应用。阳离子淀粉有几种不同的类型，最重要的为叔胺醚和季铵醚，还有伯胺醚、仲胺醚等。

（一）醚化反应机理

1. 叔胺烷基淀粉醚

用含有 β-卤代烷、2，3-环氧丙基或 3-氯-2-羟丙基叔胺，在强碱性下处理淀粉乳，淀粉的羟基醚化形成叔胺醚，用酸处理转化游离的胺基为阳离子叔胺盐。

用来制造叔胺烷基淀粉的卤代胺包括 2-甲基胺乙基氯、2-乙基胺乙基氯、2-甲基胺异丙基氯等。以 2-乙基胺乙基氯为例，反应式如下：

$$\text{淀粉}-OH + Cl-CH_2CH_2N(C_2H_5)_2 \xrightarrow{-OH} \text{淀粉}-O-CH_2CH_2N(C_2H_5)_2$$

$$\text{淀粉}-O-CH_2CH_2N(C_2H_5)_2 \xrightarrow{HCl} [\text{淀粉}-O-CH_2CH_2NH(C_2H_5)_2]^+ Cl^-$$

2. 季铵烷基淀粉醚

叔胺或叔胺盐易与环氧氯丙烷生成具有环氧结构的季铵盐，再与淀粉起醚化反应得季铵淀粉醚，如下面的反应式所示。

$$(CH_3)_3N + Cl-CH_2-CH-CH_2 \longrightarrow [H_2C-CHCH_2N(CH_3)_3]^+ Cl^-$$

$$\text{淀粉}-OH + [H_2C-CHCH_2N(CH_3)_3]^+ Cl^- \longrightarrow \text{淀粉}-O-H_2C-CHCH_2N(CH_3)_3]^+ Cl^-$$
$$\hspace{11cm} OH$$

叔胺与环氧氯丙烷反应后必须用真空蒸馏法或溶剂抽提法除去剩余的环氧氯丙烷或副产物如 1，3-二氯丙醇等，以避免与淀粉发生交联反应。发生交联反应会降低阳离子淀粉的分散性和应用效果。

也可使用 3-氯-2-羟丙基三甲基季铵盐为醚化剂，它在水中稳定，但加入碱后，很快转变成反应活性高的环氧结构，如下式所示，这个转变是可逆的，因 pH 而定。

$$[ClCH_2-CH-CH_2N(CH_3)_3]^+ Cl^- + NaOH \rightleftharpoons [H_2C-CHCH_2N(CH_3)_3]^+ Cl^- + NaCl + H_2O$$
$$\hspace{1cm} OH$$

（二）生产工艺

1. 叔胺烷基淀粉醚

生产叔胺烷基淀粉醚通常采用湿法，以水为反应介质，先将淀粉调成浓度为 35% ~ 40% 的淀粉乳。由于反应是在碱性条件（pH 为 10 ~ 11）下进行，必须在反应介质中加入 10% 左右的氯化钠，抑制淀粉颗粒膨胀。加入醚化剂后将反应温度控制在 40 ~ 50 ℃ 范围内。反应时间视取代度要求来确定，一般为 4 ~ 24 h，反应结束后，用盐酸中和 pH 至 5.5 ~ 7.0，然后离心、洗涤、干燥。

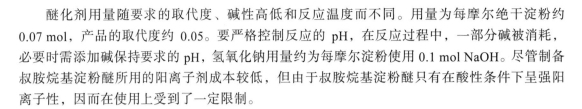

醚化剂用量随要求的取代度、碱性高低和反应温度而不同。用量为每摩尔绝干淀粉约 0.07 mol，产品的取代度约 0.05。要严格控制反应的 pH，在反应过程中，一部分碱被消耗，必要时需添加碱保持要求的 pH，氢氧化钠用量约为每摩尔淀粉使用 0.1 mol NaOH。尽管制备叔胺烷基淀粉醚所用的阳离子剂成本较低，但由于叔胺烷基淀粉醚只有在酸性条件下呈强阳离子性，因而在使用上受到了一定限制。

2. 季胺烷基淀粉醚

与叔胺淀粉醚相比，季胺淀粉醚阳离子性较强，且在广泛的 pH 范围内均可使用，制备方法也备受重视。一般用湿法、干法和半干法制备，极少使用有机溶剂法。

湿法是目前使用最普遍的方法。一般制备方法为：容积 250 mL 的密闭容器，具有搅拌器，在水浴中保持温度为 50 ℃，加入 133 mL 蒸馏水，50 g Na_2SO_4 和 2.8 g NaOH 粒，完全溶解以后，加 81 g 玉米淀粉（绝干计），搅拌 5 min，加入 8.3 mL 3-氯-2-羟丙基三甲基季铵氯（内含 4.71 g 即 0.025 mol 活性试剂），反应 4 h，取代度达 0.04 以上，反应效率 84%。

有机溶剂法所用溶剂是低碳醇，此法专用于制备具有冷溶性的高取代度阳离子淀粉。

干法一般将淀粉与试剂掺和，60 ℃ 左右干燥至基本无水（＜1%），于 120～150 ℃ 反应 1 h 得产品，反应转化率较低，只有 40%～50%，但工艺简单，基本无三废，不必添加催化剂与抗胶凝剂，生产成本低，缺点是产品中含有杂质及盐类，难以保证质量。

半干法是利用碱催化剂与阳离子剂一起和淀粉均匀混合，在 60～90 ℃ 反应 1～3 h，反应转化率达 75%～95%。季铵盐醚化剂没有挥发性，适于用干法或半干法制备阳离子淀粉。

3. 伯胺和仲胺烷基淀粉醚

具有伯胺或仲胺烷基的淀粉醚比叔胺和季胺醚难于制备。这是因为具有 2-卤乙基或 2, 3-环氧丙基的伯胺或仲胺醚化剂本身发生缩聚反应，影响与淀粉起醚化反应。但是若含有较大的基团，如叔丁基或环己基的 2, 3-环氧丙基仲胺能与淀粉起反应生成仲胺醚，反应效率还相当高，这是由于大基团的存在阻碍了缩聚反应的发生。

制备的工艺是混合干淀粉或半干淀粉与气化的环亚胺乙烷，在 75～120 ℃ 温度加热，不需要催化剂。例如，43 g 环亚胺乙烷与 180 g 淀粉（含水分 10%），90～100 ℃ 温度加热 4 h 得 2-胺乙基淀粉，取代度 0.26。此产品对于具有负电荷的胶体，如海藻酸，羧甲基纤维素等具有好絮凝作用，对于具有负电荷的矿物质也具有好絮凝作用。

双取代的氨基氰（R_2HCN）如二甲基，二烯丙基，二苄基氨基氰等，能在强碱性催化条件下与淀粉起反应生成具有亚氨基（＝NH）的淀粉醚衍生物，用酸使亚氨基质子化成亚氨盐，具有阳离子性。

制备亚胺烷基淀粉能使用颗粒淀粉，淀粉糊或含有 15%～20%水分的淀粉为原料。由颗粒淀粉制得的产品，在水中煮沸糊化不完全，因为有少量交联反应或发生氢键结合。而淀粉糊制得的产品糊化完全，则是因为糊化淀粉较颗粒淀粉难于发生交联反应。

（三）阳离子淀粉的性质

阳离子淀粉与原淀粉相比糊化温度大大下降。DS 为 0.025 的阳离子淀粉，糊化温度为 60 ℃，DS 为 0.05 时，糊化温度约 50 ℃，DS 为 0.07 时，已可以室温糊化，冷水溶解。随取代度提高，糊液的黏度、透明度和稳定性明显提高。

阳离子淀粉的另一特征是带正电荷，由于受静电作用的影响，阳离子淀粉对阴离子物质的吸附作用很强，且一旦吸附上，则很难脱离开来。因造纸的纤维、填料均带阴电性，很容易与阳离子淀粉的分子相互吸附，这种性质在造纸工业上尤其有用。

（四）阳离子淀粉的应用

阳离子淀粉的应用的主要领域是造纸工业。造纸上所用取代度一般为 0.01～0.07。阳离子淀粉利用其带正电荷和强黏结性做造纸时的内添加剂，这一点是阴离子淀粉无法比拟的。阳离子淀粉作为造纸湿部添加剂，起增强、助留、助滤等功效，此外还可用在纸的表面施胶和作为涂布黏合剂。

阳离子淀粉除应用于造纸行业外，还用于纺织、选矿、油田、黏合剂及化妆品等领域。如作为纺织经纱上浆剂，无机或有机悬浮物的絮凝剂，环保净水剂和石油钻井用降失水剂，以及油包水或水包油的破乳剂。羟烷基化的季铵淀粉醚与其他配料混合可制得洗发香波。

第十节　接枝淀粉

淀粉经物理或化学方法引发，与丙烯腈、丙烯酰胺、丙烯酸、乙酸乙烯、甲基丙烯酸甲酯、丁二烯，苯乙烯和其他多种人工合成分子单体起接枝共聚反应，生成的共聚物具有天然和人工合成二类高分子性质，为新型化工产品，用途多。

一、接枝共聚反应

接枝共聚反应是合成单体起聚合反应，生成高分子链，经共价化学键接枝到淀粉分子链上，简单表示如下：

$$
\begin{array}{ccc}
— \text{AGU} — (\text{AGU})_n — \text{AGU} — \\
| \qquad\qquad\qquad | \\
—\text{M}—\text{M}—\text{M} \qquad \text{M}—\text{M}—\text{M}—
\end{array}
$$

其中 AGU 为淀粉链的脱水葡萄糖单位，分子量为 162；M 表示接枝共聚反应中所使用的单体的重复单元，如 $CH_2\!=\!CHX$。当 $X=—COOH$，$—CONH_2$，$—COOCH_2NR_3$ 时，产品是水溶性的，可用作增稠剂、吸收剂、施胶剂和絮凝剂；当 $X=—CN$，$—COOR$，$—C_6H_5$ 时，产品是水不溶性的，可用作树脂和塑料。淀粉接枝共聚物所采用的命名法是由 Ceresa 建议的，人工合成单体在接枝反应中，一部分聚合成高分子链，接枝到淀粉分子链上，另一部分聚合，没有接枝到淀粉分子上，后一种聚合高分子称为"均聚物"；接枝淀粉与均聚物的混合物称为"共聚物"，接枝量占单体聚合总量的比例称为接枝效率。例如，单体聚合量为 100，其中 60%是接枝到淀粉分子链上，则接枝效率为 60%。在接枝反应中，当然希望接枝效率越高越好。若是接枝效率低，则产物主要是淀粉和均聚物的混合物，共聚物少。共聚物含有接枝高分子的重量比例称为接枝率。

共聚物具有淀粉和接枝高分子二者的性质，随接枝率、接枝频率和接枝高分子链平均分子量的大小而有所不同。接枝频率为接枝链之间的平均葡萄糖单位数目，由接枝率和共聚物平均分子量计算而得。用酸或酶法水解掉共聚物中的淀粉部分，剩下的合成高分子部分，用黏度法或渗透压力法测定平均分子量。

制备共聚物能用颗粒淀粉、糊化淀粉或变性淀粉为原料，一般是使用颗粒淀粉，所得共聚物产品仍保有颗粒的原来结构，甚至很高接枝率情况下也是如此。

接枝的合成高分子有的为水不溶，如聚丙烯腈、聚丙烯酸甲酯等，有的为水溶，如聚丙烯酸，聚丙烯酰胺等。这两类不同合成高分子与淀粉的共聚物在溶液性质方面存在差别。水不溶合成高分子与淀粉生成的共聚物不溶于水，甚至在水中较长时间受热仍保持颗粒状。用降解的淀粉（如糊精）为原料，共聚物具有高溶解度，在冷水中能溶解，随淀粉的水解程度而定。

制备淀粉接枝共聚物，一般用物理或化学引发方法，使淀粉分子上产生活性高的自由基。常用的物理引发方法是用放射元素（钴 60）的 γ 射线照射和电子束照射。化学引发方法是利用氧化还原，最常用的化学引发剂是铈离子，如硝酸铵铈离子$[Ce(NH_4)_2(NO_3)_6]$，铈离子（Ⅳ价）氧化淀粉生成配合结构的中间体淀粉-Ce（Ⅳ），分解产生自由基，与单体起接枝反应。生成淀粉-Ce（Ⅳ）配合结构，Ce（Ⅳ）被还原成 Ce（Ⅲ），一个氢原子被氧化，生成淀粉自由基，葡萄糖单位的 C_2—C_3 键断裂。淀粉自由基与单体起接枝反应。自由基也能再被 Ce（Ⅳ）氧化而消失。

二、生产工艺

（一）吸水性接枝共聚物

有许多单体和淀粉接枝共聚后得到具有很强吸水性的产品。其中最典型的是淀粉和丙烯腈的接枝共聚。工艺流程如图 5-19 所示：

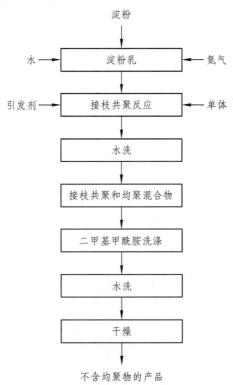

图 5-19　淀粉-丙烯腈接枝共聚物生产工艺流程

得到的接枝共聚物是含有氰基取代基的高分子化合物，不具有吸水性，经皂化水解后氰基可转变成酰氨基，羧酸基或盐等亲水基团，给产品赋予亲水性。然后用酸中和至 pH 为 2~3，转变成酸型，再沉淀、离心分离、洗涤，最后用碱调至弱酸性 pH 为 6~7，在 110 ℃ 下干燥得产品。

（二）水溶性接枝共聚物

最常见的水溶性接枝共聚物是淀粉和丙烯酰胺、丙烯酸和几种氨基取代的阳离子单体的接枝共聚物产品，该产品具有热水分散性，可用作增稠剂，絮凝剂和吸收剂使用。这类接枝共聚反应的引发剂一般用钴 60 或电子来照射。铈盐引发效果较差，聚合效率较低。

淀粉被辐射后产生自由基加入丙烯酰胺水溶液或丙烯酰胺含水的有机溶剂中，可制得接枝效率较高的产品。一种大规模的生产工艺是把 0.3~0.5 cm 的淀粉薄层，在氮气保护下经电子辐射加到反应釜中，同时加入丙烯酰胺溶液，反应 30 min，共聚物含聚丙烯酰胺量随丙烯酰胺与淀粉分子比例增加而提高，分子比 1:1，照射量 15~20 uGy 时，共聚物中聚丙烯酰胺含量高达 25%。

例如，30 份淀粉与 400 份水调成淀粉乳，升温到 80 ℃，通氮气 1 h，将生成的凝胶冷至 30 ℃，再和 1200 份甲醇、70 份丙烯酰胺、30 份硝酸铈盐溶液和 0.1 份 N, N-二甲基双丙烯酰胺混合，在 35 ℃ 下搅拌 3 h，干燥后得淀粉-丙烯酰胺接枝共聚物。

（三）热塑性高分子接枝共聚物

淀粉和其他高聚物共混、嵌段和接枝复合，可制得淀粉塑料树脂。如淀粉和热塑性醋酸乙烯酯、丙烯酸酯、甲基丙烯酸酯、苯乙烯接枝共聚制得的共聚物具有热塑性，能热压成塑料或薄膜，可制成农膜、包装袋、吸塑产品。这些产品具有优良的生物降解性。接枝共聚生产工艺简单，而且淀粉是自然界中取之不尽的原料。这类产品取代以石油为原料的产品，无论是资源、环境还是经济效益，都具有十分重要的意义。

采用过硫酸铵为引发剂，马铃薯淀粉醋酸乙烯酯接枝共聚物工艺条件为：引发剂浓度 18 mmol/L，反应温度 60 ℃，反应时间 3.5 h，单体配比 2.5:1，淀粉浓度 5.0%，得到淀粉接枝率为 99.85%。

苯乙烯与淀粉的接枝共聚可以由钴 60 照射，过硫酸钾，过氧化氢，Fe^{2+}、Cu^{2+}、Zn^{2+} 等离子相结合的体系引发。如苯乙烯、淀粉与水及乙二醇、乙腈、乙醇、丙酮及二甲基甲酰胺等有机溶剂相混合，得到半固体状的糊，用钴 60 照射 10 uGy 总量，结果得到接枝增至 24%~29% 的接枝共聚物。

丙烯酸甲酯与淀粉的接枝共聚可用铈离子引发，和颗粒淀粉或糊化淀粉接枝共聚，制得含 40%~75% 聚丙烯甲酯量的接枝共聚物，其中均聚物含量为 7%~20%。

采用过硫酸钠作为引发剂，马铃薯淀粉丙烯酸乙酯接枝共聚物工艺条件为：丙烯酸乙酯浓度为 0.56 mol/L，引发剂浓度为 5.83 mmol/L，反应温度为 48 ℃，反应时间 120 min。

甲基丙烯酸烷酯与淀粉的接枝共聚，可用各种游离基引发体系，且具有良好的接枝效率。如用过氧化氢-硫酸亚铁-抗坏血酸体系引发、高铈离子引发、过氧化氢-亚铁离子引发，也可用臭氧处理或过钒酸钾引发。

（四）其他接枝共聚产品

除以上介绍的接枝共聚物之外，还有以醋酸乙烯为单体，以丙烯酸和丙烯酰胺、甲基丙烯酸和醋酸乙烯、丙烯酸甲酯和丙烯酰胺合并共聚的。

例如，醋酸乙烯用钴 60 引发和淀粉接枝共聚，照射量为 10 uGy 时，所得共聚物接枝率为 35%，接枝效率为 40%。

淀粉-丙烯酸-丙烯酰胺共聚物合成工艺为：把丙烯酸用氢氧化钠溶液中和（中和度为80%），加入丙烯酰胺、淀粉及碳酸钙，搅拌，缓慢升温至 50 ℃，加入引发剂，充分搅拌后倒入搪瓷盘中，置于 80 ℃ 干燥箱中聚合、干燥，经粉碎后即可得到产品。

三、接枝淀粉的性质

1. 吸水保水性

接枝共聚物的吸水性和其形状关系较大。表面积越大，吸水性越强，高吸水树脂是高分子化合物的电解质，通常是接枝共聚物的皂化产品，因此 pH 和水中盐的含量对其吸水性都有影响，pH 一般在 6~8 范围，否则吸水能力会下降。盐类影响更大，一般淀粉与丙烯酸共聚的吸水树脂，吸水能力通常在自重的 250 倍以上，加入 0.9% 的生理盐水后只能吸收自重的 50倍；加入 0.1 mol/L 氢氧化钠溶液后吸收自重的 60 倍；加入 0.05 mol/L 硫酸却只有 8 倍。高吸水树脂对水有强吸水能力，但对有机溶剂无吸收能力。

高吸水树脂一旦吸水，就溶胀成凝胶，即使加压、加水也无法除去，即具有一定的保水性，这点被广泛用于农业和环境保护上。

2. 吸氨能力

高吸水树脂分子中含有丰富的羧基，通常皂化使其成中性，但只有 70% 羧基被中和，还有 30% 以羧基形式存在。正是由于这种特殊的组成，高吸水树脂遇碱后还可反应生成盐基，当和氨水相遇后可吸收氨转变成铵盐结构，这一特点可用来加工成纸尿布、卫生巾、医用垫子等。

3. 可逆性

吸水树脂具有优良的吸水和保水性，而且吸水后仍保持一定的强度，但当温度和 pH 变化时吸入的水分，会因树脂的收缩而失水。如 pH 在 3 左右时，树脂会收缩到原来体积，pH7以上时，则又会膨胀，由此看来高吸水树脂不是一次性吸水而是可以反复使用。

4. 物降解性

热塑性淀粉接枝共聚物，在微生物、光等作用下经过一段时间后可降解成有机肥料，重新被自然界吸收利用。这一性能对环境保护意义重大。

四、接枝淀粉的应用

淀粉接枝共聚物的用途十分广泛，主要应用于高吸水材料、生物降解塑料、造纸工业、环境废水处理、石油工业、医药工业及黏合剂方面。

淀粉接枝共聚物在造纸工业上主要用作增强剂、上浆剂、助留剂、助滤剂等。

　　交联淀粉和丙烯酸酯的接枝共聚物经过进一步改性后，对废水中微量金属离子的吸附与回收有一定功效。淀粉和丙烯酰胺的共聚物转化成的阳离子淀粉对 Pb^{2+}、Cd^{2+}、Zn^{2+}、Cu^{2+}、Co^{2+} 具有吸附作用，还可作沉降剂、上浮剂，用于浮选矿石或处理废水，而且这种树脂比高分子助剂低廉。

　　以石油化工为原料合成的塑料制品，化学稳定性高，难于被自然界分解，造成严重的环境污染。淀粉接枝共聚产品价格低廉，生物降解性能好，和其他高分子化合物兼容性好，可以制出降解性能和其他性能都能满足要求的材料。

　　淀粉接枝共聚物还可作为吸水、保水性产品，被广泛用于蔬菜保鲜、餐巾、纸尿布、卫生巾、树苗移植保水剂、土壤保水剂、脱水材料等产品中；还可用作瓦楞纸板黏合剂、锌电池的电极基材、毛皮鞣制剂以及精纺纱的填料等。

第六章　马铃薯淀粉检测技术

第一节　马铃薯品质测定

一、薯块淀粉含量测定（酶水解法）

（一）原　理

样品经去除脂肪及可溶性糖类后，淀粉用淀粉酶水解成小分子糖，再用盐酸水解成单糖，最后按还原糖测定，并折算成淀粉含量。

（二）主要仪器

水浴锅。

（三）试　剂

（1）甲基红指示液（2 g/L）：称取甲基红 0.20g，用少量乙醇溶解后，并定容至 100 mL。

（2）盐酸（1+1）：量取 50 mL 盐酸，与 50 mL 水混合。

（3）氢氧化钠溶液（200 g/L）：称取 20 g 氢氧化钠，加水溶解并定容至 100 mL。

（4）碱性酒石酸铜甲液：称取 15 g 硫酸铜（$CuSO_4 \cdot 5H_2O$）及 0.050 g 亚甲蓝，溶于水中并定容至 1000 mL。

（5）碱性酒石酸铜乙液：称取 50 g 酒石酸钾钠、75 g 氢氧化钠，溶于水中，再加入 4 g 亚铁氰化钾，完全溶解后，用水定容至 1000 mL，储存于橡胶塞玻璃瓶内。

（6）葡萄糖标准溶液：称取 1 g（精确至 0.0001 g）经过 98～100 ℃ 干燥 2 h 的葡萄糖，加水溶解后加入 5 mL 盐酸，并以水定容至 1000 mL。此溶液每毫升相当于 1.0 mg 葡萄糖。

（7）淀粉酶溶液（5 g/L）：称取淀粉酶 0.5 g，加 100 mL 水溶解，临用现配；也可加入数滴甲苯或三氯甲烷防止长霉，储于 4 ℃ 冰箱中。

（8）碘溶液：称取 3.6 g 碘化钾溶于 20 mL 水中，加入 1.3 g 碘，溶解后加水定容至 100 mL。

（9）85%乙醇：取 85 mL 无水乙醇，加水定容至 100 mL，混匀。

（四）操作方法

1. 样品处理

样品加适量水在组织捣碎机中捣成匀浆，称取相当于原样质量 2.5～5 g（精确至 0.001 g）的匀浆。置于放有折叠纸的漏斗内，先用 50 mL 石油醚或乙醚分 5 次洗除脂肪，再用约 150 mL 乙醇（85%）洗去可溶性糖类，滤干乙醇，将残留物移入 250 mL 烧杯内，并用 50 mL 水洗滤纸，洗液并入烧杯内，将烧杯置沸水浴上加热 15 min，使淀粉糊化，放冷至 60 ℃ 以下，加

20 mL 淀粉酶溶液，在 55 ~ 60 ℃ 保温 1 h，并时时搅拌。然后取一滴此液加一滴碘溶液，应不显现蓝色。若显蓝色，再加热糊化并加 20 mL 淀粉酶溶液，继续保温，直至加碘不显蓝色为止。加热至沸，冷后移入 250 mL 容量瓶中，并加水至刻度，混匀，过滤，弃去初滤液。取 50 mL 滤液，置于 250 mL 锥形瓶中，加 5 mL 盐酸（1+1），装上回流冷凝器，在沸水浴中回流 1 h。冷后加两滴甲基红指示液，用氢氧化钠溶液中和（200 g/L）和至中性，溶液转入 100 mL 容量瓶中，洗涤锥形瓶，洗液并入 100 mL 容量瓶中，加水至刻度，混匀备用。

2. 标定碱性酒石酸铜溶液

吸取 5.0 mL 碱性酒石酸铜甲液及 5.0 mL 碱性酒石酸铜乙液，置于 150 mL 锥形瓶中，加水 10 mL，加入玻璃珠两粒，从滴定管滴加约 9 mL 葡萄糖，控制在 2 min 内加热至沸，趁沸以每两秒一滴的速度继续滴加葡萄糖，直至溶液蓝色刚好褪去为终点。记录消耗葡萄糖标准溶液的总体积，同时做三份平行，取其平均值，计算每 10 mL（甲液、乙液各 5 mL）碱性酒石酸铜溶液相当于葡萄糖的质量（mg）。

注：也可以按上述方法标定 4 ~ 20 mL 碱性酒石酸铜溶液（甲乙液各半）来适应试样中还原糖的浓度变化。

3. 试样溶液预测

吸取 5.0 mL 碱性酒石酸铜甲液及 5.0 mL 碱性酒石酸铜乙液，置于 150 mL 锥形瓶中，加水 10 mL，加入玻璃珠两粒，控制在 2 min 内加热至沸，保持沸腾以先快后慢的速度，从滴定管中滴加试样溶液，并保持溶液沸腾状态，待溶液颜色变浅时，以每两秒一滴的速度滴定，直至溶液蓝色刚好褪去为终点，记录样液消耗体积。当样液中还原糖浓度过高时，应适当稀释后再进行正式测定，使每次滴定消耗样液的体积控制在与标定碱性酒石酸铜溶液时所消耗的还原糖标准溶液的体积相近，在 10 mL 左右，结果按公式一计算。

4. 试样溶液测定

吸取 5.0 mL 碱性酒石酸铜甲液及 5.0 mL 碱性酒石酸铜乙液，置于 150 mL 锥形瓶中，加水 10 mL，加入玻璃珠 2 粒，从滴定管滴加比预测体积少 1.0 mL 的试样溶液至锥形瓶中，使在 2 min 内加热至沸，保持沸腾继续以每两秒一滴的速度滴定，直至蓝色刚好褪去为终点，记录样液消耗体积，同法平行操作三份，得出平均消耗体积。

同时量取 50 mL 水及与试样处理时相同量的淀粉酶溶液。按同一方法做试剂空白试验。

（五）结果计算

试样中还原糖的含量（以葡萄糖计）按公式一进行计算。

公式一：

$$X = \frac{A}{m \times V / 250 \times 1000} \times 100$$

式中　X——试样中还原糖的含量（以葡萄糖计），g/100g；

　　　A——碱性酒石酸铜溶液（甲液、乙液各半）相当于葡萄糖的质量，mg；

　　　M——试样质量，g；

　　　V——测定时平均消耗试样溶液体积，mL。

试样中淀粉的含量按公式二进行计算。

公式二：

$$X = \frac{(A_1 - A_2) \times 0.9}{m \times 50 / 250 \times V / 100 \times 1000} \times 100$$

式中　X——试样中淀粉的含量，g/100g；

　　　　A_1——测定用试样中葡萄糖的质量，mg；

　　　　A_2——空白中葡萄糖的质量，mg；

　　　　0.9——以葡萄糖计换算成淀粉的换算系数；

　　　　m——称取试样质量，g；

　　　　V——测定用试样处理液的体积，mL。

二、还原糖含量的测定

（一）原　理

采用 3,5-二硝基水杨酸比色法（DNS）。3,5-二硝基水杨酸溶液与还原糖（各种单糖和麦芽糖）溶液共热后被还原成棕红色的氨基化合物，在一定范围内，还原糖的量和棕红色物的颜色深浅程度成一定比例关系。在 540 nm 波长下测定棕红色物质的吸光度值，查标准曲线，便可求出样品中还原糖的含量。

（二）仪　器

25 mL 血糖管或刻度试管；大离心管或玻璃漏斗；100 mL 烧杯；100 mL 三角瓶；100 mL 容量瓶；1、2、10 mL 刻度吸管；沸水浴；离心机（过滤法不用此设备）；电子天平；分光光度计。

（三）试　剂

（1）1 mg/mL 葡萄糖标准液：准确称取 100 mg 分析纯葡萄糖（预先在 80 ℃ 烘至恒重），置于小烧杯中，用少量蒸馏水溶解后，定量转移到 100 mL 的容量瓶中，以蒸馏水定容至刻度，摇匀，置冰箱中保存备用；

（2）3,5-二硝基水杨酸试剂：3,5-二硝基水杨酸 6.3 g，2 mol/L 的 NaOH 溶液 262 mL，加到 500 mL 含有 185 g 酒石酸钾钠的热水溶液中，再加 5 g 结晶酚和 5 g 亚硫酸钠，搅拌溶解。冷却后加蒸馏水定容至 1000 mL，储于棕色瓶中备用。

（四）操作方法

1. 制作葡萄糖标准曲线

取 7 支具有 25 mL 刻度的血糖管或刻度试管，编号，按表 6-1 所示的量，精确加入浓度为 1 mg/mL 的葡萄糖标准液和 3,5-二硝基水杨酸试剂。将各管摇匀，在沸水浴中加热 5 min，取出后立即放入盛有冷水的烧杯中冷却至室温，再以蒸馏水定容至 25 mL 刻度处，用橡皮塞塞住管口，颠倒混匀（如用大试管，则向每管加入 21.5 mL 蒸馏水，混匀）。在 540 nm 波长下，用 0 号管调零，分别读取 1~6 号管的吸光度。以吸光度为纵坐标，葡萄糖质量（mg）为横坐标，绘制标准曲线，求得直线方程。

表6-1 各试管加溶液和试剂的量

管号	0	1	2	3	4	5	6
葡萄糖标准液体积/mL	0	0.2	0.4	0.6	0.8	1.0	1.2
蒸馏水体积/mL	2.0	1.8	1.6	1.4	1.2	1.0	0.8
3,5-二硝基水杨酸试剂体积/mL	1.5	1.5	1.5	1.5	1.5	1.5	1.5
相当葡萄糖量/g	0	0.2	0.4	0.6	0.8	1.0	1.2

2. 试样测定

准确称取新鲜马铃薯块茎100 g，制浆后加50 mL蒸馏水于100 mL三角瓶中，搅匀，沸水浴加热1.0 h，后定容至100 mL容量瓶，以180次/min频率振荡20 min，过滤，吸取2.0 mL滤液于25 mL容量瓶中，加3,5-二硝基水杨酸试剂3.0 mL，摇匀，加热煮沸5 min，迅速冷却3 min后定容至25 mL，而后在508 nm波长用紫外-可见分光光度计进行比色。

（五）结果计算

按以下公式进行计算：

$$还原糖含量（\%）=\frac{C \times V \times T_s \times 100}{m} \times 1000$$

式中 C——标准曲线方程求得的还原糖量，mg；

V——显色液体积，mL；

T_s——分取倍数；

m——样品重，g。

三、硝酸盐含量的测定（紫外分光光度法）

（一）原 理

在弱碱性条件下，用热水从样品中提取硝酸离子（NO_3^-），然后用亚铁氰化钾和乙酸锌沉淀蛋白质，用活性炭粉吸附色素等有机物质，过滤得清亮待测液。利用硝酸根离子在紫外区（220 nm）处有强烈的吸收即可从标准曲线上查得相应浓度，计算样品中硝酸盐含量，从而准确快速地测定马铃薯块茎中硝酸盐含量。

（二）主要仪器

紫外分光光度计，高速组织粉碎机（匀浆机），水浴锅。

（三）试 剂

（1）饱和硼砂溶液：称取50 g硼砂，溶于1000 mL热水（去离子水）中。

（2）0.25 mol/L亚铁氰化钾溶液：称取106 g亚铁氰化钾，溶于水，定容至1000 mL。

（3）1.0 mol/L乙酸锌溶液：称取200 g乙酸锌溶于30 mL冰乙酸和水的混合液中，再用水定容至1000 mL。

（4）活性炭粉：分析纯；

（5）NO_3^- 标准储备液：准确称取经 110 ℃ 烘至恒重的硝酸钾（KNO_3）0.1631 g，用水溶解，定容至 1000 mL，此溶液含硝酸根离子（NO_3^-）100 mg/L。

（四）操作方法

1. 标准曲线的绘制

分别吸取 0，0.2，0.4，0.6，0.8，1.0，1.2 mL 硝酸标准液于 50 mL 容量瓶中，加水定容至刻度，摇匀，此标准系列硝酸根质量浓度分别为 0，2.0，4.0，6.0，8.0，10.0，12.0 mg/L。用 1 cm 石英比色皿，于 220 nm 处测定吸光度，以标准液浓度为纵坐标、吸光度为横坐标绘制标准曲线。

2. 试样测定

将准备好的鲜薯切碎制浆，称取匀浆试样 10 g 于 100 mL 烧杯中，用 100 mL 水分次将样品转移到 250 mL 容量瓶中，加 5 mL 氨缓冲液、2 g 粉末状活性炭。在可调式振荡机上（200 次/min）振荡 30 min，加入亚铁氰化钾溶液和乙酸锌溶液各 2 mL，充分混合，加水定容至 250 mL，充分摇匀，放置 5 min，用定量滤纸过滤。吸取滤液 4 mL 于 50 mL 容量瓶内，用水定容。用 1 cm 石英比色皿，于 220 nm 处测定吸光度。同时做空白试验。

（五）结果计算

按以下公式进行计算：

$$Y = \frac{C \times V_1 \times V_3}{m \times V_2} \times 1000$$

式中　Y——样品中硝酸盐的含量，mg/kg；

　　　C——从标准曲线中查得测试液中硝酸盐质量浓度，mg/L；

　　　V_1——提取液定容体积，mL；

　　　V_2——吸取滤液体积，mL；

　　　V_3——待测液定容体积，mL；

　　　m——样品质量，g。

四、维生素 C 含量的测定（分光光度法）

（一）原　理

在乙酸溶液中，抗坏血酸与固蓝盐 B 反应生成黄色的草酰肼-2-羟基丁酰内酯衍生物，在最大吸收波长 420 nm 处测定吸光度，与标准系列比较定量。

（二）主要仪器

分光光度计、捣碎机、离心沉淀机、10 mL 具塞玻璃比色管。

（三）试　剂

乙酸溶液（12%）、乙酸溶液（2%）、乙二胺四乙酸二钠溶液（35 g/L）、蛋白沉淀剂：乙酸锌溶液（220 g/L）、亚铁氰化钾溶液（106 g/L）、显色剂[固蓝盐 B（Fast Blue Salt B）溶液（2 g/L）、抗坏血酸标准储备溶液（2.0 mg/mL）]、抗坏血酸标准使用液（0.1 g/L）。

（四）操作方法

1. 标准曲线的绘制

精密吸取 0，1.0，2.0，3.0，4.0，5.0 mL 抗坏血酸标准使用溶液，分别置于 25 mL 比色管中，各加 2 mL 乙二胺四乙酸二钠溶液（35 g/L）、2mL 乙酸溶液（2%）、2.0 mL 固蓝盐 B 溶液（2 g/L），加水稀释至刻度，混匀。室温（20～25 ℃）下放置 20 min 后，移入 1 cm 比色皿内，以零管为参比，于波长 420 nm 处测量吸光度，以标准各点吸光度绘制标准曲线。

2. 试样测定

准确称取 1.0 g 马铃薯块茎干粉，放入乳钵中，加 5 mL 乙酸溶液（12%）研磨溶解后，移入 100 mL 棕色容量瓶内，加水稀释至刻度。而后精密吸取 0.5 mL 于 25 mL 比色管内，各加 2 mL 乙二胺四乙酸二钠溶液（35 g/L）、2 mL 乙酸溶液（2%）、2.0 mL 固蓝盐 B 溶液（2 g/L），加水稀释至刻度，混匀。室温（20～25 ℃）下放置 20 min 后，移入 1cm 比色皿内，以零管为参比，于波长 420 nm 处测量吸光度。根据试样吸光度，从标准曲线上查出抗坏血酸含量。

（五）结果计算

按以下公式进行计算：

$$X = \frac{C}{m \times V_1 / V_2 \times 1000} \times 100$$

式中　X——试样中抗坏血酸的含量，mg/100 g；

C——试样测定液中抗坏血酸的含量，μg；

m——试样质量，g；

V_2——试样处理液总体积，mL；

V_1——测定时所取溶液体积，mL。

第二节　马铃薯淀粉理化检验方法

一、水分含量

（一）原　理

淀粉水分是指淀粉样品干燥后损失的质量，用样品损失质量占样品原质量的比例表示。其测试原理是将样品放在 130～133 ℃ 的电热烘箱内干燥 90 min，得到样品的损失质量。

（二）主要仪器

金属碟（或称量瓶）、干燥箱、干燥器、分析天平。

（三）操作方法

金属碟（或称量瓶）在 130 ℃ 下干燥并在干燥器内冷却后，精确称取碟和盖子的质量，把(5±0.25)g 经充分混合的样品倒入碟内并均匀分布在碟表面上（样品中不能含有硬块和团状物，碟内部尽量最小暴露于外界），盖上盖子迅速精确称取碟和测试物的质量。将盛有样品的敞口碟和盖子放入已预热到 130 ℃ 的干燥箱内，在 130 ~ 133 ℃ 下干燥 90 min。然后迅速盖上盖子放入干燥器内，经30 ~ 45 min 后，碟在干燥器内冷却至室温。将碟从干燥器内取出，2 min 内精确称重。

（四）结果计算

按以下公式进行计算：

$$X = \frac{m_1 - m_2}{m_1 - m_0} \times 100$$

式中　X——样品的水分含量，%；

　　　m_0——干燥后空碟和盖的质量，g；

　　　m_1——干燥前带有样品的碟和盖的质量，g；

　　　m_2——干燥后带有样品的碟和盖的质量，g。

对同一样品进行两次测定，其结果之差的绝对值应不超过平均结果的 0.2%。测定结果应为测定的算术平均值。

二、细　度

（一）原　理

淀粉细度是用分样筛筛分淀粉样品得到的样品通过分样筛的质量，以样品通过分样筛的质量占样品原质量的比例表示。

（二）主要仪器

光电天平、100 目筛。

（三）操作方法

称取充分混合好的样品 50 g（精确至 0.1 g），均匀倒入 100 目的分样筛内，均匀摇动分样筛，直至筛分不下为止。小心倒出分样筛上的剩余物称重，精确至 0.1 g。

（四）结果计算

按以下公式进行计算：

$$X = \frac{m_0 - m_1}{m_0} \times 100$$

式中　X——样品细度，%；

　　　m_0——样品的原质量，g；

　　　m_1——样品未过筛的筛上剩余物质量，g。

同一种样品连续测两次，其结果之差值不超过 0.5%，取两次测定的算术平均值为结果。

三、酸度和 pH

（一）淀粉酸度

1. 原　理

淀粉酸度是指中和淀粉样品乳液所耗用氢氧化钠标准溶液的体积，以中和 100 g 绝干样品所耗用 0.1 mol/L 氢氧化钠标准溶液的体积（mL）表示。

2. 主要仪器

分析天平、滴定台、酸碱滴定管、三角瓶。

3. 试　剂

蒸馏水、氢氧化钠、酚酞指示剂。

4. 操作方法

称取淀粉样品 10 g（精确至 0.01 g），置于三角瓶或烧杯中，加入预先煮沸放冷的无二氧化碳蒸馏水 100 mL 及 5～8 滴酚酞指示剂，摇匀，以 0.1 mol/L 氢氧化钠标准溶液滴定。将近终点时，再加 3～5 滴酚酞指示剂，继续滴定至溶液呈微粉红色，且保持 30 s 不褪色为终点，记下耗用氢氧化钠标准溶液的体积，同时作空白试验。

5. 结果计算

按以下公式进行计算：

$$X = \frac{(V_1 - V_0)C}{m(1 - X_1) \times 0.1}$$

式中　X——样品酸度，mL；

　　　C——氢氧化钠标准溶液浓度，mol/L。

　　　V_0——空白试验消耗 0.1 mol/L 氢氧化钠标准溶液的体积，mL。

　　　V_1——滴定时消耗 0.1 mol/L 氢氧化钠标准溶液的体积，mL；

　　　m——样品的质量，g；

　　　X_1——样品的水分。

（二）淀粉化学品 pH 的测定

pH 反映淀粉化学品的有效酸、碱度，精确测定应采用酸度计进行。

1. 原　理

其测试原理是将 pH 计的复合电极或玻璃电极和甘汞电极浸在规定浓度的淀粉或变性淀粉糊中，在两个电极之间产生电位差，直接在仪器标度上读出 pH。

2. 主要仪器

天平、烧杯、沸水浴、表面皿、冷水浴、磁力搅拌器、pH 计。

3. 操作方法

按浓度 6% 计算，用天平称取折算成干基质量为 (12±0.1) g 的样品，放入 400 mL 烧杯中，加入除去二氧化碳的冷蒸馏水，使水的质量与所称取的淀粉质量之和为 200 g，搅拌以分散样品，把烧杯放在沸水浴中使水浴液面高于样品液面。搅拌淀粉乳直至淀粉糊化（大约 5 min），盖上表面皿再煮大约 10 min（放在沸水浴中的总时间应为 15 min）。取出，在冷水浴中立刻冷却至室温（约 25 ℃）。从冷水浴中取出并搅拌淀粉糊，以破坏已形成的凝胶。

用磁力搅拌器以足够的速度搅拌淀粉糊，使淀粉糊表面产生小的旋涡。在淀粉糊中插入已标定好的、用蒸馏水冲洗过并用柔软吸水纸擦干的电极，待读数稳定后，观察并记录 pH，精确至 0.1 个 pH 单位。

四、灰　分

淀粉灰分是淀粉样品灰化后得到的剩余物质量，用样品剩余物质量占样品干基质量的比例表示。

（一）原　理

将样品在 900 ℃ 高温下灰化，直到灰化样品的碳完全消失，得到样品的剩余物质量。

（二）主要仪器

坩埚、高温电阻炉、灰化炉（或电热板）、干燥器、分析天平。

（三）试　剂

稀盐酸（1∶4）。

（四）操作方法

先把坩埚在沸腾的稀盐酸中洗涤，再用大量自来水冲洗，最后用蒸馏水漂洗。将洗净的坩埚置于高温电阻炉内，在 (900±25) ℃ 下加热 30 min，取出在干燥器内冷却至室温后，精确称重。

根据对样品灰分量的估计，迅速精确称取经充分混合的样品 2~10 g，均匀疏松地分布在坩埚内。将坩埚置于灰化炉口或电热板上小心加热，直至样品完全碳化至无烟。加热时要避免自燃，以免因为自燃使样品从坩埚中溅出而导致损失。烟一旦消失，即刻将坩埚放入高温电阻炉内，将温度升高至 (900±25) ℃，在此温度下保持 0.5~1 h，直至剩余的碳全部消失或无黑色炭粒为止。然后关闭电源，待温度降至 200 ℃ 时，将坩埚取出放入干燥器加盖，冷至室温后，精确称重。

（五）结果计算

淀粉的灰分按以下公式计算：

$$X = \frac{m_1 \times 100}{m_0(100 - H)} \times 100$$

式中　X——样品的灰分含量，%；

m_0——样品的质量，g；

m_1——灰化后剩余物的质量，g；

H——样品的水分，%。

五、斑　点

淀粉斑点是在规定条件下，用肉眼观察到的淀粉中杂色斑点的数量，以样品每平方厘米的斑点个数来表示。

（一）原　理

通过肉眼观察样品，读出斑点的数量。

（二）主要仪器

分析天平、无色透明板（刻有 10 个 1 cm×1 cm 方形格）、白色平板。

（三）操作方法

称取 10 g 样品，混合均匀后，均匀分布在平板上。将无色透明板盖到已均匀分布的待测样品上，并轻轻压平。在较好的光线下，眼与透明板的距离保持 30 cm，用肉眼观察样品中的斑点，并进行计数。记下 10 个空格内淀粉中斑点的总数量，注意不要重复计数，分析人员视力应在 0.1 以上。

（四）结果计算

按以下公式进行计算：

$$X = \frac{C}{10}$$

式中　X——样品斑点数，个/cm^2；

C——10 个空格内样品斑点的总数，个。

同一种样品要进行两次测定，测定结果允许差不超过 1.0，取两次测定的算术平均值为结果。测定结果取小数点后一位。

六、白　度

淀粉白度是在规定条件下，淀粉样品表面光反射率与标准白板表面光反射率的比值，以白度仪测得的样品白度值来表示。

（一）原　理

通过样品对蓝光的反射率与标准白板对蓝光的反射率进行对比，得到样品的白度。

（二）主要仪器

SBD 白度计、压样盒、分析天平。

（三）操作方法

称取 200 g 被测样品，充分混合。取 6～7 g 混合好的样品放入压样器中，根据白度仪所规定的制备方法压制成表面平整的样品白板，不得有裂缝和污点。用有量值的陶瓷白板或优级氧化镁制成的标准白板校正仪器。然后用白度仪对样品白板进行测定，记下白度值即为样品白度。

双试验结果允许差不超过 0.2，取两次测定的平均值为结果。测定结果取小数点后一位。

七、蛋白质

淀粉中的粗蛋白质含量是根据淀粉样品的氮含量按照蛋白质系数折算而成的，以样品蛋白质质量占样品干基质量的比例表示。

（一）原　理

在催化剂存在下，用硫酸分解淀粉，然后碱化反应产物，并进行蒸馏使氨释放。同时用硼酸溶液收集，再用硫酸标准溶液滴定，根据硫酸标准溶液的消耗体积计算出淀粉中的蛋白质含量。

（二）主要仪器

分析天平、电热套、漏斗、定氮蒸馏装置。

（三）试　剂

硫酸钾、硫酸铜、浓硫酸（98%）、硼酸、乙醇、中性甲基红、亚甲基蓝、氢氧化钠、0.02 mol/L 或 0.1 mol/L 的硫酸标准溶液。

（四）操作方法

精确称取 10 g 左右经充分混合的淀粉样品，倒入干燥凯氏烧瓶内（注意不要将样品沾在瓶颈内壁上）。加入由 97%硫酸钾和 3%无水硫酸铜组成的催化剂 10 g，并用量筒加入体积为 4 倍样品质量的浓硫酸。轻轻摆动烧瓶，混合瓶内样品，直至团块消失，样品完全湿透，加入防沸物（如玻璃珠）。然后在通风橱内将凯氏烧瓶以 45°角斜放于支架上，瓶口盖以玻璃漏斗，用电炉开始缓慢加热，当泡沫消失后，强热至沸。待瓶壁不附有碳化物，且瓶内液体为澄清浅绿色后，继续加热 30 min，使其完全分解。

将烧瓶内液体冷却，通过漏斗定量移入定氮蒸馏装置的蒸馏瓶内，并用水冲洗几次，直至蒸馏瓶内溶液总体积约 200 mL。注意蒸馏器应预先蒸馏，将氨洗净。调节定氮蒸馏装置的冷凝管下端，使之恰好碰到 300 mL 锥形瓶的底部，该瓶内已加有 2%的硼酸溶液 25～50 mL 和 2～3 滴混合指示剂[由 2 份在 50%（体积分数）乙醇溶液中的中性甲基红冷饱和溶液与 1 份在 50%（体积分数）乙醇溶液中浓度为 0.25 g/L 亚甲基蓝溶液混合而成]。再通过漏斗加入 100～150 mL 40%的氢氧化钠溶液，使裂解后的溶液碱化（注意漏斗颈部不能被排空，保证有液封）。打开冷凝管的冷凝水，开始蒸馏。在此过程中，保证产生的蒸汽量恒定。用 20～30 min 收集到锥形瓶内液体约有 200 mL 时即可停止蒸馏。降下锥形瓶，使冷凝管离开液面，让多余的冷凝水滴入瓶内，再用水漂洗冷凝管末端，水也滴入瓶内。保证释放氨定量进入锥形瓶，瓶内液体已呈绿色。

用 10 mL 或 20 mL 的滴定管盛装已标定的约 0.02 mol/L 或 0.1 mol/L 硫酸标准溶液，滴定瓶内液体，直至颜色变为紫红色，记下耗用硫酸标准溶液的体积（mL）。用试剂作空白测定。

（五）结果计算

淀粉样品中的蛋白质含量按下式计算：

$$X = \frac{0.028C(V_1 - V_0)K}{m(1-H)} \times 100$$

式中　X——样品蛋白质含量，%；

　　　C——用于滴定的硫酸标准溶液的浓度，mol/L；

　　　V_0——空白测定所用硫酸标准溶液的体积，mL；

　　　V_1——样品测定所用硫酸标准溶液的体积，mL；

　　　m——样品的质量，g；

　　　H——样品的水分，%；

　　　K——氮换算为蛋白质的系数，玉米淀粉取 6.25，小麦淀粉取 5.70；

　　　0.028——1 mL 1 mol/L 硫酸标准溶液相当于氮的质量，g。

八、脂　肪

淀粉脂肪总含量是指淀粉样品中脂肪的全部含量，用样品剩余物重量占样品原重量的比例表示。

（一）原　理

通过煮沸的盐酸水解样品后，冷却凝聚不溶解的物质，即包括全部脂肪，再过滤进行分离、干燥，并通过溶剂抽提出全部脂肪。干燥后得到样品的总脂肪剩余物重量。

（二）主要仪器

索氏提取器、抽提烧瓶、圆盘过滤纸、高效水冷式蛇型冷凝器、电加热装置、15～25 ℃水浴、沸水浴、(50±1)℃烘箱、真空烘箱、烧杯、干燥器、分析天平。

（三）试　剂

甲基橙、碘、盐酸、溶剂（n-己烷或石油醚）。

（四）操作方法

将样品进行充分混合，根据脂肪总含量的估计值，称取样品 25～50 g（精确至 0.1 g），倒入烧杯并加入 100 mL 水。用 200 mL 水混合 100 mL 盐酸，并把该溶液煮沸，然后加到样品液中。加热此混合液至沸腾并维持 5 min。将此混合液滴几滴入试管，使之冷却至室温，再加入 1 滴碘液，若无颜色出现，说明无淀粉存在。若出现蓝色，需继续煮沸混合液，并用上述方法不断进行检查，直至确定混合液中不含淀粉为止。

将烧杯和内盛混合液置于水浴中 30 min，不时地搅拌，以确保温度均匀，使脂肪析出。

用滤纸过滤冷却后的混合液，再用几片干滤纸片将黏附于烧杯内壁脂肪取出，一起加到滤纸中，并将冲洗烧杯的水也倒入滤纸中进行过滤，确保定量。

在室温下用水冲洗被分离出的凝聚物和那几片滤纸，直至滤液对甲基橙指示剂呈中性。折叠含有凝聚物的滤纸和那几片滤纸，放在表面皿上，在(50±1) °C 的烘箱内烘 3 h。

将已烘干内含凝聚物的滤纸用一张新的滤纸包密闭，然后放入抽提器中。将约 50 mL 溶剂倒入预先烘干并称重（精确至 0.001 g）的抽提烧瓶内，烧瓶与抽提器密封相连。再将冷凝器密封相连于抽提器上端，打开开关，使冷凝水进入冷凝器。确保抽提器与其他各部紧密相连，以防止在抽提过程中溶剂的损失。控制好温度，使每分钟能产生被冷凝溶剂 150～200 滴，或每小时虹吸循环 7～10 次，连续抽提 3 h。拆下装有被抽提出的脂肪的烧瓶，将其浸入沸水浴中，蒸出烧瓶内几乎全部的溶剂，然后将烧瓶放入真空烘箱内 1 h，温度控制在(100±1)°C。再把烧瓶放入干燥器内，使之冷却至室温，称重，精确至 0.001 g。

延长干燥抽提物的时间，会导致脂肪氧化而使测定结果偏高。

（五）结果计算

脂肪总含量以样品剩余物重量占样品原重量的比例表示，按以下公式进行计算：

$$X = \frac{m_2 - m_1}{m_0} \times 100$$

式中　X——样品总脂肪含量，%；

　　　m_0——样品的原重量，g；

　　　m_1——空抽提烧瓶的重量，g；

　　　m_2——抽提并干燥后抽提烧瓶和脂肪的总重量，g。

九、二氧化硫

二氧化硫的测定常用滴定法，包括氢氧化钾滴定法和氢氧化钠滴定法。氢氧化钾滴定法如下。

（一）原　理

在经过预处理的样品中加入氢氧化钾，使残留 SO_2 以亚硫酸盐形式固定。反应式如下：

$$SO_2 + 2KOH \longrightarrow K_2SO_3 + H_2O$$

加入硫酸使 SO_2 游离，可用碘标准液定量滴定。终点时稍过量的碘与淀粉指示剂作用呈蓝色。反应式如下：

$$K_2SO_3 + H_2SO_4 \longrightarrow K_2SO_4 + H_2O + SO_2$$

$$SO_2 + 2H_2O + I_2 \longrightarrow H_2SO_4 + 2HI$$

（二）主要仪器

烧杯、移液管、碘量瓶。

（三）试　剂

1 mol/L KOH（57 g KOH 加水溶解，定容至 1000 mL）、1：3 硫酸、0.005 mol/L I_2 标准溶

液、0.1%淀粉溶液。

（四）操作方法

在小烧杯内称取 20 g 样品，用蒸馏水将试样洗入 250 mL 容量瓶中，加水至容量的 1/2，加塞振荡，用蒸馏水定容，摇匀。待瓶内液体澄清后，用移液管吸取澄清液 50 mL 于 250 mL 碘量瓶中，加入 1 mol/L KOH 25mL，用力振摇后放置 10 min，然后一边摇一边加入 1：3 硫酸 10 mL 和淀粉液 1 mL，以碘标准溶液滴定至呈蓝色，半分钟不褪色为止。同时，不加试样，按上法做空白试验。

（五）结果计算

按以下公式进行计算：

$$SO_2 含量（g/kg）= \frac{2(V_1 - V_2)c \times 0.032 \times 250}{m \times 50} \times 1000$$

式中　V_1——滴定时所耗碘标准液体积，mL；

V_2——滴定空白所耗碘标准溶液体积，mL；

c——碘标准溶液的浓度，mol/L；

m——样品质量，g。

十、电导率

（一）原　理

用电导计测定定量的淀粉悬浊液的电导率。

（二）主要仪器

100 mL 烧杯，电导计。

（三）操作方法

1. 测　量

称 25 g 淀粉于 100 mL 烧杯中，加入 50 mL 蒸馏水或去离子水，将悬浊液搅拌均匀。在淀粉沉淀前，将电极插入烧杯中，立即测量电导率。

2. 测量后的工作

用蒸馏水或去离子水将置于试样中的电极清洗干净。不用的时候，电极应置于装有蒸馏水或去离子水的烧杯中保管，如果显示值超过 2.0 μS/cm，每天必须更换水。用蒸馏水或去离子水将插在试样中的电极清洗干净，并置于蒸馏水或去离子水中保管。

（四）结果计算

电导率的显示值用 μS/cm 表示，如允许差符合要求，取两次测定的算术平均值为结果。分析人员同时或迅速连续平行测定两次，其结果之差的绝对值应不超过 1.0。结果保留整数。

第三节 马铃薯淀粉黏度及糊化特性的测定

一、黏度测定

（一）淀粉黏度和黏度热稳定性的测定

淀粉黏度是淀粉样品糊化后的抗流动性，可用旋转式黏度计测定，用 mPa·s 表示。

1. 原　理

在一定温度范围内，淀粉样品随着温度的升高而逐渐糊化，升到 95 ℃并保温 1 h，用旋转式黏度计测定的黏度值即为该样品的黏度。淀粉糊在 95 ℃下，黏度会随着时间的变化而变化，测定淀粉糊在 95 ℃下保温不同时间的黏度值即可得到淀粉的黏度热稳定性。

2. 主要仪器

分析天平、超级恒温槽、三颈烧瓶、冷凝器、搅拌器、旋转式黏度计。

3. 操作方法

按浓度 6%计算，用天平称取折算成干基质量为 24 g 的经充分混合的淀粉样品，置于 500 mL 三颈瓶内，加入蒸馏水或纯度相当的水，使水的质量与所称取的淀粉质量之和为 400 g。将三颈瓶置于越级恒温槽中，装上冷凝器和搅拌器，并密封。打开升温装置、搅拌器和冷凝器，慢慢加热并不断搅拌（搅拌速度 120 r/min）。

按黏度计所规定的操作方法进行校正调零。将黏度计测定器放在黏度计托架上，并与保温装置相连，打开保温装置。

当装有淀粉乳液的三颈瓶内的温度达到 95 ℃时开始计时，并在 95 ℃下准确保温 1 h。从三颈瓶中吸取淀粉乳液加入温度准确控制在 95 ℃的黏度计的测定器内，在 95 ℃下测定其黏度。测定时将转筒上的钢丝挂到转轴的挂钩上，这时转筒上端不应露出浆液面，下端不应碰到底部。启动电机，转筒转动稳定后，用手左右移动测定器，使转筒逐渐处于测定器的中心位置，待指针稳定后，即可读数，重复两次，计算算术平均值。

4. 结果计算

η：淀粉样品的黏度，为在 95 ℃下保温 1 h 所测得的黏度值，以 mPa·s 表示。

$$黏度热稳定性（\%）=100-黏度波动率$$

黏度波动率是淀粉样品从升到 95 ℃保温开始计时，分别在 95 ℃下保温 60，90，120，150，180 min 测定的黏度值（在 95 ℃下共保温 3 h，测定 5 次黏度）的极差与 95 ℃保温 1 h 测定的黏度值的比值。

$$黏度波动率（\%）=\frac{\max|\eta-\eta'|}{\eta_1}\times100\%$$

式中　$\max|\eta-\eta'|$——分别在 95 ℃下保温 60，90，120，150，180 min，5 次测定的黏度值的极差；

η_1——在 95 ℃保温 1 h 测得的样品的黏度值，mPa·s。

（二）淀粉特性黏度的测定

1. 原　理

研究淀粉及其组成成分直链淀粉和支链淀粉的分子大小，需要测定其特性黏度。一般来说，高分子溶液的黏度 η 是随其浓度 c 的增加而增加的。将溶剂的黏度设为 η_0，则溶液的增比黏度 $\eta_{sp}=(\eta/\eta_0)^{-1}$ 为浓度的函数，而 η_{sp}/c 也会随溶液浓度 c 的变化而变化，在低浓度时它的变化基本上与浓度成比例。由低浓度测得的 η_{sp}/c 值外推至 $c\to 0$ 时求得的值叫特性黏度 $[\eta]$，即：$[\eta]=\lim\limits_{c\to 0}\left|\eta_{sp}/c\right|$

2. 主要仪器

烧杯、恒温槽、乌氏黏度计、移液管、秒表、容量瓶、注射器、光电天平。

3. 试　剂

二甲基亚砜。

4. 操作方法

准确称取 0.4 g 绝干的淀粉样品于烧杯中，加入 60 mL 二甲亚砜（DMSO）溶解，转移至 100 mL 容量瓶中，用二甲基亚砜定容至刻度，摇匀。过滤后放在(25±1)℃ 的恒温槽中恒温，备用。

图 6-1 为乌氏黏度计，洗净吹干后，垂直放置于已恒温至(25+1) ℃ 的恒温槽中，水面应超过缓冲球 2 cm，并在黏度计管 2 和管 3 的管口接上乳胶管。

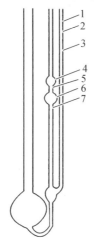

图 6-1　乌氏黏度计

1—注液管；2—测量毛细管；3—气悬管；4—缓冲球；5—上刻线；6—定量球；7—下刻线

用移液管吸取 10 mL 试样溶液，由管 1 加入黏度计中。用夹子夹紧管 3 上的乳胶管，使其不通气。将管 2 的乳胶管连上注射器抽气，至溶液上升至缓冲球一半时，移去注射器，打开管 3 上乳胶管的夹子，使管 2、管 3 通大气，此时缓冲球中的液面逐渐下降。当液面降至定量球的上刻度线时，按下秒表，开始计时。当液面降至定量球的下刻度线时，停止秒表，记录时间。重复操作三次，每次流经时间相差不应超过 0.2s，取三次平均值为初始浓度（c_0）的试样溶液的流出时间 t_1。

用移液管吸取 5 mL 已恒温的二甲基亚砜，由管 1 加入黏度计。紧闭管 3 上的乳胶管，用注射器从管 2 打气鼓泡 3 ~ 5 次，使之与原来的 10 mL 溶液混合均匀，并将溶液吸上压下 3 次以上，此时溶液的浓度为 2/3 c_0，按上述步骤测得溶液的流经时间 t_2。再分别逐次加入 5，10，10 mL 二甲基亚砜，分别测得浓度为 1/2 c_0，1/3 c_0，1/4 c_0 的流经时间 t_3、t_4、t_5。

倒出溶液，先用水洗净黏度计，干燥后用二甲基亚砜冲洗几次，加入 10 ~ 15 mL 二甲基亚砜，按上述步骤测定溶剂流出时间 t_0。

5. 结果计算

$$\eta_r = \frac{t}{t_0}$$

式中　η_r——相对黏度；

T——试样溶液的流经时间，s；

t_0——溶剂二甲基亚砜的流经时间，s。

再按下式计算试样溶液的增比黏度 η_{sp}。

$$\eta_{sp} = \frac{t - t_0}{t_0} = \eta_r - 1$$

分别计算出 t_0、t_1、t_2、t_3、t_4 和 t_5 时的 η_r 和 η_{sp}。

以 c_r 值（各点的实际浓度与初始浓度 c_0 的比值）为横坐标，分别以 η_{sp}/c_r 和 $\ln\eta_r/c_r$ 为纵坐标作图。通过两组点各作直线，外推至 $c_r=0$，求得截距 H，见图 6-2（若图上的两条直线不能在纵轴上交于一点，则取两截距的平均值为 H），按下式计算特性黏度 $[\eta]$。

$$\eta = \frac{H}{c_0}$$

式中　η——特性黏度，mL/g；

c_0——试样溶液的初始浓度，g/mL。

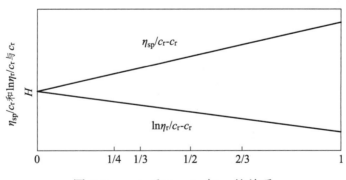

图 6-2　η_{sp}/c_r 和 $\ln\eta_r/c_r$ 与 c_r 的关系

二、糊化特性的测定

（一）布拉班德（Brabender）黏度曲线的测定

1. 原　理

使仪器的外筒以一定速度（75 r/min）旋转，在带动内筒的圆板上装有 8 根支杆，与此相对应，在外筒底部也装有 8 根支杆，使外筒在试样中旋转时产生的扭矩与弹簧的扭转相平衡，将弹簧偏转的角度记录在记录纸上。温度是通过安装在温度计上的水银触点，以一定的速度往上升高，它与时间成正比，每隔 1 min 升高 1.5 ℃。另外，通过往冷却管中输送冷水可以一定速度进行冷却。记录下的黏度-温度曲线称为布拉班德黏度曲线。

2. 操作方法

按规定的操作规程检查 Brabender 黏度计。

称取一定量的淀粉样品，加入 450 mL 蒸馏水，使淀粉乳的浓度在 3%～8%（按干基计），具体浓度视淀粉样品的黏度大小而定。将配好的淀粉乳倒入 Brabender 黏度计的黏度杯中，按规定装好仪器。

在 30 ℃ 开始升温，升温速率是 1.5 ℃/min，待温度升到 95 ℃ 后保温 0.5 h，然后开始冷却，冷却速率是 1.5 ℃/min，待冷却至 50 ℃，再保温 0.5 h，即可得到 Brabender 黏度曲线。

Brabender 黏度曲线上有 5 个关键点：

（1）最高热黏度：升温期间淀粉糊所达到的最高黏度值。

（2）95 ℃ 黏度：升温达到 95 ℃ 时淀粉糊的黏度值。

（3）95 ℃ 保温 0.5 h 的黏度：这个黏度与最高黏度变化率的绝对值表示淀粉糊的黏度热稳定性，变化小则黏度热稳定性高。

（4）50 ℃ 黏度：热糊冷却至 50 ℃ 时的黏度，与 95 ℃ 保温 0.5 h 的黏度变化的比值表示淀粉糊形成凝胶性质的强弱，变化大则凝胶性强。与最高热黏度变化的比值表示淀粉糊的凝沉性质的强弱，变化为正值时，越大则表示凝沉性越强；变化为负值时，越大则表示凝沉性越弱。

（5）50 ℃ 保温 0.5 h 后的黏度：该黏度与 50 ℃ 黏度变化的比值的绝对值表示淀粉糊的冷稳定性，变化越小则表示冷稳定性越好。

（二）糊化温度测定

糊化温度的测定有由一台偏光显微镜和一个电加热台组成的偏光十字测定技术，此外还可以使用 BV 测定、RVA 测定及 DSC 分析技术等。偏光十字法的局限是观察颗粒轮廓及偏光变化过程不够清晰，较为吃力。将 BV、RVA 和 DSC 三种测定方法比较发现，BV 耗时长，样品需要量大，但能较为真实地反映淀粉糊化的实际情况；RVA 速度快，用料少，可以测定绝对黏度；DSC 用料少，速度快，可以提供糊化所需热焓，但不能反映黏度。BV 和 RVA 测定的糊化温度一致，而 DSC 测定的糊化温度明显低于前两者。除上述方法外，也可用比色计或分光光度计测定淀粉乳液经逐次加热过程中透光率变化时的温度作为糊化温度。

（三）淀粉糊透光率测定

通用测定方法为：配制 1%淀粉乳，在沸水浴中搅拌 30 min，冷却至 25 ℃，用水调整体积至原浓度，以蒸馏水作为参比，在 650 nm 波长下测定其透光率。也可用碱常温糊化法来测定淀粉糊的透光率，称取 0.5 g 淀粉样品（干基），置于 5 mL 水中（包括淀粉中的水）湿润后，加入 45 mL 1% NaOH 溶液，搅拌 3 min，静置 27 min（25 ℃ 下），即得 1%的淀粉糊。用分光光度计于 650 nm 下测定透光率。

淀粉乳液在加热条件下透光率的变化也是追踪淀粉加热糊化过程的常用方法。将分光光度计加上自动升温装置即可连续记录加热淀粉糊悬浮液的透光率变化。从室温开始逐渐加热至 95 ℃，记录透光率变化，可从变化曲线中求出糊化起始温度。

（四）淀粉糊稳定性的测定

1. 冰融稳定性

配制 6%淀粉乳于沸水浴中加热搅拌 20 min，冷却，用水调整糊体积至原浓度，于-15 ~ -20 ℃冰箱内放置 24 h，取出自然解冻，在 3000 r/min 下离心 20 min，去上清液，称取沉淀物重量，计算其析水率。

$$析水率 = \frac{糊重 - 沉淀物质}{糊重} \times 100\%$$

另一种方法为：称取一定量的淀粉样品，配成 6%的淀粉乳，在沸水浴中 95 ℃后搅拌糊化淀粉 20 min，冷却至室温。置于-15 ~ -20 ℃冰箱内，24 h 取出自然解冻，观察糊的冷冻状况。再冷冻、解冻，观察到凝胶有水析出为止。记录冻融次数，次数越多，表示糊的冻融稳定性越好。

2. 淀粉糊抗酸稳定性的测定

用 pH 为 3 的磷酸氢二钠-柠檬酸缓冲溶液调制浓度为 6%的淀粉乳，用 Brabender 黏度计测黏度曲线。与 pH 为 6.5 的黏度曲线比较，分析曲线上特征点的数值变化。

3. 淀粉糊抗碱稳定性的测定

用 0.1 mol/L 的 NaOH 调节浓度 6%淀粉乳 pH 为 12，用 Brabender 黏度计测黏度曲线。与 pH 为 6.5 的黏度曲线比较，分析曲线上特征点的数值变化。

4. 淀粉糊抗剪切特性的测定

将淀粉样品配成 3%的糊液，在固定温度下以一定剪切速率进行剪切，每隔一定时间用旋转黏度计测定糊的表观黏度。由糊黏度随剪切时间延长下降幅度判断抗剪切能力。

（五）淀粉糊的凝沉性和凝胶性强弱判断

由淀粉的 Brabender 黏度曲线可以判断溶粉糊的凝沉性和凝胶性的强弱。

以（最终黏度-最高黏度）/最高黏度表示凝沉性强弱。最终黏度是指糊从 95 ℃ 降至 50 ℃ 后的黏度，最高黏度（峰值黏度）是指糊化开始后出现的最大黏度。

以稠度/最低黏度表示凝胶性强弱。稠度是指最终黏度-最低黏度的值，最低黏度则为糊在 95 ℃ 保温 30 min 后的黏度值。

第四节　马铃薯变性淀粉的检测技术

一、变性淀粉 pH 的测定

pH 反映变性淀粉的有效酸、碱度，精确测定应采用酸度计进行。

（一）原　理

将 pH 计的复合电极或玻璃电极和甘汞电极浸在规定浓度的淀粉或变性淀粉糊中，在两个电极之间产生电位差，直接在仪器标度上读出 pH。

（二）操作方法

按浓度 6% 计算，用天平称取折算成干基质量为 (12 ± 0.1) g 的样品，放入 400 mL 烧杯中，加入除去 CO_2 的冷蒸馏水，使水的质量与所称取的淀粉质量之和为 200 g，搅拌以分散样品，把烧杯放在沸水浴中使水浴液面高于样品液面。搅拌淀粉乳直至淀粉糊化（大约 5 min）盖上表面皿再煮大约 10 min（放在沸水浴中的总时间应为 15 min）。取出，在冷水浴中立刻冷却至室温（约 25 ℃），从冷水浴中取出并搅拌淀粉糊以破坏已形成的凝胶。

用磁力搅拌器以足够的速度搅拌淀粉糊，使淀粉糊表面产生小的旋涡。在淀粉糊中插入已标定好的、用蒸馏水冲洗过并用柔软吸水纸擦干的电极，待读数稳定后，观察并记录 pH，精确至 0.1 个 pH 单位。

二、酸变性淀粉流度的测定

（一）原　理

流度是黏度的倒数，黏度越低，流度越高。由于淀粉用酸变性的主要目的是降低淀粉糊的黏度，因此在酸变性淀粉的生产过程中经常用测定流度的方法来控制反应程度或用流度来表示酸变性淀粉的黏度大小。酸变性淀粉的流度一般用经验方法测定，其值范围在 0～90。

（二）操作方法

在烧杯中用 10 mL 蒸馏水浸湿 5 g 干淀粉，然后在 25 ℃ 下加入 90 mL NaOH 溶液，边加边搅拌，在 3 min 内加完。在 25 ℃ 下测定淀粉糊在 70 s 内流出的体积（mL），以流出体积表示该酸变性淀粉的流度。

三、预糊化淀粉 α 化度的测定

α 化度是预糊化淀粉的重要技术指标之一。在粮食食品、饲料的生产中，也常需要了解产品的糊化程度，因为 α 化度的高低，直接影响复水时间，关系到食品和饲料的品质。α 化度的测定方法有双折射法、膨胀法、染料吸收法、酶水解法、黏度测量法及淀粉透明度测量法等。但 α 化度并没有一个明确的测定方法，比较公认的是酶水解法，但因为在酶的选择和具体操作上比较繁杂，所以实际的应用受到一定限制。染料吸收法中的碘电流滴定法和膨胀法是比较常用的简易测定方法。

（一）酶水解法

1. 原　理

已糊化的淀粉、在淀粉酶的作用下，可水解成还原糖，α 化度越高，即糊化的淀粉越多，水解后生成的糖越多。先将样品充分糊化。经淀粉酶水解后，测定糖量，以此作为标准，其糊化程度定为 100%；然后将样品直接用淀粉酶水解，测定原糊化程度时的含糖量，α 化度以

样品原糊化时含糖量占充分糊化时含糖量的比例表示。

α 化程度越高，转化产生的葡萄糖量也越多。葡萄糖在碱性溶液中被碘氧化为一元酸，未参加反应的过量碘与 NaOH 作用生成碘酸钠及碘化钠，当加入硫酸后析出碘. 用硫代硫酸钠滴定，根据滴定结果计算 α 化度。其反应式如下：

$$I_2 + C_6H_{12}O_6 + 2NaOH \longrightarrow C_6H_{12}O_7 + 2NaI + H_2O$$

未反应的：

$$3I_2 + 6NaOH \longrightarrow NaIO_5 + 5NaI + 3H_2O$$

$$NaIO_3 + 5NaI + 3H_2SO_4 \longrightarrow 3I_2 + 3Na_2SO_4 + 3H_2O$$

$$2Na_2S_2O_3 + I_2 \longrightarrow Na_2S_4O_6 + 2NaI$$

2. 试　剂

0.05 mol/L（1/2 I_2）碘液；0.1 mol/L 氢氧化钠溶液；0.05 mol/L 硫代硫酸钠溶液；1 mol/L 盐酸；10%硫酸；5 g/100 mL 淀粉酶溶液。

3. 操作方法

取 5 个 100 mL 锥形瓶，分别以 A_1、A_2、A_3、A_4、B 标记，每次称取 1.000 g 样品，分别放入 A_1、A_2、A_3、A_4 锥形瓶中，各加 50 mL 蒸馏水，B 瓶只加 50 mL 蒸馏水，作为空白试验。将 A_1、A_2 用电炉加热至沸腾，保持 15 min，然后迅速冷却至 20 ℃，于 A_1、A_3、B 三个锥形瓶中各加入 5 mL 淀粉酶溶液。将上述 5 个锥形瓶均放入 37 ℃ 恒温水浴条件下，不断摇动，90 min 后取出，加入 2 mL 1 mol/L 的 HCl 中止酶解作用，分别移入 100 mL 容量瓶中，加水定容，以干燥滤纸过滤、

用移液管取 A_1、A_2、A_3、A_4、B 试液及蒸馏水各 10 mL，分别放入 6 个 150 mL 碘量瓶内，用移液管各加入 0.05 mol/L（1/2 I_2）液 10 mL 和 0.1 mol/L NaOH 溶液 18 mL，加塞，摇匀，放置冷却 15 min，然后用移液管快速在各瓶中加入 2 mL 10%硫酸，用 0.05 mol/L 硫代硫酸钠溶液滴定，记录各瓶消耗的硫代硫酸钠溶液体积。

4. 结果计算

样品 α 化度按以下公式进行计算：

$$\alpha = \frac{(V_Y - V_3) - (V_Y - V_4) - (V_Y - V_Q)}{(V_Y - V_1) - (V_Y - V_2) - (V_Y - V_Q)} \times 100\%$$

式中　　V_1、V_2、V_3、V_4——A_1、A_2、A_3、A_4 消耗的硫代硫酸钠溶液体积，mL；

V_Y——空白消耗硫代硫酸钠溶液的体积，mL；

V_Q——B 试液消耗硫代硫酸钠溶液的体积，mL。

（二）膨胀法

1. 溶解度和膨胀度

精确称取 1 g 试样（按干基计），置于带有刻度的具塞离心管中，加入 1 mL 甲醇，一边用玻璃棒搅拌，一边加入 25 ℃ 的纯水，达 50 mL 标线。时常振动，在 25 ℃ 下放置 20 min。

在 25 ℃ 以 4500 r/min 离心 30 min，上清液装于标量瓶中，在沸水浴上使之蒸发干固，并在 110 ℃ 下减压干燥 3 h，进行称量；计算出沉淀部分的重量，按下式算出溶解度和膨胀度。若没有上清液时，减少试样。

$$溶解度\,S\,（按干基计算）= \frac{上清液干燥重量(mg)}{1000} \times 100\%$$

$$膨胀度 = \frac{离心后沉淀物重量(mg)}{1000 \times \dfrac{100-S}{100}}$$

2. α 化度

测定预糊化淀粉 α 化度的一种简易方法。可由 25 ℃ 和加热该试样时的膨胀度的比求出。先按前述的操作制备试样，调制的试样液在防止水蒸散的情况下振荡，在 95 ℃ 下加热 30 min，以同样方法求出膨胀度。然后按下式计算出 α 化度：

$$\alpha = \frac{25\,℃膨胀度}{95\,℃膨胀度} \times 100\%$$

四、氧化淀粉羧基和羰基含量的测定

（一）羧基含量的测定

氧化淀粉羧基含量的测定方法有醋酸钙法、改进醋酸钙法、淀粉糊滴定法、分光光度法。下面主要介绍淀粉糊滴定法和分光光度法。

1. 淀粉糊滴定法

（1）原理

含羧基的淀粉用无机酸将羧酸盐转变成酸的形式，过滤，用水洗去阳离子和多余的酸，洗涤后的试样在水中糊化并用标准碱液滴定。

（2）主要仪器

烧杯、玻璃砂芯漏斗、电炉。

（3）试剂

蒸馏水、酚酞指示剂、氢氧化钠。

（4）操作方法

称取 5.000 g 或 0.1500 g（后者用于高氧化度淀粉）样品于 150 mL 烧杯中，加 25 mL 0.1 mol/L HCl 溶液，化合物在 30 min 内不断摇动搅拌，然后用玻璃砂芯漏斗过滤，用无氨蒸馏水洗至无氯离子为止。将脱灰后的淀粉转移到 600 mL 烧杯中，加 300 mL 蒸馏水，加热煮沸，保温 5～7 min，趁热以酚酞作为指示剂，用 0.1 mol/L NaOH 标准溶液滴定至终点，消耗的体积为 V_1。

空白：原淀粉于 600 mL 烧杯中加 300 mL 蒸馏水糊化，NaOH 标准溶液趁热滴定至酚酞变色，消耗的体积为 V_2。

（5）结果计算

按以下公式进行计算：

$$X = \left(\frac{V_1}{m_1} - \frac{V_2}{m_2} \right) \times c \times 0.045 \times 100$$

式中　X——羧基含量，%；

$\qquad m_1$——氧化淀粉称样量，g；

$\qquad m_2$——原淀粉称样量，g。

2. 分光光度法

（1）仪器

pH 计、分光光度计。

（2）试剂

KH_2PO_4 和 NaOH 缓冲溶液（pH 8）、次甲基蓝溶液（1×10^{-8} mol/L，储存于涂有石蜡的棕色瓶中）。

（3）操作方法

将淀粉调成糊状倾入沸水中，煮沸 3 min。在一系列 50 mL 容量瓶中，加入 5 mL pH 8 的缓冲溶液和 5 mL 次甲基蓝溶液，分别加入已用电位滴定法准确测得羧基含量的氧化淀粉溶液 1~25 mL，用水稀释到刻度。稀释后次甲基蓝的浓度为 1×10^{-4} mol/L，离子强度为 0.01，淀粉的浓度范围为 0.1%~1%。空白为 pH 为 8、染料浓度为 1×10^{-4} mol/L 的次甲基蓝溶液。加入淀粉 10 min 后，以不含淀粉的试剂溶液作空白，用 1 cm 比色皿，在波长 580 nm 处快速测定吸光度。绘出吸光度与按基含量的工作曲线，样品同样按上述方法操作。

（二）羧基含量的测定

1. 原　理

羟胺法利用羟基与羟胺反应生成氨，用酸滴定即可求得羟基含量。

2. 仪　器

恒温水浴、滴定管。

3. 试　剂

羟胺试剂（将 25.00 g 分析纯盐酸羟胺溶于蒸馏水中，加入 100 mL 0.5 mol/L 的 NaOH，加蒸馏水稀释到 500 mL，此溶液不稳定，过 2 天应重新配制）、0.1000 mL/L 盐酸标准溶液。

4. 操作方法

称取过 40 目筛的氧化淀粉样品 5.000 g（绝干），放入 250 mL 烧杯里，加 100 mL 蒸馏水，搅匀，在沸水浴中使淀粉完全糊化。冷却至 40 ℃，调 pH 至 3.2，移入 500 mL 的带玻璃塞三角瓶中，精确加入 60 mL 羟胺试剂，加塞，在 40 ℃ 保持 4 h。用 0.1000 mol/L HCl 标准溶液快速滴定到 pH 为 3.2，记录消耗盐酸的体积（mL），称取同样质量的原淀粉进行空白滴定。

5. 结果计算

按以下公式进行计算：

$$X = \frac{(V_1 - V_2) \times 0.1000 \times 0.028}{m} \times 100$$

式中 X——羰基含量，%；

V_1——滴定空白 HCl 标准溶液用量，mL；

V_2——滴定样品 HCl 标准溶液用量，mL；

m——样品质量，g。

五、双醛淀粉双醛含量的测定

双醛淀粉中双醛含量的测定方法有对硝基苯肼分光光度法、氢硼化钠还原法和酸碱滴定法等，但一般采用对硝基苯肼分光光度法。

（一）原　理

对硝基苯肼与双醛淀粉中的醛基反应生成深红色的对硝基苯腙，后者在 450 nm 波长处有最大吸收，其吸光度与浓度成比例关系。

（二）操作方法

1. 每百个脱水葡萄糖单元（AGU）中含有小于 1 个双醛的双醛淀粉双醛含量的分析

称取 25 mg（含 1%左右双醛的氧化淀粉）或 250 mg（含 0.1%左右双醛的氧化淀粉）样品于 18 mm×150 mm 试管中，加 20 mL 水，在热水浴中加热 1.5 h，经常用玻璃棒搅动。加入 1.5 mL 对硝基苯肼溶液（0.25 g 对硝基苯肼溶于 15 mL 冰醋酸中），加热 1 h，并不断搅拌至完全生成深红色的对硝基苯腙（反应时间并不要求严格控制，因为 98%的苯腙在 15 min 内形成，1 h 后生成的苯腙达 99.80%）。冷却试管，加 0.4 g 助滤剂，用玻璃砂芯漏斗真空过滤，用 5 mL 7%的醋酸溶液洗涤两次，再用 5 mL 水洗涤两次，并用水淋洗试管，淋洗液倒入漏斗中。将漏斗放在清洁、干燥的 500 mL 过滤瓶中，反复用 95%的热乙醇洗涤漏斗和试管，直至对硝基苯腙全部溶解。将其定量转移至 250 mL 的容量瓶中，用乙醇稀释至刻度，在 450 nm 波长处以原淀粉作空白测定吸光度。

2. 每百个脱水葡萄糖单元（AGU）中含有大于 1 个双醛的双醛淀粉（高度氧化的双醛淀粉）双醛含量的分析

称取高度氧化的双醛淀粉样品（180~100 个双醛基/100 个 AGU）50~62 mg 于 200 mL 容量瓶中，加入 180 mL 蒸馏水，加热并不断搅拌 2~3 h。冷却，稀释至 200 mL。吸取 20 mL（约 5 mg 氧化淀粉）置于试管中，按上述方法处理，但加入 0.25 g 对硝基苯肼溶于 15 mL 冰醋酸中的对硝基苯肼溶液 1.5 mL。

（三）结果计算

用已知含量双醛的双醛淀粉为标准，作标准曲线，从标准曲线中查出待测样品的双醛含量。

六、交联淀粉交联度和残留甲醛的测定

（一）交联度的测定

大多数交联淀粉的交联度都是低的，因此很难直接测定交联淀粉中的交联度，而交联淀粉的鉴定以及加工中质量的控制又都离不开对其物理性质（溶胀性、黏度等）的测定。

1. 原 理

对于低交联度的交联淀粉，受热糊化时黏度变化较大，可根据低温时的溶胀和较高温度时的糊化进行测定，而高交联度的交联淀粉在沸水中也不糊化，故只能测定淀粉颗粒溶胀度。

2. 主要仪器

10 mL 刻度离心管、4000 r/min 离心沉降机、恒温水浴、秒表。

3. 操作方法

准确称取已知水分的交联淀粉样品 0.5 g 于 100 mL 烧杯中，加入蒸馏水 25 mL 制成 2% 浓度的淀粉液，放入恒温水浴锅中，稍加搅拌，在 82~85℃ 下溶胀 2 min（用秒表计时），取出冷至室温后，用 2 支刻度离心管分别倒入 10 mL 糊液，对称装入离心沉降机内。开动沉降机，缓慢加速至 4000 r/min 时，用秒表计时，运转 2 min。停转，取出离心管，将上层清液倒入一个培养皿中，称其离心管中沉积浆质量（m_1），再将沉积浆置于另一培养皿中于 105℃ 烘干，称得沉积物干质量（m_2）。

4. 结果计算

按以下公式进行计算：

$$X = \frac{m_1}{m_2} \times 100$$

式中　X——溶胀度，%；

m_1——沉积浆质量，g；

m_2——沉积物干质量，g。

（二）交联淀粉中残留甲醛的测定

1. 原 理

在一定温度条件下，试样被萃取一定时间后，淀粉中残留甲醛被水吸收，萃取液用乙酰丙酮显色，通过分光光度法测定甲醛含量。

2. 主要仪器

恒温水浴锅、分光光度计、具塞锥形瓶、250 mL 容量瓶、移液管（5，10，25，100 mL）、2 号玻璃砂芯坩埚、试管及试管架。

3. 试 剂

乙酸铵、冰醋酸、乙酰丙酮、乙酰丙酮混合液、37%~40%甲醛溶液。

乙酰丙酮混合液：在 1000 mL 容量瓶中加入 150 g 乙酸铵，用约 800 mL 蒸馏水溶解后，

加入 3 mL 冰乙酸和 2 mL 乙酰丙酮，用蒸馏水定容，储于棕色瓶中，放暗处（尽可能现用现配，如溶液变黄即不能使用）。

4. 操作方法

准确称取 5 g 样品（绝干），放入 250 mL 具塞锥形瓶中。用移液管加入 100 mL 蒸馏水，在(40+1)℃ 水浴中浸提 1h，中间摇动 2～3 次。从水浴取出，冷至室温，用 2 号玻璃砂芯坩埚过滤。吸取 10 mL 滤液于试管中，加 10 mL 水，以蒸馏水为空白，在 415 nm 处测定吸光度 A_1。

另吸取 10 mL 滤液于试管中，加等体积乙酰丙酮混合液，加盖摇匀，在(40±2)℃ 水浴中加热 30 min 进行显色。取出，冷却 30 min，以蒸馏水加等体积乙酰丙酮混合液做空白，在 415 nm 处测定吸光度 A_2。在 A_2-A_1 标准曲线上求出甲醛的含量（mg/kg）。

标准曲线绘制：吸取 37%～40% 的甲醛溶液 2.6 mL，放入 1000 mL 容量瓶中，用蒸馏水定容，摇匀。待标定（约 1000 mg/kg）。

吸取 10 mL 上述甲醛溶液置于 250 mL 碘量瓶中，另一 250 mL 碘量瓶用蒸馏水代替甲醛作空白。用移液管加入 0.05 mol/L 碘液 25 mL、1 mol/L NaOH 溶液 10 mL，加盖放置暗处 10～15 min，然后加 0.5 mol/L H_2SO_4 溶液 15 mL，用 0.1 mol/L 标准 $Na_2S_2O_3$ 溶液滴定至淡黄色，加入淀粉指示剂 1～3 mL，继续用 $Na_2S_2O_3$ 标准溶液滴定至蓝色消失。

$$甲醛含量 (mg/kg) = \frac{(V_1 - V_2)c \times 0.030}{10} \times 10^6$$

式中　0.030——甲醛毫摩尔质量，g/mmol；

　　　V_1——空白消耗硫代硫酸钠的体积，mL；

　　　V_2——甲醛溶液消耗硫代硫酸钠的量，mL；

　　　c——硫代硫酸钠标准溶液的浓度，mol/L。

经标定后将甲醛溶液浓度调至 1000 mg/kg。

用移液管分别吸取不同量甲醛标准溶液于试管中，加入 10 mL 乙酰丙酮混合液。以 10 mL 蒸馏水加 10 mL 乙酰丙酮混合液做空白。加盖，摇匀，置(40±2)℃ 水浴中加热 30 min，取出冷却 30 min，在 415 nm 处测定吸光度 A_1，绘制标准曲线。

5. 结果计算

按以下公式进行计算：

$$残留甲醛量 (mg/kg) = \frac{w \times D \times V}{m}$$

式中　w——从标准曲线查得的甲醛量，mg/kg；

　　　D——浸提液稀释倍数；

　　　V——浸提液总体积，mL；

　　　m——试样质量，g。

七、酯化淀粉取代度的测定

（一）淀粉磷酸酯取代度的测定

淀粉磷酸酯中磷的含量测定方法较多，有重量法、原子吸收法、滴定法（电位滴定法）、分光光度法等。其中分光光度法较为常用。

分光光度法是测定有机及无机物中磷含量的标准方法，测定淀粉中含磷量也常用此法。它不受那些干扰比色分析的离子影响，而且灵敏度较高，用 1 cm 比色皿可测 5～60 μg/mL 的磷。

1. 试　剂

（1）磷标准溶液：准确称取已在(105+0.2)℃烘箱干燥 1 h 的磷酸二氢钾 0.4395 g 溶于水中，定量转移至 100 mL 容量瓶并稀释至刻度，摇匀。1 mL 含磷 0.1 mg。

（2）0.25%钒酸铵溶液：在 600 mL 的沸水中加入 2.5 g 偏钒酸铵，冷至 60～70 ℃，再加入 20 mL 浓硝酸，冷至室温，用水稀释至 1000 mL。

（3）5%钼酸铵溶液：将 53.1 g 钼酸铵[$(NH_4)_6MO_7O_{24}\cdot 4H_2O$]用水溶解，稀释至 1000 mL，储于棕色瓶中。

2. 操作方法

准确称取 10 g 淀粉磷酸酯样品，放入一坩埚中，用乙醇浸湿，碳化。碳化后的样品在马福炉中 550 ℃ 灰化，冷却，沿壁加入 10 mL（1∶2）HNO_3，混合均匀，盖好。在 100 ℃ 保持 30 min，使磷转变为磷酸后定量转移至 100 mL 容量瓶中，用蒸馏水稀释至刻度。如溶液混浊，需过滤后再稀释。

吸取 20 mL 上述溶液于 100 mL 容量瓶中，加入 HNO_3 溶液（1∶2），0.25%钼酸铵和 5%钼酸铵各 10 mL，用蒸馏水稀释至刻度，充分混合后室温放置 2 h。以试剂为空白，在 460 nm 处测吸光度。

标准曲线：分别吸取 2，5，10，15，20，25 mL 标准磷溶液于 100 mL 容量瓶中，测定操作同样品。绘制标准曲线，从标准曲线上求得待测样品中磷的量 m（mg）。

3. 结果计算

按以下公式进行计算：

$$磷含量\ W_P = \frac{m \times 稀释总体积（mL）}{取样体积（mL）\times 样品质量（g）\times 100} \times 100\%$$

经改进后，此法的灵敏度提高 8～10 倍，测定范围为 0.5～7 μg/mL。

（二）淀粉醋酸酯取代度的测定

1. 原　理

淀粉醋酸酯在碱性条件下（pH 在 8.5 以上）易水解，故用过量碱将淀粉醋酸酯水解，然后用标准酸来滴定剩余的碱，即可测定出乙酰基的含量。反应式如下：

$$CH_3COOSt + NaOH \longrightarrow StOH + CH_3COONa$$

$$NaOH + HCl \longrightarrow NaCl + H_2O$$

2. 仪　器

容量瓶、电磁搅拌器。

3. 试　剂

0.1 mol/L NaOH 溶液、0.5 mol/L NaOH 标准溶液、0.5 mol/L HCl 标准溶液。

4. 操作方法

准确称取 5 g（绝干）样品于 500 mL 碘量瓶中，加入 50 mL 蒸馏水，3 滴酚酞指示剂，混匀后用 0.1 mol/L 的 NaOH 溶液滴至呈微红色。再加入 25 mL 0.5 mol/L NaOH 标准溶液，放在电磁搅拌器上搅拌 60 min（或机械振荡 30 min）进行皂化。

用洗瓶冲洗碘量瓶的塞子及瓶壁，将已皂化过的含过量碱的溶液，用 0.5 mol/L HCl 标准溶液滴定至红色消失即为终点，体积为 V_1（mL）。

空白：准确称取约 5 g（绝干）原淀粉，测定步骤同上，耗用 0.5 mol/L 标准 HCl 溶液为 V_2（mL）。

5. 结果计算

乙酰基含量按公式一进行计算。

公式一：

$$W_{AC} = \frac{(V_2 - V_1)c \times 0.043}{m}$$

式中　W_{AC}——乙酰基含量，%；

　　　V_2——空白消耗盐酸的体积，mL；

　　　V_1——样品消耗盐酸的体积，mL；

　　　c——盐酸浓度，mol/L；

　　　m——称样量，g。

取代度（DS）含量按公式二进行计算。

公式二：

$$DS = \frac{162 w_{AC}}{4300 - 42 w_{AC}}$$

（三）辛烯基琥珀酸酯淀粉取代度的测定

1. 操作方法

精确称取试样 0.5 g 于 150 mL 烧杯中，用数毫升试剂级异丙醇润湿。吸取 2.5 mol/L 的盐酸异丙醇溶液 25 mL，加入并淋洗烧杯壁上的试样。在磁力搅拌器上搅拌 30 min，用量筒加入 90% 的异丙醇 100 mL，继续搅拌 10 min。用布氏漏斗过滤试样溶液，并用 90% 的异丙醇淋洗滤渣直至洗出液无氯离子为止（用 0.1 mol/L 的 $AgNO_3$ 溶液检验）。将滤渣移入 600 mL 烧杯中，用 90% 的异丙醇仔细淋洗布氏漏斗，洗液并入 600 mL 烧杯中，用蒸馏水定容至 300 mL。于沸水浴中加热搅拌 10 min，以酚酞为指示剂，趁热用 0.1 mol/L 的 NaOH 标准溶液滴定至终点。

2. 结果计算

辛烯基琥珀酸酯淀粉的取代度按（DS）以下公式计算：

$$DS = \frac{0.162A}{1 - 0.210A}$$

式中　A——每克辛烯基琥珀酸酯淀粉所耗用 0.1 mol/L 氢氧化钠标准溶液的物质的量，mmol。

八、醚化淀粉取代度的测定

（一）羟丙基淀粉取代度的测定

羟丙基淀粉取代度的测定方法有高效液相色谱法、核磁共振法、分光光度法和改进了的蔡泽尔法等。下面主要介绍分光光度法。

1. 原　理

羟丙基淀粉在浓硫酸中生成丙二醇，丙二醇再进一步脱水生成丙醛和丙烯醇，这两种脱水产物在浓硫酸介质中可与水合茚三酮生成紫色配合物。因此能用分光光度法在 595 nm 处测其吸光度，浓度范围在 5~50 μg，符合朗伯-比尔定律。

此法是测定丙二醇、淀粉醚中羟丙基的特效方法。

2. 仪　器

分光光度计、25 mL 具塞比色管、水浴锅、冰浴。

3. 试　剂

1,2-丙二醇、硫酸（相对密度 1.84）、3%茚三酮溶液（称取 3 g 茚三酮于 100 mL l5%的亚硫酸氢钠溶液中，溶解混匀，溶液在室温下稳定）。

4. 操作方法

（1）标准曲线的绘制

制备 1.00 mg/mL 的 1,2-丙二醇标准溶液。分别吸取 1.00，2.00，3.00，4.00，5.00 mL 此标准溶液于 100 mL 容量瓶中，用蒸馏水稀释至刻度，得到每毫升含 1,2-丙二醇 10，20，30，40，50 μg 的标准溶液。分别取这 5 种标准溶液 1.00 mL 于 25 mL 具塞比色管中，置于冷水，缓慢加入 8 mL 浓硫酸，操作中应避免局部过热，以防止脱水重排产物挥发逸出。混合均匀后于 100 ℃ 水浴中加热 3 min，立即放入冰浴中冷却。小心沿管壁加入 0.6 mL 13%茚三酮溶液，立即摇匀，在 25 ℃ 水浴中放置 100 min，再用浓硫酸稀释到刻度。倾倒混匀（注意不要振荡），静置 5 min。用 1 cm 比色皿于 595 nm 处，以试剂空白作参比，测定吸光度，作吸光度-浓度曲线。

（2）样品分析

分别称取 0.05~0.1 g 羟丙基淀粉、原淀粉于 1 mL 容量瓶中，加入 25 mL 0.5 mol/L H_2SO_4 溶液，100 ℃ 水浴中加热至试样完全溶解。冷至室温，用蒸馏水稀释至刻度。吸取 1.00 mL 此溶液于 25 mL 具塞比色管中，以下按标准曲线配制方法处理。以试剂做空白，在 595 mn 处测其吸光度，在标准曲线上查出相应丙二醇的含量，扣除原淀粉空白，乘换算系数 0.7763，即得羟丙基含量。

5. 结果计算

假如样品称取过多，浓硫酸分解后，溶液颜色变成棕色，影响吸光度的测量。因此，此法适用于测定羟丙基含量在 1%以上的样品。大量甲醛会影响有色配合物的形成，但上述测定条件下只生成少量甲醛，对测定并不影响。

$$MS = \frac{2.84W_N}{100 - W_N}$$

式中　MS——羟丙基淀粉的摩尔取代度；

W_N——羟丙基的含量，%；

2.84——质量分数转化成 MS 的换算系数。

（二）羧甲基淀粉取代度的测定（酸洗法）

1. 原　理

羧甲基淀粉试样用酸溶液充分洗涤，使其全部转化成酸式 CMS（HCMS），然后加入已知过量的 NaOH 标准溶液，使 HCMS 与 NaOH 发生中和反应，再用标准 HCl 溶液返滴剩余的 NaOH，从而测得 CMS 的取代度。或者不是加过量 NaOH 标准溶液后进行返滴定，而是直接用标准 NaOH 溶液滴定。

2. 仪　器

电磁搅拌器、50 mL 滴定管、50 mL 烧杯。

3. 试　剂

2 mol/L HCl 溶液（用 70%甲醇溶液配制）、0.1 mol/L NaOH 标准溶液、0.1 mol/L HCl 标准溶液、0.1%酚酞指示剂。

4. 操作方法

准确称取 0.5 g 样品，置于 50 mL 小烧杯中，加入 2 mol/L HCl 溶液 40 mL，用电磁搅拌器搅拌 3 h。过滤，再用 80%甲醇溶液洗涤酸化后的样品，至洗涤液中不含氯离子。用 0.1 mol/L NaOH 标准溶液 40 mL 溶解，在微热条件下，使溶液呈透明状，立即用 0.1 mol/L 标准 HCl 溶液返滴至酚酞指示剂的红色刚褪去。或者用甲醇洗至无氯离子后，将滤饼定量地转移至一干烧杯中，用 100 mL 水分散，在沸水浴中加热 15 min，冷却，用 0.1 mol/L NaOH 标准溶液滴定至酚酞指示剂变粉红色为止。

5. 结果计算

乙酰基含量按公式一进行计算。

公式一：

$$W_{AC}(\%) = \frac{(c_{NaOH} \cdot V_{NaOH} - c_{HCl} \cdot V_{HCl})c \times 0.059}{m} \times 100$$

式中　m——样品质量，g。

取代度（DS）含量按公式二进行计算。

公式二：

$$DS = \frac{162W_{AC}}{5900 - 58W_{AC}}$$

（三）阳离子淀粉取代度的测定

阳离子淀粉取代度的测定常用氨敏电极电位滴定法。

1. 仪　器

凯氏烧瓶、容量瓶、数字式离子计、氨敏电极。

2. 试　剂

（1）氯化铵标准溶液：精确称取经 105 ℃ 烘干的 NH_4Cl 5.3490 g，配成 0.1000 mol/L 标准溶液。

（2）氨敏电极内充液：0.1 mol/L NaCl 和 0.01 mol/L NH_4Cl 的混合液。

（3）缓冲溶液：0.2 mol/L NaCl 溶液或 0.1 mol/L KNO_3 溶液。

（4）10 mol/L NaOH 溶液。

3. 操作方法

称取 1.0 g 试样（精确至 0.0001 g），于 250 mL 凯氏烧瓶中，加极少量硒粉（约 0.1 g）、10 mL 浓硫酸，然后置于电炉上消化至无色透明，冷却后用蒸馏水定容至 250 mL。精确吸取该溶液 10 mL 于 150 mL 烧杯中，加 37 mL 蒸馏水，插入处理好的氨敏电极，再加 3 mL 10 mol/L NaOH 溶液，电磁搅拌下测量其平衡电位 E_1。再加 0.5 mL NH_4Cl 标准溶液，测量其平衡电位 E_2。最后添加 55.5 mL 缓冲液，测量其平衡电位 E_3。

4. 结果计算

按公式一算出试样中氨的浓度 c_x（mol/L）。

公式一：

$$c_x = c_s \frac{V_s}{V_x} \left(10^{0.01 \frac{\Delta E}{\Delta E'}} - 1 \right)^{-1}$$

式中　c_s——标准 NH_4Cl 溶液浓度，mol/L；

$\quad\quad V_s$——加入标准 NH_4Cl 溶液体积，mL；

$\quad\quad V_x$——测定液的总体积，mL；

$\quad\quad \Delta E$——添加标准溶液前后的电位差（E_2-E_1），V；

$\quad\quad \Delta E'$——添加缓冲液前后的电位差（E_3-E_2），V；

按公式二计算试样中有机氮含量。

公式二：

$$W_N = \frac{c_x \times 14 \times V_x \times f}{m \times 1000} \times 100$$

式中　W_N——试样中有机氮含量，%；

$\quad\quad 14$——氮的摩尔质量，g/mol；

$\quad\quad m$——试样质量，g；

$\quad\quad f$——稀释倍数。

取代度（DS）按公式三进行计算。

公式三：

$$DS = \frac{162W_N \cdot m_s}{100M_r - (M_r - 1)}$$

式中 m_s——取代基质量，g；

M_r——取代基分子量。

九、接枝淀粉接枝参数的测定

（一）均聚物含量的测定

均聚物是指接枝反应过程中，单体自身聚合未接到淀粉分子上混于接枝物中的聚合物。均聚物含量以均聚物质量占接枝淀粉（包括均聚物）质量的比例表示。

1. 原 理

利用能溶解乙烯类或丙烯类均聚物而不溶解接枝淀粉的溶剂将均聚物从接枝淀粉中萃取分离出。

2. 仪 器

50 mL 离心试管、离心机、50 mL 量筒、恒温烘箱、分析天平、干燥箱、恒温水浴。

3. 试 剂

萃取溶剂如表 6-2 所示。

表 6-2 萃取溶剂

单体	溶剂
丙烯酸	水
丙烯酸酯、乙酸乙酯	丙酮
丙烯腈	二甲基甲酰胺（DMF）
丙烯酸和丙烯酸甲酯，丙烯酸酯和乙酸乙酯	第 1 次用丙酮，第 2 次用水，第 3 次用丙酮

4. 操作方法

粗称 8～10 g 充分混合的试样于离心管（已在烘箱中烘至恒重）中，在 105～110 ℃烘箱中烘 3 h，取出在干燥器中冷却 15 min，准确称其质量（精确至 0.001 g），直至恒重（两次称量之差不大于 0.001 g）。

用量筒量取 30～40 mL 萃取溶剂（根据接枝单体按表中选取）于离心试管中，用玻璃棒搅拌 1 min 左右，加塞在室温下放置 10 h 以上，搅匀，然后放入低速离心机中离心，弃去上层清液，再加入 30～40 mL 萃取溶剂，用玻璃棒搅拌均匀，放入离心机中离心分离，再重复操作 2 次，以充分洗去试样中的均聚物。

将萃取后的接枝淀粉试样晾干或在 50 ℃水浴中烘至无溶剂为止，然后在 105～110 ℃烘箱中烘 3 h，取出在干燥器中冷却 15 min，准确称重，直至恒重。

5. 结果计算

按下式进行计算：

$$均聚物含量 = \frac{m_1 - m_2}{m_1 - m_0} \times 100$$

式中　m_0——离心试管的质量，g；

　　　m_1——去除均聚物前的试样和离心试管质量，g；

　　　m_2——去除均聚物后的试样和离心试管质量，g。

（二）接枝率的测定

接枝率是去除均聚物的淀粉接枝共聚物中含有接枝高分子的质量分数。

1. 原　理

用酸将已去除均聚物的接枝共聚物中的淀粉水解除去，然后过滤，所得产物即为接枝到淀粉上的高分子物质。

2. 仪　器

恒温水浴、250 mL 三颈瓶、冷凝管、布氏漏斗、恒温烘箱、干燥器、抽滤瓶、抽滤泵。

3. 试　剂

氢氧化钠、硝酸银。

4. 操作方法

用 1 mol/L 的盐酸 100 mL 对已除去均聚物的试样在 98 ℃ 水浴中回流水解 10 h，将淀粉彻底水解，水解程度用 I_2-KI 溶液检验。然后用 1 mol/L 的氢氧化钠溶液中和，过滤，水洗至无 Cl^-，用硝酸银溶液检验，所得不溶物即为接枝到淀粉上的高聚物，将这不溶物在 105～110 ℃ 的烘箱中烘至恒重，准确称重。

5. 结果计算

按下式进行计算：

$$接枝率（\%）= \frac{m_4}{m_3} \times 100$$

式中　m_3——去除均聚物的接枝淀粉的质量，g；

　　　m_4——接枝到淀粉上的高聚物质量，g。

第七章　现代分析技术在马铃薯淀粉研究中的应用

第一节　显微镜观察在马铃薯淀粉研究中的应用

一、光学显微镜

光学显微镜可以用来观察淀粉颗粒形态特征、尺寸大小、对各种染色剂的反应以及颗粒溶胀和糊化状态。

（一）制　样

由于光学显微镜是用透光线观察，所以要求载玻片上的淀粉粒呈分散状态，重叠少，能透过光线。制样时，要求横向观察载玻片应呈银白色，厚度(1±0.1) mm，盖玻片厚度最好在(0.17±0.01) mm 内。首先在载玻片中央放入少许供观察试样，滴 2 滴含有碘试剂（0.1% I_2-KI）的蒸馏水，盖上盖玻片，稍压一下，以赶走气泡。如果观察糊化状态，给予压力后试样就会损坏，影响观察准确性，此时应以 1∶1 的甘油-水混合液代替蒸馏水，用硅油密封盖片。

（二）淀粉颗粒形态和大小的观察

1. 颗粒形态的观察

在一般光线下，用光学显微镜观察干淀粉颗粒是无色透明的。低度放大可以估计淀粉粒的聚合程度和纯度；中度放大可以对淀粉粒个体进行识别以及显示小淀粉粒的排列；高度放大可以研究颗粒表面的细微结构。

淀粉粒按其来源不同有各种形状，可以是多角形、圆形、椭圆形，甚至还有凸凹不规则的形状，由此可以确定淀粉的类型。通过显微镜观察还发现淀粉粒的形状随其生长环境的不同发生变化。

由光学显微镜还可以观察到粒心的存在，各种淀粉粒心的位置、大小有一定差异。围绕粒心形成同心生长环，那是高和低折射率交替变化形成的壳层，反映了淀粉粒结构的不均质性，其分子密度大小发生反复变化。如果湿淀粉粒遭到急速干燥处理，则粒心上常有裂隙。

2. 淀粉颗粒大小的观察

淀粉颗粒的大小相差很大，直径从 1～2 μm 至 200 μm 不等。淀粉粒大小常用微米（μm）以最长轴的长度来表示，应记下最大、最小以及平均尺寸。测量淀粉颗粒的大小应使用测量显微镜，这是一种具有目镜测微尺和机械座的显微镜，适用于测定粒的大小和分布。目镜测微尺应该对着台式测微计校准，并且与为各种显微镜物镜组合而准备的校准台保持一致。

（三）染色技术

由于淀粉与有机染料间的亲和力极强，所以用染色的方法不仅能确认存在于组织中的淀粉，而且能判断已分离的淀粉中存在的损伤淀粉和原淀粉中是否混有异种淀粉。对于淀粉颗粒来说，能持久固定的合适染色剂有：亚甲基蓝、番红 O、甲基紫、中性红等带正电荷的染料，可以染色具有阴离子特性的淀粉；而酸性品红、橙黄 G 等负电荷染料具有染色阳离子淀粉的特性。淀粉粒染色后镜检，可以判断出混合淀粉中所含有的原料淀粉的种类。例如，有人曾提出一套染色技术，使染色后的马铃薯淀粉染成暗红色，小麦淀粉则为粉红色，黑麦淀粉为黄褐色。

（四）损伤淀粉的观察

所谓损伤淀粉，是相对于正常淀粉粒而言，由于物理作用（压力、剪切力、张力等）以及高温干燥作用而受损伤的淀粉。损伤淀粉能很快被淀粉酶所消化，因此它的存在会对淀粉的物理特性产生一系列的明显变化，尤其在食品加工中，会直接影响到使用效果。损伤淀粉更易染色，所以利用染色法，可以很容易地判断淀粉样品中损伤淀粉的存在。取淀粉 0.1 ~ 0.5 g，放入 10 ~ 50 mL 离心管中，与 1% 番红水溶液混合，染色 15 min，加入蒸馏水，离心去除过剩染料，将充分水洗后的试料放在载玻片上，加上 1% 的尼格兰 4B 水溶液染至正常的蓝色，可观察到正常淀粉呈红色，损伤淀粉呈蓝色。

（五）淀粉颗粒膨胀和糊化状态的观察

淀粉经稀碱液处理会发生溶胀、糊化现象，不同淀粉颗粒在碱液中溶胀和糊化的速度不同，导致淀粉颗粒糊化所需稀碱溶液临界浓度也有一定差异。用显微镜观察这种差异，可以判断淀粉种类，混合淀粉的组成成分。如 0.1 g 淀粉，加入 1 mL NaOH 溶液中，用显微镜观察到使淀粉粒溶胀破坏所需的 NaOH 浓度为：马铃薯 0.7%，燕麦 0.8%，小麦和高粱 0.9%，玉米 1.0%。用 1.8% 的 KOH 溶液处理淀粉颗粒后，发现玉米淀粉要比小麦、黑麦淀粉膨胀速度慢。

混合淀粉中各种淀粉颗粒在碱液处理后糊化差别的鉴定可以用显微镜观察到。取一系列 0.1 g 淀粉试样，分别加 1 mL KOH 溶液，KOH 溶液浓度以 0.2% 浓度差从 1% 至 2.6%，室温下振荡 2 min，用 0.1 mol/L I_2-KI 溶液染色，在光学显微镜下观察淀粉颗粒的膨胀和糊化状态，就可以得到碱浓度与糊化程度的关系。

（六）偏光显微镜与淀粉颗粒的偏光十字

偏光显微镜的基本构造是在普通光学显微镜试样台上下各加有一块偏振片，下偏振片叫起偏片，上偏振片叫检偏片。偏振片只允许某一特定方向振动的光通过，而其他方向振动的光都不能通过，这个特定的方向为偏振光的振动方向，通常将两块偏振片的振动方向置于互相垂直的位置。若被测样品呈各向同性，即各方向折射率相同，只有一束与起偏光振动方向相同的光通过试样，而这束光完全不能通过检偏片，因而此时视野全暗。当试样存在晶态或有取向时，光学性质随方向而异，于是就产生两条折射率不同的光线，这种现象称为双折射。当用偏光显微镜观察原来在普通光学显微镜下呈透明状的淀粉颗粒时，就会看到这种双折射现象的发生。会在颗粒的种脐处出现交叉的暗十字影像，将淀粉颗粒分成四个白色区域，称为偏光十字。淀粉颗粒具有偏光十字说明淀粉粒具有结晶结构，在光学方面是各向异性的。

加适量淀粉样品入 1：1（V/V）甘油-水体系调成淀粉乳，滴于载玻片上，加上盖玻片，置于偏光显微镜样品台上观察，可明显看到偏光十字的存在；双折射的视强度取决于颗粒的大小以及结晶度和微晶的取向，这就使得不同品种淀粉粒的偏光十字位置、形状和明显程度有差别。

淀粉颗粒与水一起加热溶胀糊化以后，晶体结构被破坏，偏光十字随之消失，根据这个道理，可以用偏光显微镜测定糊化起始温度。将淀粉用水制成 0.1%～0.2%浓度的淀粉乳，取 1 小滴放到显微镜载玻片上，黏滞的矿物油在液滴周围形成一个圆环，然后将盖玻片放在这一体系上，将样品有效地密封，不应含有气泡。载玻片置于备有加热装置的镜台上，温度控制在每分钟升温 2 ℃，由于淀粉粒的膨胀，偏光十字消失。若发现视野中有 3～4 个淀粉颗粒偏光十字开始有所变化，模糊以至消失，便是糊化范围的最初点；当整个视野只有 2～3 个颗粒除外，其余所有的颗粒都消失了偏光十字时，这一温度便可确定为糊化范围的下限。

图 7-1 是 10 个不同品种马铃薯淀粉颗粒在偏振光下所观察到的颗粒形态。从图中可看出，所有的马铃薯淀粉颗粒的偏光十字非常清晰，说明其有完整的结晶结构；偏光十字的中心即为淀粉颗粒的脐点，较大颗粒的脐点偏向于颗粒的一端，而较小颗粒的脐点位于颗粒中心处。

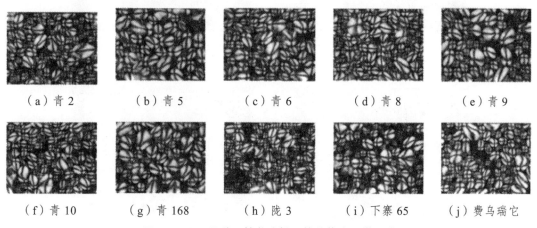

（a）青 2　　　　（b）青 5　　　　（c）青 6　　　　（d）青 8　　　　（e）青 9

（f）青 10　　　（g）青 168　　　（h）陇 3　　　（i）下寨 65　　　（j）费乌瑞它

图 7-1　不同品种马铃薯淀粉颗粒的偏光显微照片

二、扫描电子显微镜

光学显微镜分辨率有限，因此主要用于对颗粒形貌的初步观察。在淀粉微观结构分析上应用最为广泛的是扫描电子显微镜（SEM）。第一台扫描电子显微镜于 1942 年在英国研制成功，并于 1965 年进入商业应用。在淀粉研究中应用扫描电镜主要有以下几方面优点：① 试样制备方法简便：在淀粉表面喷涂一层金属薄膜即可观察其表面形貌；② 景深长、视野大：在放大 100 倍时，景深可达 1 mm，即使放大 1 万倍时，景深还可达 1 μm；③ 分辨率高：扫描电镜的放大倍数低至几十倍，高至几十万倍，仍可得到清晰的图像；④ 可对试样进行综合分析和动态观察：把扫描电镜和 X 射线衍射分析及热焓分析相结合，可在观察微观形貌的同时分析其化学成分和晶体结构的变化。下面简要介绍目前扫描电镜在淀粉研究中主要应用领域。

（一）淀粉颗粒形貌的观察

SEM 主要用来观察淀粉的微观颗粒结构。因为淀粉颗粒的直径一般为 5 ~ 50 μm，所以 SEM 很适合用于淀粉颗粒的直观研究。其照片富有立体感、清晰度高，几乎和肉眼直接观察物体相似，不仅可以用于对原淀粉颗粒进行细致观察，而且可以用于研究淀粉经物理、化学变化后的颗粒表面微观结构以及酶与微生物作用于淀粉后颗粒形态的变化情况。

图 7-2 为三种薯类原淀粉放大的图片，从图中可看出马铃薯淀粉颗粒大于红薯和木薯淀粉颗粒[图（a）（d）（g）]。从图中可看出马铃薯淀粉颗粒呈椭球形[图（b）]，红薯和木薯颗粒则是一侧为球形，另外一侧为扁平形[图（e）（h）]，且三种淀粉颗粒表面很光滑，未出现孔洞、裂缝或者是细小的裂纹。将这三种淀粉颗粒放大到 6 万倍，观察淀粉颗粒的表面[图（c）（f）（i）]，并未发现颗粒表面有球形突起结构，而颗粒表面之所以出现褶皱，是因为放大倍数高，受到高压电子影响。

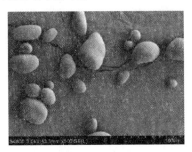

（a）马铃薯原淀粉颗粒（×500）

（b）马铃薯原淀粉颗粒（×3000）

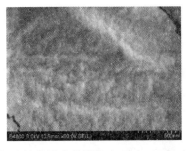

（c）马铃薯原淀粉颗粒表面（×60000）

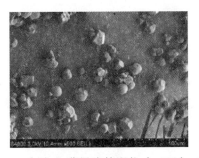

（d）红薯原淀粉颗粒（×500）

（e）红薯原淀粉颗粒（×4000）

（f）红薯原淀粉颗粒表面（×60000）

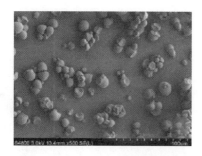
（g）木薯原淀粉颗粒（×500）

（h）木薯原淀粉颗粒（×4500）

（i）木薯原淀粉颗粒表面（×60000）

图 7-2　三种薯类淀粉原淀粉颗粒的 SEM 照片

（二）观察淀粉与其他成分的相互作用

淀粉是重要的食品工业基础原料，在食品加工过程中会与其他成分发生相互作用，生成各种复合物以及与其他成分共同构成结构物质。采用扫描电镜可对该过程的变化情况进行分析。

图 7-3 为分子蒸馏单甘酯（MON）对马铃薯淀粉凝胶（PSG）的 SEM 照片。从图中可以看出，PSG 表面存在裂纹[图（a）]；而加入 MON 可阻止 PSG 表面裂纹的产生，PSG-MON 表面存在较密皱褶，且有白点残留，可能是 PSG-MON 中存在的部分 MON 残留颗粒[图（b）]。PSG 内部存在较多空隙，其切割面较平整[图（c）]；而 PSG-MON 内部的空隙较少，但横断面有凸起出现[图（d）]。MON 与淀粉分子形成新的缔合物，加强了内部的结合力，减少了裂纹的发生。观察 PSG 与 PSG-MON 表面和横切面发现，MON 增强了 PSG 内部结构致密性，从内部结构展现了添 NMON 增大凝胶体系硬度的原因。

（a）PSG 表面

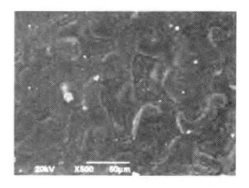
（b）PSG + 0.5% MON 表面

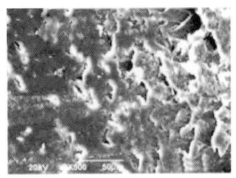
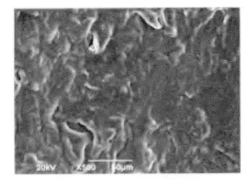

（c）PSG 横切面　　　　　　　　　　　（d）PSG + 0.5% MON 横切面

图 7-3　分子蒸馏单甘酯（MON）对马铃薯淀粉凝胶（PSG）的 SEM 照片

（三）研究淀粉及其复合物的降解特性

利用扫描电镜不仅可以分析不同淀粉、淀粉脂质复合物等的降解特性，而且可以对不同淀粉酶类的作用方式进行分析，从而在对淀粉进行酶法改性时，为淀粉原料及酶的选择提供理论依据。图 7-4 为 α-淀粉酶酶解马铃薯淀粉颗粒的 SEM 照片。图（a）为在 500 倍下，马铃薯淀粉经 α-淀粉酶酶解的结果，可看出马铃薯淀粉经酶作用后颗粒裂开或者破碎，但是数量较少。图（b）为经酶解后破裂成两半的淀粉颗粒，颗粒中心被酶解剩下有序度较高的外部结构而形成空腔，其中外部结构的厚度为 6 ~ 7 μm。外部结构可观察到由轮流交替的同心圆构成的壳层，厚度为 300 ~ 400 nm[图（c）]。经酶解后的淀粉颗粒表面有划痕和圆斑[图（d）]，将图（d）放大到 6 万倍进行观察，可以观察到马铃薯淀粉酶解颗粒表面由球形的小体有规则排列而成[图（e）]，小体大小为 29 ~ 58 nm[图（f）]。

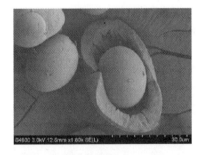

（a）酶解颗粒（×500）　　　　　　　　　（b）破裂的颗粒（×1800）

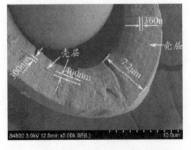
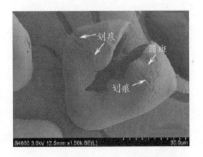

（c）颗粒壳层及外壳结构（×5000）　　　　（d）淀粉颗粒表面（×1500）

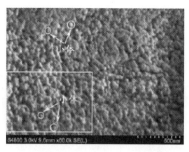

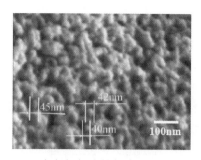

（e）颗粒表面小体（×60000）　　　　（f）（e）的局部放大图

图 7-4　α-淀粉酶酶解马铃薯淀粉颗粒的 SEM 照片

（四）研究淀粉与其他高聚物的共混相容性

扫描电镜可用来观察和分析淀粉基共混材料的相容性。图 7-5 是马铃薯淀粉及其接枝共聚物、接枝共聚材料的扫描电镜图。从图（a）可清楚地看到纯淀粉颗粒的外形为圆形或椭圆形，表面光滑，比较规整。由图（b）可以明显地看到经改性后淀粉颗粒呈现蜂窝状，表面粗糙，规整度很差，说明淀粉接枝共聚物打破了淀粉原有的规整外形，明显改变了原有淀粉的微观形貌。从图（c）可以明显看出与图（a）（b）的不同，在图（c）中淀粉颗粒的完整性已经不存在了，物质表面结构比较光滑、均匀，而且已经变为连续相状态，说明马铃薯淀粉与醋酸乙烯酯接枝共聚物与制备材料的助剂有好的相容性，醋酸乙烯酯已接枝到马铃薯淀粉中。

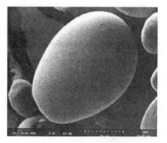

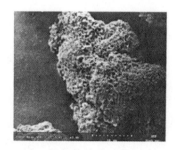

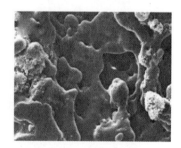

（a）马铃薯淀粉　　　　　　（b）接枝共聚物　　　　　　（c）接枝共聚材料

图 7-5　马铃薯淀粉及其接枝共聚物 SEM 照片

三、透射电子显微镜

透射电子显微镜（TEM）基本构造与光学显微镜相似，主要由光源、物镜和投影镜三部分组成，只不过用电子束代替光束，用磁透镜代替玻璃透镜，但两者在图像分辨率、放大倍数上却有极大差别。

TEM 是以高能电子束穿透样品。样品中不同质量密度的元素对电子束产生不同程度的散射，形成有反差的图像而反映样品的内部构造。TEM 具有高分辨率、高放大倍数和可做高分辨图像的特点。而且通过 TEM 分析可以同时得到显微像和选区电子衍射图，即得到样品的形貌和晶体结构信息。TEM 常用于物质内部结构分析，观察晶粒属于片状还是针状，分辨率相对于 SEM 要高，而且为了得到反差好、清晰的图像，可将试样染色。因此 TEM 常用于观察那些用普通显微镜所不能分辨的细微物质结构以研究材料的微观、亚微观结构，包括晶体的结构、取向、缺陷的结晶学性质和原子结构等。它在淀粉及其淀粉衍生物的结构分析中具有广泛的应用。

利用 TEM 观察淀粉颗粒可采用多种方法进行。因为供透射电镜观察的样品既小又薄,可观察的最大限度不超过 1 mm,在 50～100 kV 加速电压下样品厚度应小于 100 μm,较厚样品会产生严重的非弹性散射,因色差而影响图像质量。电子射线也无法射透淀粉颗粒,所以一般需把淀粉颗粒制成厚度 50 μm 左右的超薄切片。制成的样品还可以用化学法或酶法染色,染色剂与试样的某些组分化合为正染色,只是为电子透明目标提供一个电子密度轮廓可进行负染色。另一种方法是不把淀粉颗粒制成超薄切片,而是将淀粉颗粒表面结构转在薄膜上,再进行观察,又称复制法。这种方法可以大致了解淀粉颗粒表面的凹凸状态。冰冻蚀刻法是一种新发展起来的方法,将含水试样在液氮中迅速冻结,此时所含水呈玻璃态,将试样用锋利的小刀割成碎片,在低温下蒸发掉部分基质水分,断口表面就能显现试样的内部结构详情。然后将试样涂上一薄层碳膜,同时镀上金属膜,最后用铬酸将原物料破坏,洗净的碳和金属膜层就是显示断口表面细节的复制件。此外,也可采用冷冻断裂法,即将淀粉颗粒样品制成薄片后切成矩形片状装在支架上,用丙烷喷射制冷器快速冷冻固定,在冷冻断裂设备 163.15 K 下冷冻断裂。将样品悬浮在 4% 的氯化钠溶液中 1.8×10^3 s,在蒸馏水中清洗 300 s 后用 30% 丙酮溶液洗 1.8×10^3 s。最后经蒸馏水清洗后将样品装在载网上用 TEM 观察。这种方法对样品的清洗步骤更加彻底,有利于在 TEM 上观察得到更好的结果。图 7-6 是不同样品预处理的羟乙基淀粉 TEM 图。由图 7-6 可知,因有较大的淀粉微粒而存在小囊泡结构。这与冷冻断裂处理样品的 TEM 观察结果一致. 而且冷冻断裂的羟乙基淀粉暴露出多聚物的小囊泡壁。

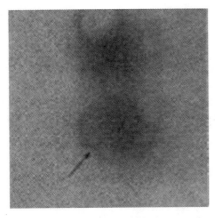 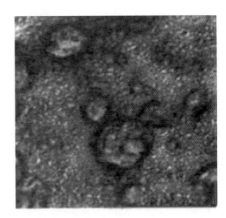

（a）负染色的羟乙基淀粉（500 nm）　　　　（b）冷冻断裂的羟乙基淀粉（500 nm）

图 7-6　不同样品预处理的羟乙基淀粉 TEM 图

人们已经利用 TEM 观察得到了有关淀粉颗粒微细结构的一系列信息。如观察到淀粉颗粒生长环的存在,并在径向有明显的 $(60～70) \times 10^{-10}$ m 的周期性,这个周期恰好相当于支链淀粉束状模型中各束间的平均间距,从而支持了支链淀粉一般是作径向取向的说法。用电镜观察淀粉粒的超薄切片,还可以得到以往所不知道的有关颗粒内部结构的情况。

四、原子力显微镜

在通常条件下,受环境限制和淀粉颗粒容易吸水特性的影响,淀粉颗粒的 SEM 图像较平滑,通过 SEM 得出的是淀粉颗粒的轮廓像,很难获得表面的细微结构。采用原子力显微镜

（AFM）观察，能够很好地提高分辨率，获得清晰的细微结构，在淀粉颗粒微观结构分析方面具有良好的应用前景。

（一）AFM 的工作原理

AFM 是在扫描隧道显微镜（STM）基础上发展起来的，是基于量子力学理论中的隧道效应。它使用一个尖锐的探针扫描试样的表面，通过检出及控制微传感探针与被测样表面之间力的相互作用对被测表面进行扫描测量，其横向分辨率可达 0.1 nm，纵向分辨率可达 0.01 nm。因此，AFM 能够准确地获得被测表面的形貌或图像。AFM 对物体表面扫描原理见图 7-7。

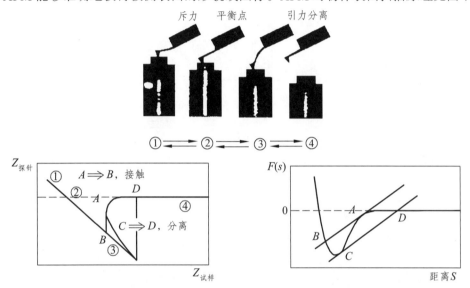

图 7-7 AFM 探针试样间的相互作用力及距离关系

如图 7-7 所示过程，① 是当探针接近试样表面时，引力首先被检测到（A 点）；② 是探针与试样接触（B 点）以后，斥力将增加，其增加的速率与试样表面的力学性质、表面相互作用以及探针的几何形状等有关；③ 是最后引力完全被抵消而斥力成为主要作用力；④ 是当探针从斥力区域逐渐离开试样表面时，可以观察到最大黏附力（C 点），直到探针完全离开试样表面。原子力显微镜的工作区域可在斥力区或引力区。

（二）AFM 的仪器结构

原子力显微镜主要由检测系统、扫描系统和反馈控制系统组成，图 7-8 为其工作原理示意图。

AFM 依靠扫描器控制对样品扫描的精度，扫描器中装有压电转换器，压电装置在 X、Y、Z 三个方向上精确控制样品或探针的位置。AFM 有两种基本的反馈模式：力恒定方式（constant force mode），即设置样品与针尖之间作用力恒定，记录 X、Y 方向扫描时 Z 方向扫描器的移动来获得样品的表面形态；高度恒定方式（constant height mode），即针尖相对于样品的高度一定，记录扫描器在 Z 方向的运动而成像。

（三）AFM 的成像模式

原子力显微镜的成像模式可分为接触模式、非接触模式和轻敲模式三种，它们的成像工作模式见图 7-9。

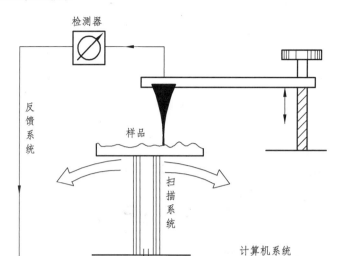

图 7-8 AFM 工作原理示意图

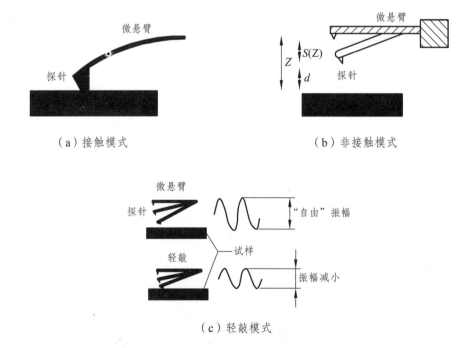

（a）接触模式　　　　　　　　　（b）非接触模式

（c）轻敲模式

图 7-9 AFM 成像工作模式示意图

接触模式（contact mode）指探针与试样相互接触，相互作用力位于 F-S 曲线的斥力区；非接触模式（noncontact mode）指探针与试样保持一定的空间距离，相互作用力位于 F-S 曲线的引力区。轻敲模式（tapping mode）指悬臂在 Z 方向上驱动共振，并记录 Z 方向扫描器的移动而成像，针尖与样品可以接触，也可以不接触，适用于易形变的软质样品。轻敲模式可有效地防止样品对针尖的黏滞现象和针尖对样品的损坏，并能获得真实反映形貌的图像。

（四）AFM 在淀粉研究中的应用

1. 研究淀粉颗粒表面结构

研究发现，马铃薯和小麦淀粉颗粒的表面 AFM 图像具有显著不同的拓扑结构，马铃薯淀粉颗粒在一个较平的表面上有许多突起（直径在 50~300 nm），而小麦淀粉颗粒的突起则要少得多，但是两者较平滑的表面结构的尺寸均在 10~50 nm。一般认为结构尺寸 10~300 nm 是碳水化合物的链间尺寸，与在颗粒表面所呈现出来的支链淀粉侧链簇的"单元"结构相对应。

图 7-10 为不同干燥方式的马铃薯淀粉的颗粒形貌 AFM 照片。可以看出，风干方式处理的马铃薯淀粉表面形成一些波状起伏，而烘箱干燥的马铃薯淀粉由于干燥过程中水分大量散失，表面出现大量的空洞，说明不同干燥方式对淀粉颗粒形貌影响存在差异。

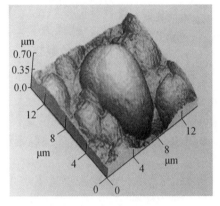 

（a）风干方式（13%水分）　　　　　　　（b）烘箱干燥（5%水分）

图 7-10　不同干燥方式马铃薯淀粉的颗粒形貌 AFM 照片

上述两种干燥方式处理的马铃薯淀粉，经液氮冷冻处理后，表面形态变化大不相同。烘箱干燥处理的马铃薯淀粉，由于水分含量很低，所以液氮冷冻处理后，表面形态变化不大。而风干处理的马铃薯淀粉经液氮冷冻处理后，表面形态发生很大变化，处理后的 AFM 照片见图 7-11。从图中可以看出，颗粒表面具有光泽，并发生聚集[图（a）]，同时颗粒表面出现环状突起，突起的大小为 500 nm 左右，深度为 40~70 nm[图（b）]。而将烘箱干燥的淀粉在水相中冷冻处理后，得到了与液氮处理相似的效果，但聚集状态更明显，环状结构更为清晰。

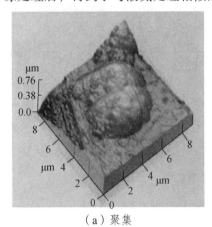

（a）聚集　　　　　　　　　　　　　（b）环状突起

图 7-11　风干处理马铃薯淀粉经液氮冷冻后的 AFM 照片

2. 研究淀粉的分子链结构

研究人员利用 AFM 对淀粉样品溶液进行观测，发现原淀粉、链淀粉、羧甲基淀粉存在着可观测、可分离的链，链的长度可达微米级，直径为 10 ~ 20 nm。同时观察到支链淀粉在溶液中呈现糜状和菊花状的显微结构，而链淀粉在溶液中为螺旋或线形构型。另有研究利用 AFM 测量了淀粉中各种链的数据，各种链的链径既有微米水平，也有纳米水平。大多数纳米水平的链以双螺旋形式存在，链径为 2.2 nm，同时还存在葡萄糖单链，平均链径为 0.5 nm 左右。图 7-12（a）是淀粉颗粒糊化程度较轻的条件下观测到的较大的链，测得此链的宽度为 274 nm，高度为 69.31 nm。图 7-12（b）为较细的淀粉分子链，经测定其宽度为 104.1 nm，高度为 4.85 nm。国外研究人员用非接触式 AFM 观察了直链淀粉的纳米结构，发现直链淀粉分子在水溶液中分散较好，在 75 个淀粉分子中，平均等高线长为 230.7 nm，标准偏差为 100.9 nm。

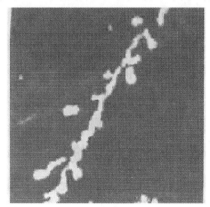 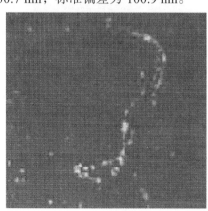

（a）较大链 （b）较细链

图 7-12 淀粉溶液中的分子链

3. 研究淀粉分子的内部结构

国外研究人员利用 AFM 研究了玉米淀粉颗粒的内部结构（图 7-13），玉米淀粉颗粒切片的 AFM 图像显示了淀粉颗粒内辐射状聚集结构。从图像可看到淀粉颗粒中心部分的核区（脐）有序性稍差。将淀粉粒用温和的酸处理，除去淀粉颗粒中的非晶部分，则清楚地给出较小的微粒子结构，大小为 10 ~ 30 nm，具体见图 7-13。

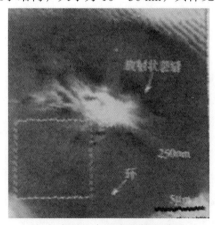 

（a）突起的中心有放射线裂缝 （b）跨越生长环的微粒子（环距约 450 nm）

图 7-13 近淀粉脐中心截面的接触模式形貌图像

第二节　光谱分析技术在马铃薯淀粉研究中的应用

根据物质的光谱来鉴别物质及确定它的化学组成和相对含量的方法叫光谱分析，其优点是灵敏，迅速。光谱分析可分为吸收光谱（如紫外吸收光谱、红外吸收光谱），发射光谱（如荧光光谱）以及散射光谱（如拉曼光谱）三种基本类型，在淀粉研究中最常用的是红外吸收光谱（常简称红外光谱）和紫外吸收光谱。

一、红外光谱

红外光谱分析法是淀粉等有机高分子物质分析的重要工具，利用有机化合物中官能团在中红外区的选择性吸收，可对有机化合物结构，特别是官能团进行对应的定性分析，这对淀粉衍生物特别是各种变性淀粉的结构分析有较大意义。此外，对淀粉各种水解物，如淀粉糖分子中糖苷键构型的确定也有一定的参考价值。淀粉衍生物中常见基团的特性吸收频率见表7-1。

表7-1　红外光谱中常见基团特征吸收频率

特征吸收频率/cm^{-1}	常见基团	特征吸收频率/cm^{-1}	常见基团
4000~3000	O—H 伸缩振动	1500~1300	C—H 面内弯曲振动
3300~2700	C—H 伸缩振动	1300~1000	C—O 伸缩振动，C—C 骨架振动
1900~1650	C=O 伸缩振动	1000~650	C—H 面外弯曲振动

在用红外谱图研究淀粉及其各种衍生物时还应注意以下几个方面：① 样品制备时必须保证样品的纯度，尽可能去除样品中的各种未反应完全的原料试剂，反应中生产的副产物以及反应中所用的溶剂或添加剂。② 淀粉及各种衍生物的分子链中常有大量重复单元，在红外图谱中都是相似的，因此图谱解析时必须参考其他分析方法所得到的结果。

红外吸收光谱在淀粉研究中应用时间尚不长，目前主要集中在以下两个方面。

（一）变性淀粉反应过程的研究

利用红外光谱可判断引入的基团是否与淀粉多糖长链上的羟基相连接，从而分析原淀粉与变性淀粉在结构上的区别。

图7-14是以马铃薯淀粉为原料，采用稳定性二氧化氯作为氧化剂制成氧化淀粉的红外光谱图。由图可见，1653.195 cm^{-1}的吸收峰是羧基的特征吸收峰，证明了羧基的存在，说明氧化淀粉成功地引入了羧基。

图7-15是马铃薯原淀粉及其乙酰化淀粉的红外光谱图。乙酰化淀粉与原淀粉相比，在1733 cm^{-1}、1375 cm^{-1}和1254 cm^{-1}波数处出现了新的吸收。波数为1733 cm^{-1}处的吸收峰是C=O的特征吸收峰；1375 cm^{-1}和1254 cm^{-1}处的吸收峰是乙酸酯的特征吸收峰，说明淀粉引入了乙酰基团。

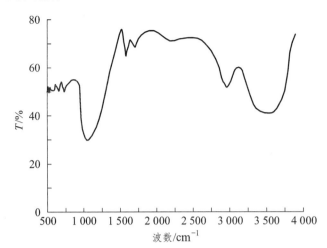

图 7-14　马铃薯氧化淀粉红外光谱图

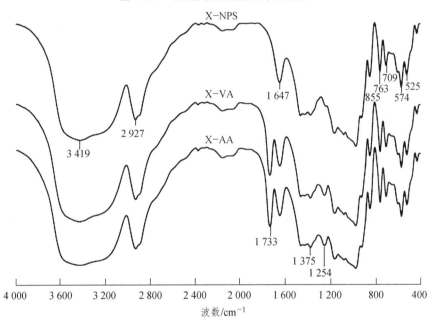

图 7-15　马铃薯原淀粉及其乙酰化淀粉的红外光谱图

NPS—马铃薯原淀粉；VA—乙酸乙烯；AA—乙酸酐

（二）淀粉水解产物的分子结构鉴别

在淀粉水解产物的结构分析中，红外吸收光谱有助于确定淀粉糖分子的构型以及制备样品和已知标样在化学结构上是否一致。

磷酸寡糖是分子中带有磷酸酯键，且聚合度在 3 ~ 6 的麦芽寡糖混合物。马铃薯淀粉是各类淀粉中结合磷含量最高的天然磷酸酯淀粉，分子中平均每 200 ~ 500 个葡萄糖基中有一个磷酸基，是制备磷酸寡塘的理想原料。图 7-16 是马铃薯磷酸寡糖的红外光谱图，图 7-17 是马铃薯淀粉磷酸酯的红外光谱图。两者对比发现在 1080 cm^{-1} 和 928 cm^{-1} 左右，均有磷酸酯键特征峰的出现。表明 1080 cm^{-1} 处有 P—O—C 基团的伸缩振动吸收峰，928 cm^{-1} 处有五价磷的 P—O 伸展振动。此外，在 3000 ~ 2800 cm^{-1} 区域内的吸收峰是糖类的特征峰，2930 cm^{-1} 是次甲基

（—CH₂—）中 C—H 伸缩振动的吸收峰，1420 cm⁻¹ 处是羧基的 C＝O 伸缩振动引起的吸收峰，768 cm⁻¹ 处是 D-葡萄吡喃糖环 C—O—C 振动吸收峰，由此可以判定该样品是结合有磷酸基团的糖类物质。

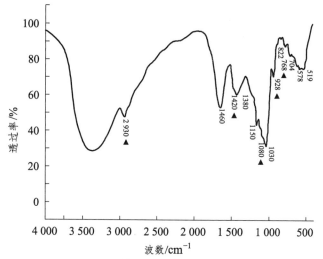

图 7-16　马铃薯磷酸寡糖的红外光谱图

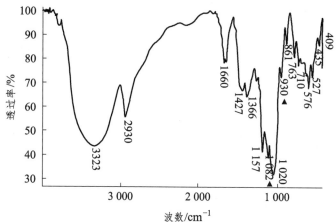

图 7-17　马铃薯淀粉磷酸酯的红外光谱图

二、紫外-可见光谱

紫外-可见吸收光谱中，紫外区域有较强吸收的通常是带有共轭烯烃及芳香族基团的化合物，对一些变性淀粉的官能团鉴别有一定价值，而在紫外-可见光谱区域有较大应用价值的是通过碘与直链淀粉形成各种有色配合物来研究淀粉中直链淀粉链长或分子大小。淀粉-碘配合物的生色反应以及最大吸收波长见表 7-2。

表 7-2　淀粉-碘配合物的生色反应、最大吸收波长

DP$_n$（链长）	螺旋数	色调	λ$_{max}$ 范围	DP$_n$（链长）	螺旋数	色调	λ$_{max}$ 范围
$n>48$	8	蓝	$580\sim595$	31	5	红	$480\sim500$
42	7	蓝紫	$560\sim580$	12	2	浅棕	$400\sim480$
30	6	紫红	$500\sim560$	9 以下	1.5	无色	

图 7-18 为马铃薯直链淀粉、支链淀粉碘配合物紫外-可见吸收光谱图。由图可见，直链淀粉的最大吸收波长为 630 nm，支链淀粉与碘配合物的最大吸收波长为 548 nm。

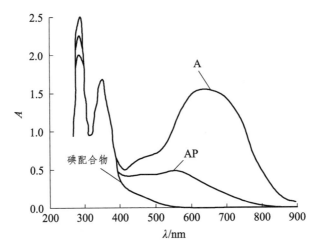

图 7-18　马铃薯直链淀粉、支链淀粉-碘配合物紫外-可见吸收光谱图

三、核磁共振波谱法

核磁共振（NMR）波谱实际上也是一种吸收光谱，来源于原子核能级间的跃迁。核磁共振按其测定对象可分为碳谱和氢谱等，现在固体高分子已发展成研究高分子结构和性质的有力工具。

（一）淀粉衍生物的分子结构鉴别

在淀粉众多衍生物中，有许多产物的化学结构十分类似，仅仅是重复单元数不同或原子排列次序不同，这些相似物用红外光谱无法区别，而用 ^{13}C-NMR 就能明确区别其结构的微小差异。

β-环糊精的 3 种衍生物的化学结构十分相似（结构如下），仅仅是连接的碳链长短稍有区别，但 3 种衍生物的 ^{13}C-NMR 谱则有明显差异。90～105 ppm 的吸收为 C_1 的典型吸收，65～80 ppm 的吸收为 C_2、C_3、C_4、C_5 的典型吸收，60～65 ppm 的吸收为 C_6 的典型吸收。

Gal — G3 — βCD

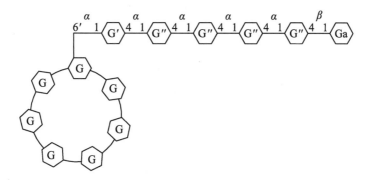

（二）淀粉糖的分子构象鉴别

淀粉糖中麦芽低聚糖有直链和支链之分，实际上是连接葡萄糖分子的糖苷键之分，前者为 α-1,4 键，后者为 α-1,6 键。如麦芽糖和异麦芽糖，麦芽三糖和潘糖以及异麦芽三糖等均为同分异构体，异麦芽糖、潘糖和异麦芽三糖合称异麦芽糖。用 ^{13}C-NMR 谱可对麦芽糖和异麦芽糖等同分异构体做出准确判别。

（三）淀粉老化的分析

横向极化和磁角度旋转技术提高了固相域 NMR 谱的灵敏度。研究人员利用这一技术研究了经冷冻干燥的糊化马铃薯淀粉的 ^{1}H 谱和 ^{13}C 的 CP/MAS 谱图，成功地解释了淀粉所处状态和老化程度。

（四）淀粉晶体的研究

由于淀粉是多晶体系，用 X 射线衍射技术（XRD）计算淀粉结晶度存在一定的困难。虽然 XRD 有配套的分析软件，但由于淀粉的 XRD 波谱信噪比低，这些软件在分析淀粉结晶度时误差较大。与 XRD 相比，^{13}C-NMR 不仅能够精确计算淀粉的相对结晶度，而且能计算淀粉的双螺旋含量，被广泛用于淀粉晶体结构的研究中（图 7-19 ）。

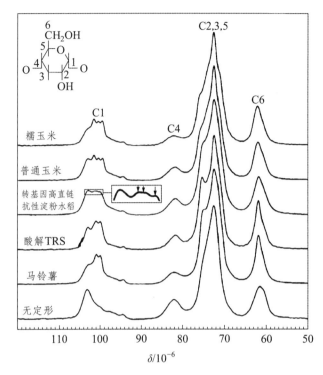

图 7-19　不同种类淀粉 ^{13}C-NMR 波谱

近年来随着 NMR 技术的日益完善，利用纵向弛豫、横向弛豫及自旋回波和自由感应衰减等参数可以成功地研究淀粉粒中水含量和水的动力学性质。

第三节　色谱分析技术在马铃薯淀粉研究中的应用

色谱法根据分离原理不同大致可分为气相色谱，液相色谱（高效液相色谱）、离子色谱（离子交换色谱）、凝胶色谱（凝胶渗透色谱）以及亲和色谱等。下面主要介绍和淀粉分析有关的高效液相色谱（HPLC）和凝胶渗透色谱（GPC）。

一、高效液相色谱

高效液相色谱在淀粉糖的定性与定量分析上具有很高的应用价值。

淀粉糖浆是淀粉部分或完全水解得到的一系列产物。淀粉糖的主要成分一般为葡萄糖、麦芽糖、麦芽低聚糖和麦芽糊精等。不同种类淀粉糖其组分比例也不相同，如常见的液体葡萄糖主要含葡萄糖、麦芽糖；而高麦芽糖浆主要含麦芽糖和麦芽三糖。传统的 DE 值测定无法区分液体葡萄糖和高麦芽糖，而应用 HPLC 可对这两种淀粉糖进行较好的定性与定量分析。

如有研究人员采用真菌 α-淀粉酶、β-淀粉酶和普鲁兰酶这三种酶复合对马铃薯淀粉糖化制备高麦芽糖浆，所制糖化液的 DE 值为 48.11%。采用 HPLC 测定麦芽糖浆样品，6.218 min

出现的是葡萄糖峰，20.362 min 出现的是麦芽糖峰，55.702 min 出现的是麦芽三糖峰；麦芽糖在麦芽糖浆中含量较大，为 71.84%，而葡萄糖的含量为 8.81%，麦芽三糖的含量为 5.73%。

二、凝胶渗透色谱

淀粉是高分子化合物，其直链淀粉的分子量平均为 5 万 ~ 20 万，支链淀粉分子量平均为 20 万 ~ 600 万，即使使用酶或酸适当降解，其分子量仍十分巨大。分子量不同，相应的物理、化学性质也有明显不同，因此用 GPC 法测定分子量分布对了解各种淀粉的性质，控制淀粉的降解程度有着重要意义。

凝胶渗透色谱（GPC）是一种新型液相色谱，可直接测定出聚合物的分子量分布，并计算出聚合物的各种平均分子量。凝胶渗透色谱仪已发展成为体积小、效率高、速度快、全自动和连续化的测定仪器，是研究淀粉分子量分布的重要工具和手段。

（一）工作原理

凝胶渗透色谱对分子链分级的理论基础是体积排除理论。让被测量试样溶液通过一根内装不同孔径凝胶的色谱柱，柱中可供试样分子通行的路径有粒子间的间隙（较大）和粒子内的通孔（较小）。当试样溶液流经色谱柱，较大的分子被排除在粒子的小孔之外，只能从粒子间的间隙通过，速率较快；而较小的分子可以进入粒子中的小孔，通过的速率则要慢得多。经过一定长度的色谱柱后，分子量大的淋洗时间短，在前面；分子量小的淋洗时间长，在后面。配以浓度检测器，就可测定出不同淋洗时间下试样的浓度变化，即试样中不同分子量淀粉分子的含量。根据检测器所记录的过程，得到 GPC 图谱。

同其他类型的色谱一样，GPC 方法也需要用分子量已知的一组标样，预先做好一条淋洗时间（或淋洗体积）与分子量的对应关系曲线。通过标样曲线，就能从 GPC 谱图谱上得到淀粉试样的分子量和分子量分布。

（二）凝胶渗透色谱仪的构造

凝胶渗透色谱仪一般由泵系统、自动进样系统、凝胶色谱法（分离系统）、检测系统和数据采集与处理系统组成。泵系统可使流动相以恒定的流速流入色谱柱，进样系统则从配置好的溶液中取固定量的样品，所取样品被流动相溶剂所溶解，进入分离系统（色谱柱）。这是 GPC 的核心部分，它由一根不锈钢空心细管和管中加入的孔径不同的微粒所组成，每根色谱柱都有一定的分子量分离范围和渗透极限，所以必须选用与试样分子量范围相匹配的色谱柱。检测器有多种，用于淀粉试样的检测器为示差折光检测器（RI 检测器）。测试数据处理由仪器上的计算机自动完成。

图 7-21 是同种淀粉在不同 Termamyl α-淀粉酶添加量，相对于不同时间酶解作用后，经灭酶处理的样品 GPC 检测图谱。其中图（a）中样品重均分子量（M_w）=19073，黏均分子量（M_v）=19073，数均分子量（M_n）=2257，分布系数（M_wD）=8.45，特性黏度（V_{is}）=19 072.98。图（b）中样品重均分子量（M_w）= 14498，黏均分子量（M_v）=14498，数均分子量（M_n）=2085，分布系数（M_wD）=6.95，特性黏度（V_{is}）= 14497.8。

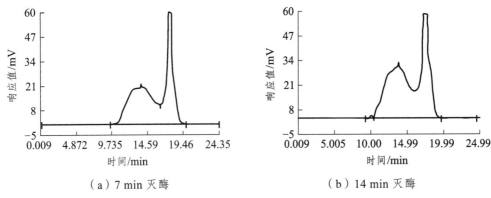

（a）7 min 灭酶　　　　　　　　　　（b）14 min 灭酶

图7-21　Termamyl α-淀粉酶作用不同时间灭酶处理后的样品 GPC 检测谱图

第四节　X 射线衍射技术在马铃薯淀粉研究中的应用

X 射线衍射是物质分析鉴定，尤其是研究分析鉴定固体物质最有效、最普遍的方法。X 射线衍射的波长正好与物质微观结构中的原子、离子间的距离（一般为 0.1～1 nm）相当，所以它能被晶体衍射。借助晶体物质的衍射图是迄今为止最有效能直接"观察"到物质微观结构的实验手段。

X 射线衍射法主要用于研究淀粉的聚集状态，也就是淀粉的结晶性。这是前面介绍的研究方法所不能测定的淀粉的特性。淀粉是由许多形状、大小不一的颗粒所组成，分为结晶区和无定形区，也有学者把介于结晶和非晶之间的结构称为亚微晶。一般认为，直链淀粉在天然淀粉颗粒中是以无规则线团的形式存在的，主要形成无定型区域，其中的部分链段也可能参与到结晶区域中，支链淀粉主要形成淀粉颗粒的结晶区域。采用 X 射线衍射分析淀粉衍射峰的强度和大小能反映其结晶区域的变化和程度。目前，X 射线衍射技术在淀粉研究中主要用于判定淀粉的结晶类型和品种以及淀粉在物理化学处理过程中晶型变化特性。

一、X 射线衍射图谱的分析方法

图 7-22 为马铃薯淀粉的 X 射线衍射图谱，属于 B 型结晶结构，其他结晶类型淀粉的 X 射线衍射图谱分析方法与此类似。

从上面的图谱中可以得到以下信息：

1. 衍射角

不同种类的淀粉具有不同的特征性衍射角，从图 7-22 中可以看出，马铃薯淀粉具有 4 个比较明显的衍射角度，即图中标示的 1、2、3、4 特征峰对应的角度值，分别是 5.59°、17.2°、22.2°和 24.0°。特征性衍射角的位置与变化情况是初步判断淀粉种类及加工过程对结晶性质影响的重要依据之一。其他类型的淀粉具有各自不同的特征性衍射角。

2. 衍射强度

在 X 射线衍射图谱中纵坐标代表衍射强度，一般用相对衍射强度（CPS）表示，其值的大小与结晶程度的变化有关。

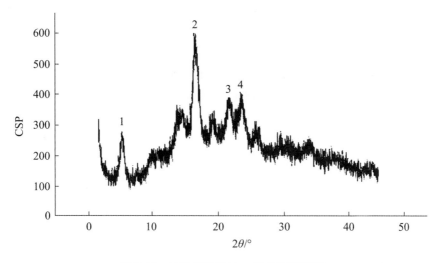

图 7-22 马铃薯淀粉的 X 射线衍射图谱

3. 尖峰宽度

尖峰宽度有时也称半峰宽。一般来讲,尖峰宽度越小,峰越密集,衍射强度越高,而非晶体则呈现典型的弥散峰特征。在淀粉加工处理过程中,尖峰宽度会随结晶程度的变化而变化,从而可在一定程度上反映结晶度的变化情况。

4. 相对衍射强度

相对衍射强度一般用 I/I_{max} 来表示,其中 I_{max} 代表衍射图谱中最强峰的衍射强度值(CPS),以该强度为 100%,其他峰强度与之相比较,所得比值为相对衍射强度,用百分比表示。

5. 结晶度

这是 X 射线衍射图谱中的重要指标,该值可直接反映被测物结晶程度的大小,一般用百分比表示。目前,一些 X 射线衍射仪可在测定同时给出结晶度大小,很多情况下,需要根据 X 射线衍射图谱进行分析计算。

二、结晶度的计算方法

根据晶体 X 射线衍射的基本理论 Bragg 方程及 Schrrer 方程可知晶体的 X 射线衍射特征是:当晶体为单晶或由较大颗粒单晶组成的多晶体系时,呈现较强的尖锐衍射晶峰;当多晶体系是由线度很小的微晶组成时,呈现非晶的弥散衍射峰。在非晶态中,最近邻的原子有规律地排列,次近邻的原子可能还部分地有规则排列,但其他近邻的原子分布就完全无规则了。根据非晶 X 射线衍射的基本理论 Bragg 方程及近似 Schrrer 方程可知非晶体只能表现出弥散衍射特征。对于同种类型的非晶体,尽管成分和性质差别很大,得到的非晶衍射峰的形状和峰位几乎都是一样的,仅在相当狭小的范围内变化。非晶衍射峰的峰形可近似地看成是对称的。这种非晶衍射峰峰形及峰位的稳定性和形状的近似对称性,为淀粉 X 射线衍射图中结晶区与非晶区的划分提供了可能。在结晶高聚物分子结构中,既包含了结晶部分,同时也包含了非晶部分。

淀粉是一种天然多晶聚合物，是结晶相与非晶相两种物态的混合物。淀粉及淀粉衍生物结晶度的大小直接影响着淀粉产品的应用性能。淀粉及淀粉衍生物结晶性质及结晶度大小的研究近年来备受研究者的关注。X 射线衍射法是测量结晶度的最常用方法之一。它的基本依据是在粉末多晶混合物中，某相的衍射强度与该相在混合物中的含量有对应关系，通常含量越高，衍射强度越大。通过测定结晶和非晶部分的累积衍射强度 I_c 和 I_a，就可以计算出绝对结晶度的大小。根据 X 射线定量分析的绝对结晶度计算公式为：

$$X_c = I_c / (I_c + KI_a)$$

式中　　X_c——绝对结晶度；

　　　　I_c——结晶相的累积衍射强度；

　　　　I_a——非晶相的累积衍射强度；

　　　　K——常数。

K 与实验条件、测量的角度范围、晶态和非晶态密度的比值以及对 X 射线吸收程度等有关，与 X_c 无关，精确计算时由实验确定。

对于不同淀粉样品，假设结晶结构中结晶相和非结晶相对 X 射线的吸收程度是相同的，即忽略吸收作用以及实验条件等对测定结果的影响，这时 K 值近似等于 1。那么淀粉绝对结晶度公式演变为

$$X_c = I_c / (I_c + I_a)$$

根据上式，只要在未知样品的 X 射线衍射图中确定出晶相、非晶相以及背底所对应的区域并对各区域进行积分，求出晶相和非晶相的累积衍射强度 I_c 和 I_a，就可计算出绝对结晶度。以上为淀粉 X 射线衍射图中结晶度的计算方法。对应具体图谱的区域及计算如图 7-23 所示。其中 C 代表的区域为微晶区，S 代表的区域为亚微晶区，A 代表的区域为非晶区。

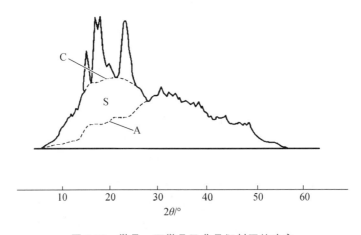

图 7-23　微晶、亚微晶及非晶衍射区的确定

对于上述不规则图形中结晶度的计算可采用两种方法，一是采用积分仪计算，二是采用面积称重法进行计算。

第五节 热分析技术在马铃薯淀粉研究中的应用

一、差示扫描量热分析

差示扫描量热 （DSC）分析技术是指在程序控制温度下，连续地测定物质发生物态转化过程中的热效应，根据所获得的 DSC 曲线来确定和研究物质发生相转化的起始和终止温度、吸热和放热的热效应以及整个过程中的物态变化规律。作为一种比较新型的研究分析手段，DSC 已经用于淀粉的研究中，运用其分析淀粉在物理化学变化过程中的热力学状态，提高了淀粉研究的水平。

（一）DSC 应用于淀粉的糊化性质

淀粉糊化即是淀粉颗粒在水中因受热吸水膨胀，分子间和分子内氢键断裂，淀粉分子扩散的过程。在此过程中伴随的能量变化在 DSC 图谱上表现为吸热峰。通过考察图谱上峰形和峰面积的变化情况，可以了解淀粉糊化的动态过程。图 7-24 是不同水分含量马铃薯淀粉糊化的 DSC 图谱，从图分析可得，随着水分含量的增加，马铃薯淀粉糊化所需的起始温度、峰值温度都有所提高，糊化热焓变化明显。同样，水分含量的多少对马铃薯淀粉糊化特性影响很大。当水分含量较少的时候（低于 50%），马铃薯淀粉糊化不完全，当水分到达 75%以上时，马铃薯淀粉糊化基本完全。

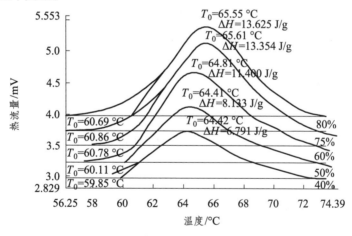

图 7-24 不同水分含量马铃薯淀粉糊化的 DSC 图谱

（二）DSC 应用于淀粉的老化特性

糊化后的淀粉在分析中不出现吸热峰，但当淀粉分子重排回生后便形成很多结晶结构。要破坏这些晶体结构，使淀粉分子重新熔融，则必需外加能量。因此，回生后的淀粉在 DSC 图谱中应出现吸热峰，其峰的大小随淀粉回生程度的增加而增大，这就可以估测淀粉的老化程度。

（三）DSC 应用于淀粉的玻璃化相变

玻璃化相变是影响大分子聚合物物理性质的一种重要相变特性。它是无定形聚合物的特征，是一个二级相变过程。在低温下，聚合物长链中的分子是以随机的方式呈"冻结"状态的。如果给聚合物以热量即加热，则长链中的分子开始运动，当能量足够大时，分子间发生相对滑动，致使聚合物变得有黏性、柔韧，呈橡胶态。这一变化过程即被称为玻璃化相变。淀粉作为一种半结晶半无定形的聚合物，也具有玻璃化相变，在相变过程中，其热学性质如比热、比容等都发生了明显的变化，用 DSC 能快速而又准确地检测这些量的变化，并研究结晶度、水分含量等因素对玻璃化转变温度的影响。与其他方法相比，DSC 是测定淀粉的玻璃化转变温度更有效的方法。

二、热重分析

热重分析仪（TGA）是一种利用热重法检测物质温度-质量变化关系的仪器。当被测物质在加热过程中有升华、汽化、分解出气体或失去结晶水时，被测的物质质量就会发生变化。TGA 可用于测定淀粉的自由水、结合水的束缚能力和淀粉的分解情况，如图 7-25 所示。

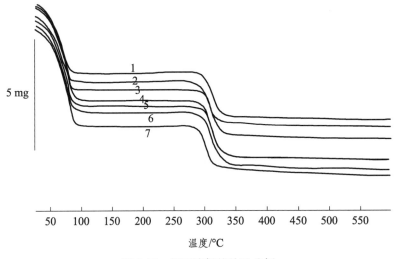

图 7-25　不同淀粉的热重分析

1—泰国木薯醋酸酯淀粉；2—马铃薯酯化变性淀粉；3—木薯原淀粉；4—蜡质玉米淀粉；
5—玉米淀粉；6—木薯醋酸酯淀粉；7—马铃薯淀粉

由图 7-25 可得，不同淀粉的 TGA 曲线具有相同的趋势，分为失重的两个阶段。淀粉颗粒内存在两种组成及性质不同的结晶结构：一种是淀粉分子链间通过氢键形成的链-链结晶结构，另外一种是淀粉分子链和水分子间通过氢键形成的链-水结晶结构。第一阶段为水分蒸发阶段，包括外部水、结合水和自其开始分解温度为 30 ℃，这是因为样品的前处理方式（样品与蒸馏水 1∶2 的比例，4 ℃ 恒温 2 h，30～600 ℃ 扫描测定）引起的。不同淀粉的第一次分解结束温度具有差异性，马铃薯淀粉的结束温度最高为 90.21 ℃，泰国木薯醋酸酯淀粉结束温度最低为 82.0 ℃。不同的分解结束温度，从侧面反映了较高温度下淀粉的持水力。淀粉分解结束温度越高，淀粉的持水力越强。不同淀粉的热失重曲线进行微分即得到导数热重分析（DTG）曲线，对 DTG 曲线的第一个峰形进行积分，得到的数值作为评价淀粉常温吸水性、常温持水力和高温持水力的一个综合评价指标。马铃薯淀粉的数值最大即持水力最强，其次为木薯醋酸酯和蜡质玉米淀粉，马铃薯酯化淀粉综合持水力最低。此阶段持水力的分析对淀粉应用于淀粉加工、设备能耗、食品添加及微膨化技术的应用等提供支撑依据。

第二阶段质量损失是因为淀粉分子链之间破坏并被空气灰化引起的。此阶段一定程度上反映了淀粉的稳定特性，不同的淀粉的分解温度受分子结构、理化特性等影响。马铃薯类淀粉最易分解和灰化，其他类淀粉差异甚微。

参考文献

[1] 赵凯. 淀粉非化学改性技术[M]. 北京：化学工业出版社，2009

[2] 杜连启. 马铃薯食品加工技术[M]. 北京：金盾出版社，2007

[3] 李树君. 马铃薯加工学[M]. 北京：中国农业出版社，2014

[4] ELIASSON A C，赵凯. 食品淀粉的结构、功能及应用[M]. 北京：中国轻工业出版社，2009

[5] 曹龙奎，李凤林. 淀粉制品生产工艺学[M]. 北京：中国轻工业出版社，2008

[6] 孙慢慢. 变性淀粉的性质及在酸奶中的应用研究[D]. 无锡：江南大学，2012.

[7] 石军英. 马铃薯废渣废液的综合利用[D]. 北京：北京化工大学，2009.

[8] 雷宇飞. 马铃薯交联-羧甲基复合变性淀粉制备及其性能研究[D]. 兰州：甘肃农业大学，2011.

[9] 刘俊霞. 中国马铃薯国际贸易研究[D]. 咸阳：西北农林科技大学，2012.

[10] 王文腾. 中国马铃薯产业化的发展现状与政策研究[D]. 武汉：华中师范大学，2012.

[11] 刘丽君. 脱支交联马铃薯淀粉的制备及性能研究[D]. 沈阳：沈阳工业大学，2015.

[12] 张攀峰. 不同品种马铃薯淀粉结构与性质的研究[D]. 广州：华南理工大学，2012.

[13] 石茂萍. 混菌发酵马铃薯淀粉废渣与汁水产单细胞蛋白的研究[D]. 哈尔滨：哈尔滨工业大学，2015.

[14] 郭俊峰. 马铃薯淀粉的改性及在调湿涂料中的应用[D]. 兰州：西北师范大学，2010.

[15] 曹力心. 马铃薯抗性淀粉的制备工艺及活性研究[D]. 天津：天津科技大学，2006.

[16] 方志林. 马铃薯交联淀粉的制备及理化性质的研究[D]. 南京：南京林业大学，2009.

[17] 孙吉. 马铃薯酯化交联淀粉的合成及其在搅拌型酸奶中的应用[D]. 呼和浩特：内蒙古农业大学，2009.

[18] 李彬. 淀粉级分的分离表征及其与表面活性剂的相互作用[D]. 长沙：中南大学，2010.

[19] 方国珊，谭属琼，陈厚荣，等. 3 种马铃薯改性淀粉的理化性质及结构分析[J]. 食品科学，2013（1）.

[20] 赵萍，巩慧玲，赵瑛. 不同品种马铃薯淀粉及其直链淀粉、支链淀粉含量的测定[J]. 兰州理工大学学报，2004（2）.

[21] 刘高梅，王常青，王菲. 低温法制备马铃薯淀粉磷酸双酯的工艺研究[J]. 中国农学通报，2011（9）.

[22] 任燕，曾艳，秦礼康. 臭氧处理马铃薯淀粉加工废水降污效果研究[J]. 食品与机械，2010（9）.

[23] 张书光，孟俊祥，张艳，等. 单甘酯对马铃薯淀粉物化特性的影响[J]. 食品科学，2013（1）.

[24] 李晓文. 淀粉粒度对马铃薯淀粉糊流变特性的影响[J]. 湖南师范大学自然科学学报，2008（3）.

[25] 彭雅丽，吴卫国. 国内外变性淀粉发展概况及国内研究趋势分析[J]. 粮食科技与经济，2010（5）.

[26] 彭毓华，李蕾，吴建华，等. 马铃薯淀粉与丙烯酸甲酯接枝共聚反应的研究[J]. 农业工程学报，1995（12）.

[27] 李周勇，韩育梅，高宇萍，等. 微波-酶法制备马铃薯抗性淀粉工艺参数的优化[J]. 中国粮油学报，2012（6）.

[28] 李光磊，李新华，金锋. 马铃薯抗性淀粉的制备条件分析[J]. 沈阳农业大学学报，2005（8）.

[29] 梁勇，张本山，杨连生，等. 三偏磷酸钠交联马铃薯淀粉颗粒膨胀历程及溶胀机理研究[J]. 中国粮油学报，2002（4）.

[30] 崔媛，罗菊香，崔国星. 马铃薯交联淀粉的制备及交联剂的影响分析[J]. 化学与生物工程，2011（2）.

[31] 赵娅，顾正彪. 马铃薯麦芽糊精的组分分析与性能研究[J]. 食品与发酵工业，2007（10）.

[32] 杨敏丽，王千杰，赵卫平. 马铃薯淀粉醋酸酯的合成研究[J]. 宁夏大学学报：自然科学版，2000（4）.

[33] 孙秀萍，于九皋，刘延奇. 酸解淀粉物理化学性质的研究[J]. 化学通报，2004（8）.

[34] 孙吉，韩育梅. 丁二酸马铃薯淀粉酯的合成及性质研究[J]. 中国粮油学报，2010（1）.

[35] 于天峰，夏平. 马铃薯淀粉特性及其利用研究[J]. 中国农学通报，2005（1）.

[36] 周国燕，胡琦玮，李红卫，等. 水分含量对淀粉糊化和老化特性影响的差示扫描量热法研究[J]. 食品科学，2009，（10）.